COLLETION of INTERIOR DESIGNS

室内设计集成

室内设计编写组 编
常文心 译

图书在版编目（CIP）数据

室内设计集成 / 《室内设计集成》编写组编 ; 常文心译. -- 沈阳 : 辽宁科学技术出版社, 2013.9

ISBN 978-7-5381-8260-6

Ⅰ. ①室… Ⅱ. ①室… ②常… Ⅲ. ①室内装饰设计－作品集－世界－现代 Ⅳ. ①TU238

中国版本图书馆CIP数据核字(2013)第206196号

出版发行：辽宁科学技术出版社
（地址：沈阳市和平区十一纬路29号 邮编：110003）
印 刷 者：利丰雅高印刷（深圳）有限公司
经 销 者：各地新华书店
幅面尺寸：240mm×330mm
印　　张：64
插　　页：4
字　　数：100千字
出版时间：2013年 9 月第 1 版
印刷时间：2013年 9 月第 1 次印刷
责任编辑：陈慈良
封面设计：段聘婷
版式设计：吴　杨
责任校对：周　文
书　　号：ISBN 978-7-5381-8260-6
定　　价：480.00元

联系电话：024-23284360
邮购热线：024-23284502
E-mail: lnkjc@126.com
http://www.lnkj.com.cn

前言/Preface

设计地图——室内设计全球之旅

回顾2005年－2009年五年间全球室内设计的发展，东京、巴黎、米兰、伦敦、纽约五大设计之都引导的国际化浪潮势不可挡。同时，随着经济与文化的发展，探索自身地域特色已成为各个国家设计师的共识。

以专业化的视角放眼全球，深度剖析室内设计经典案例。本书精选全球6大洲50多个国家室内设计的精品之作500个。从北美的自由实用主义设计、南美的自然淳朴之风、亚洲的浓厚地域风情、北欧的“极简主义”到地中海的奢华，在本书中体现的淋漓尽致。特别是伊朗、阿联酋、南非、摩洛哥、突尼斯等国家，以其不同的角度展现了设计师对其当地历史文化在室内设计中的创新性应用。在全球化和地域性设计中找到平衡也是本书带给设计师的一份厚礼。

本书为读者提供了全球最为经典的室内设计视觉盛宴。内容涉及文化休闲、餐厅酒吧、商店展示、SPA健身、医院药店、办公、教学科研、家居、酒店、交通工厂十个类别。每个项目都配以实景图片、平面图、项目信息、设计理念以及材料的使用等相关信息，为读者准确详实的提供了高品质保证。

作为“世界设计地图”丛书之一，本书突出时效性、全球性、地域性、专业性，有助于全球的读者寻找设计灵感，了解新材料，改造旧项目，传承室内设计的地域文化。

In the past five years, the globalised trend of interior design has seemingly been led by the five cities renowned as the cities of design, including Tokyo, Paris, Milan, London and New York. At the same time, it has become a common realisation of designers around the world to explore and employ the local features for each project with the advancement of economy and culture.

The book, *Atlas of world Interiors*, with 500 projects selected, is a detailed and comprehensive portrayal of the best and latest interior projects from six continents of more than fifty countries. In detail, the projects are of different styles, such as the pragmatism of North America, the naturalism of South America, the regionalism of Asia, the minimalism of North Europe and the luxurism of the Mediterranean area. In countries such as Iran, United Arab Emirates, South Africa, Morocco, and Tunisia, the history and culture of a particular location was subtly integrated into the interior design through innovative approaches. Moreover, designers can also be inspired a lot by this book to search a balance between the overwhelmingly globalised trend and the increasingly personalised feature.

This book offers readers a visual feast with the collection of world's most classic interior projects and is categorised into ten parts, including Culture and Leisure, Restaurants and Bars, Shops and Showrooms, Sport and Spa, Hotels, Research and Teaching, Office and Administration, Hospitals and Clinics, Houses, Traffic and Industrial. Each project is illustrated with photos, plans and a text. In addition, each geographic region is distinguished by a different colour-code. We firmly believe and hope it will serve as a source of pleasure and inspiration to all its readers.

As one of the series books *Atlas of world Interiors*, this book is featured with its timeliness, globalisation, regionalisation, and professionalisation to help readers from all over the world to find inspiration, and approach new materials and the cultural heritage.

Locations of the selected projects of *Atlas of World Interiors*

世界室内设计项目分布图

1. Canada 加拿大
2. USA 美国
3. Mexico 墨西哥
4. Peru 秘鲁
5. Chile 智利
6. Brazil 巴西
7. Iceland 冰岛
8. Norway 挪威
9. Sweden 瑞典
10. Finland 芬兰
11. Russia 俄罗斯
12. UK 英国
13. Denmark 丹麦
14. Germany 德国
15. Poland 波兰
16. Portugal 葡萄牙
17. Spain 西班牙
18. France 法国
19. The Netherlands 荷兰
20. Belgium 比利时
21. Switzerland 瑞士
22. Italy 意大利
23. Czech Republic 捷克
24. Austria 澳大利亚
25. Croatia 克罗地亚
26. Slovakia 斯洛文尼亚
27. Hungary 匈牙利

28. Greece 希腊
29. Morocco 摩洛哥
30. Cape Verde Islands 佛得角
31. Egypt 埃及
32. South Africa 南非
33. Turkey 土耳其
34. Kazakhstan 哈萨克斯坦
35. China 中国
36. North Korea 朝鲜
37. South Korea 韩国
38. Japan 日本
39. Israel 以色列
40. Qatar 卡塔尔
41. Saudi Arabian 沙特阿拉伯
42. Pakistan 巴基斯坦
43. India 印度
44. Burma 巴林
45. Thailand 泰国
46. Vietnam 越南
47. The Philippines 菲律宾
48. Malaysia 马来西亚
49. Indonesia 印度尼西亚
50. Australia 澳大利亚
51. New Zealand 新西兰

Contents /目录

Ten categories: Culture and Leisure, Restaurants and Bars, Shops and Showrooms, Sport and Spa, Hotels, Research and Teaching, Office and Administration, Hospitals and Clinics, Houses, Traffic and Industrial

Six continents: Europe/Asia/North America/South America/Oceania/Africa

10个类别，文化休闲、餐厅酒吧、商店展示、SPA健身、酒店、教学研究、办公、医院药店、家居、交通工业
6大洲：欧洲、亚洲、北美洲、南美洲、大洋洲、非洲

AGF集团总部

AGF集团总部的更新包括对部门空间改造的调整，为每个营业部门设计不同的身份标识。以提高工作效率，增加团队合作的机会，更好地利用普通设施，使流通循环合理化。这个项目的挑战在于要平衡好紧张的时间表，并使预算降到最低。整个三层楼都有一种焕然一新之感，但只对极少数的部门进行了改造。施工队天衣无缝地实施了包含14个阶段的计划。

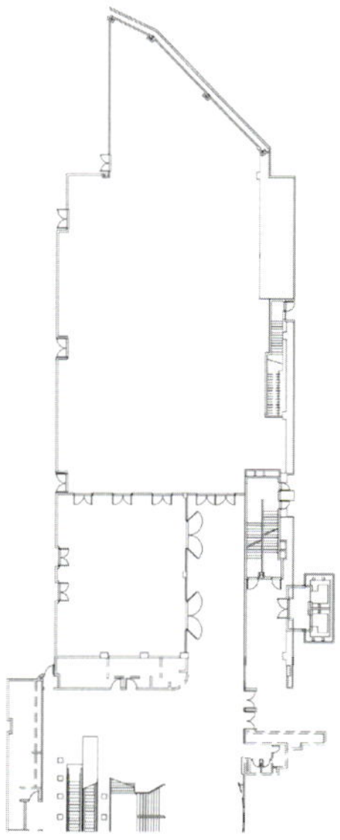

Photo: Beverly Horii

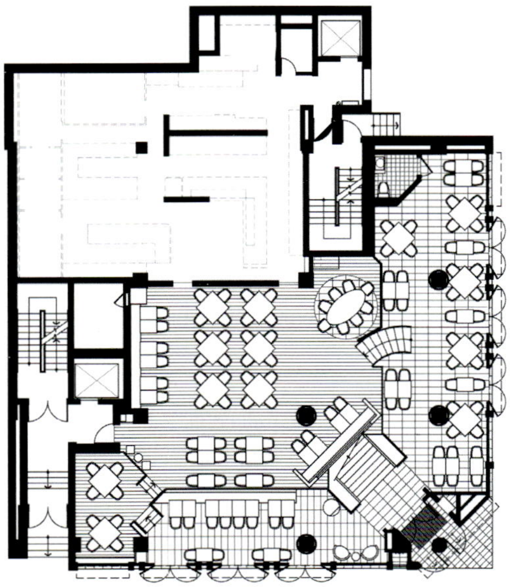

流动餐馆

这家餐馆的前身是一家欧洲的连锁餐饮店，新的建筑对原有建筑进行了很大程度的改建。设计师运用了白色的石块，华丽的木板，风格化的玻璃制品，有条纹的织物和一些壁纸，这些装饰品为餐馆制造了一种整齐、平易近人的气氛。在这个高消费区域里，新餐馆成为了食客们的首选之地。

太平洋海岸度假SPA

这间水疗馆的设计使用远东神秘的异国情调手法进行诠释，打造远离世俗的完美休闲空间。室内石砖地面与竹子地面相互搭配，融洽结合。大厅的装饰深受禅宗影响。举世闻名的青铜艺术家在石板墙和花岗岩水墙上雕刻了海藻色的青铜雕像。家具的选择符合设计理念，与设计风格紧密融合，带来开放通透的空间。双面壁炉和花岗岩表面的桌子，真皮的沙发，虚席以待，迎接宾客的光临。

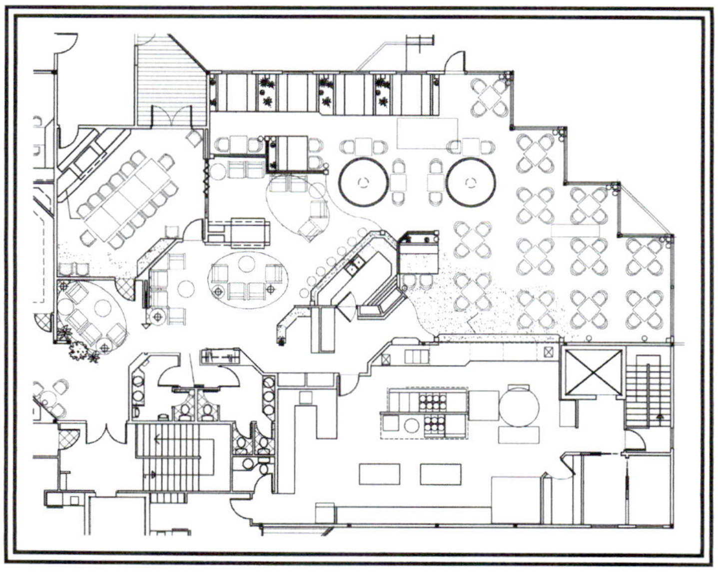

Photo: Alec Watson

Lana MacRae

AEM公司办公室

AEM是一家在国际上发展的公司，主营黄金。设计巧妙地跟AEM公司的生意联系了起来。接待区的后墙是用光滑的横纹石灰华板材构成，条纹象征着矿藏的地层结构。墙面上稀疏地镶嵌了金色的长条。墙内还包括一个玻璃展示柜，陈列的是这里的稀有矿材。这面墙一直延伸到二楼，在二楼变成开放式结构，结合一段楼梯，通向大会议室。接待台的另一端，是一面特色墙，上面展示的是开矿过程中收集的钻孔的石核。

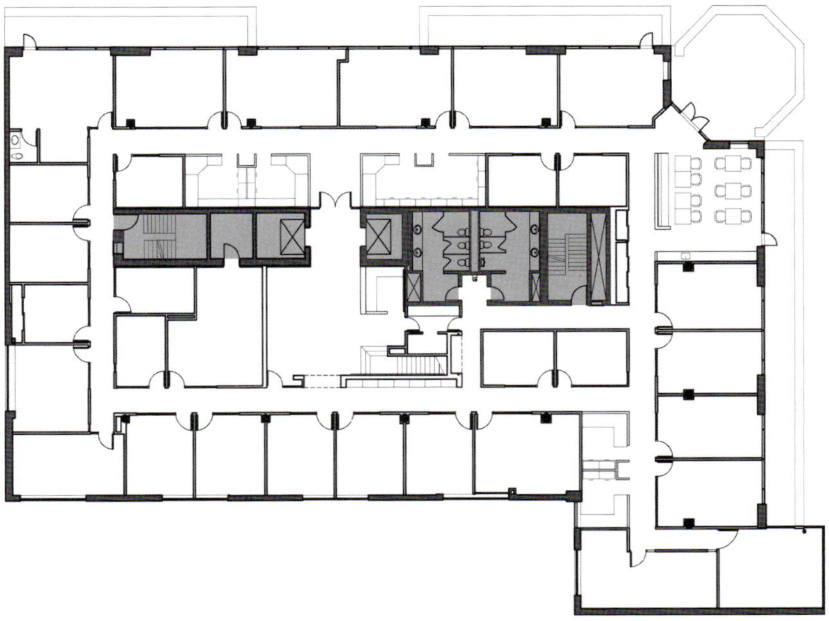

Photo: Ben Rahn/A-Frame

Michael Taylor (Partner-in-Charge), Brian Harmer (Project Manager), Pochi Lu (Team Member) and Joanne Pukier (Team Member)

Photo: Philip Castleton

Robbie Young + Wright / IBI Group Architects

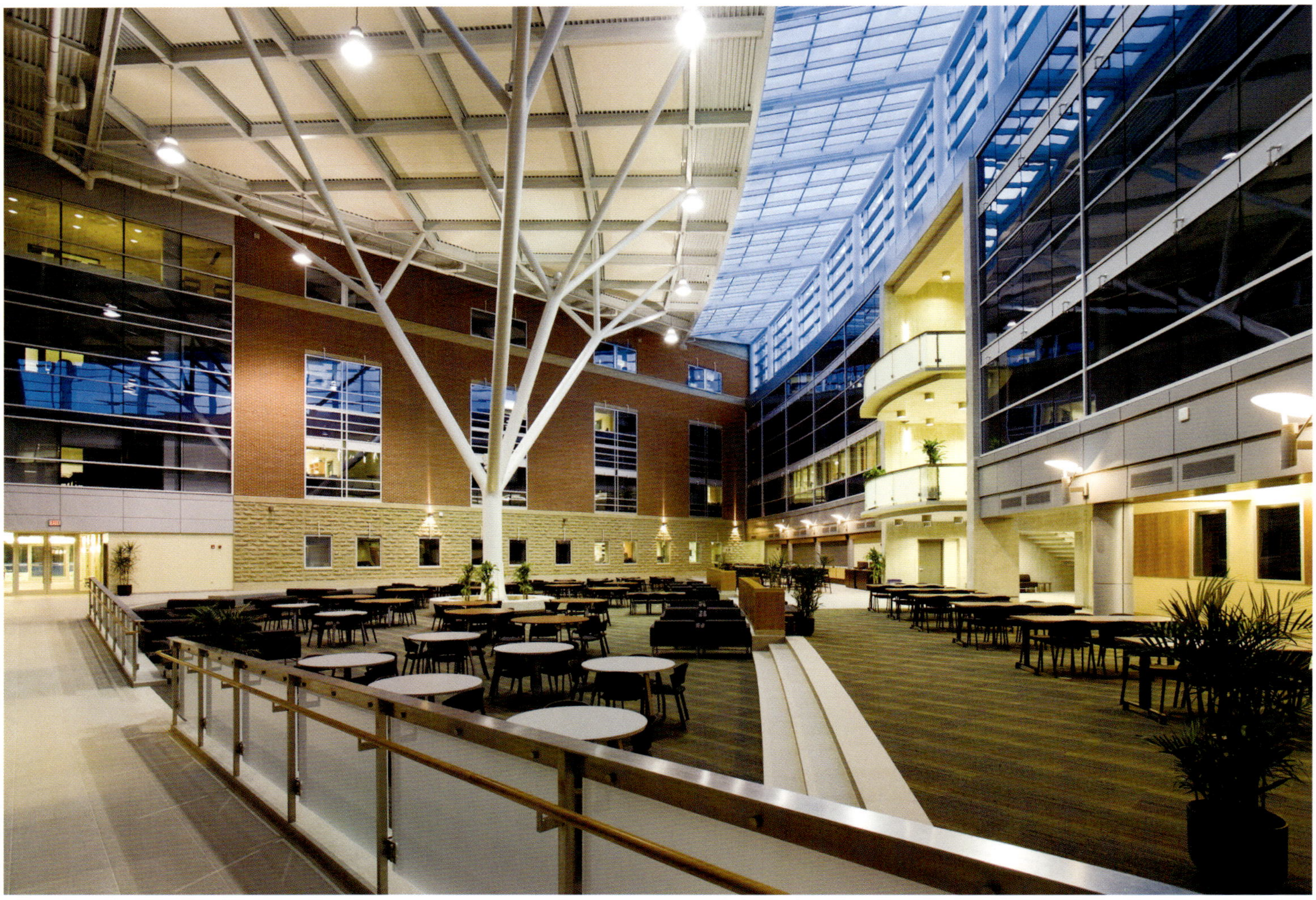

圭尔夫理科综合大学

打造与原有校园建筑风格一致的教学大楼是该项目的设计目标。原有建筑建于1964年，风格淳朴。为与其和谐统一，新项目采用了石材、砖块、金属、玻璃等传统材料，遵循简单、雅致的设计原则。

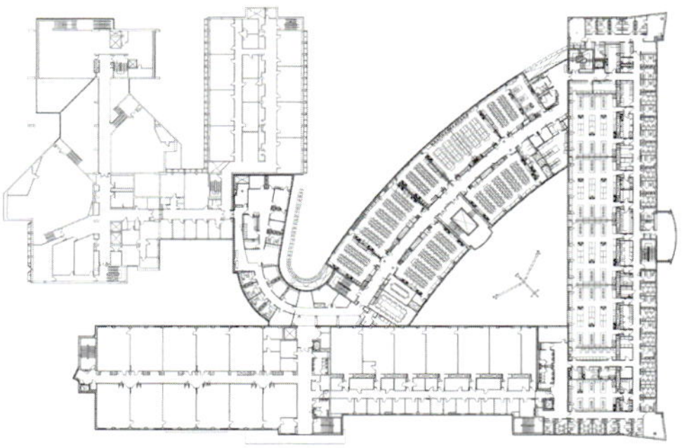

舒力克商学院工商行政学习中心

从建筑的入口，即可窥见由混凝土墙壁、护栏和廊柱构成的主空间。该空间有三层，楼层之间由一个造型独特的楼梯衔接，并与建筑的其他地方相通。宽敞灵活的空间结构可以随意摆放座椅，营造出轻松柔和的氛围。

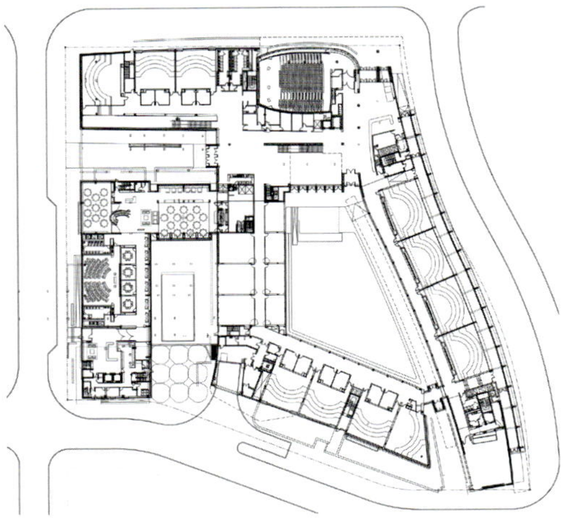

Photo: Steven Evans

Robbie Young + Wright / IBI Group Architects

Photo: Koichi Torimura

II BY IV Design Associates

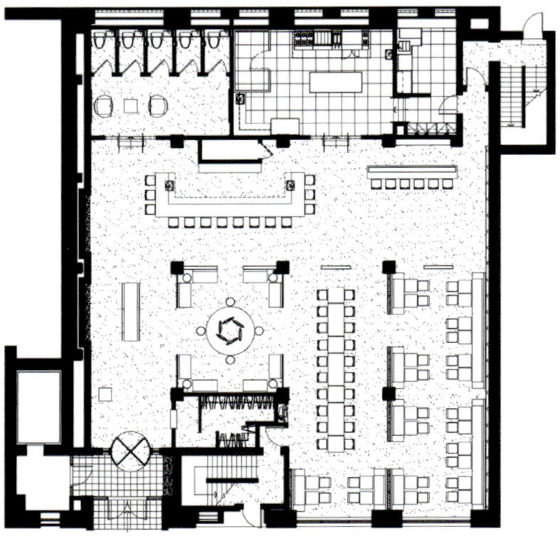

雨餐厅

餐厅首先面临的挑战是解决规划问题，尤其是建立一个适当的入口。原来的入口在大楼的拐角，离拱形的主入口很远。设计师获得批准关闭次级入口和修建的主要入口和大堂。在传统的维多利亚式橡木门里面，设计师创造了一个全新的专用安全通道。

波西米亚大使馆套房样板间

宁静柔和的灰色调和雅致的浮木艺术品背景墙使这个样板套房具有了典雅的都市风格。极具格调的现代家具和陈设，与蕴含构成创意城市新元素的创造精神和艺术生活方式的传统配饰完美融合。起居和就餐区里典雅的现代家具被一块灰色的长绒羊毛地毯衬托。一盏圆形金属亮片吊灯点亮了整个空间。白色大理石装点的主浴间也延续了传统与现代相融合的特点。

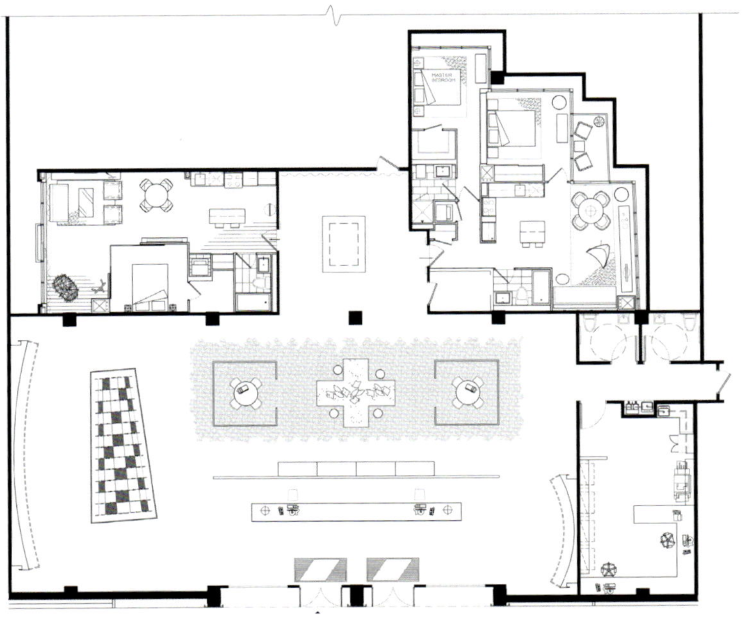

Photo: David Whittaker

II BY IV Design Associates Inc.

CJM幼稚园

专为孩子和家长量身打造的幼稚园，整个空间设计色彩明快艳丽，格局科学合理，营造热情洋溢的娱乐空间。设计师的设计灵感来源于丛林理念，从房间外的玻璃窗户向内望去，好像来到了梦幻的全新世界。室内陈设也是设计的一个重要组成部分，供日常活动使用。室内照明设施多种多样，灯饰设计符合幼稚园儿童的年龄。一些附属装饰，如粘贴在墙壁上的树叶，增强了整体的设计效果。

Photo: Jasmin Frechette

Jasmin Frechette, Chantal McDuff

AD实验室

实验室所在的大楼高两层，一楼为行政区，二楼为内科和牙科诊所。实验室位于二楼，科学合理地摆放着30个工作台，中间以色彩缤纷的布艺隔断隔开。这里还有接待处和几间技术室。实验室的所有照明系统都是按照客户的要求而设计的，使用高效节能灯照明，无需特殊维护。实验室内使用很多高科技的元素进行设计，结构划分科学合理。

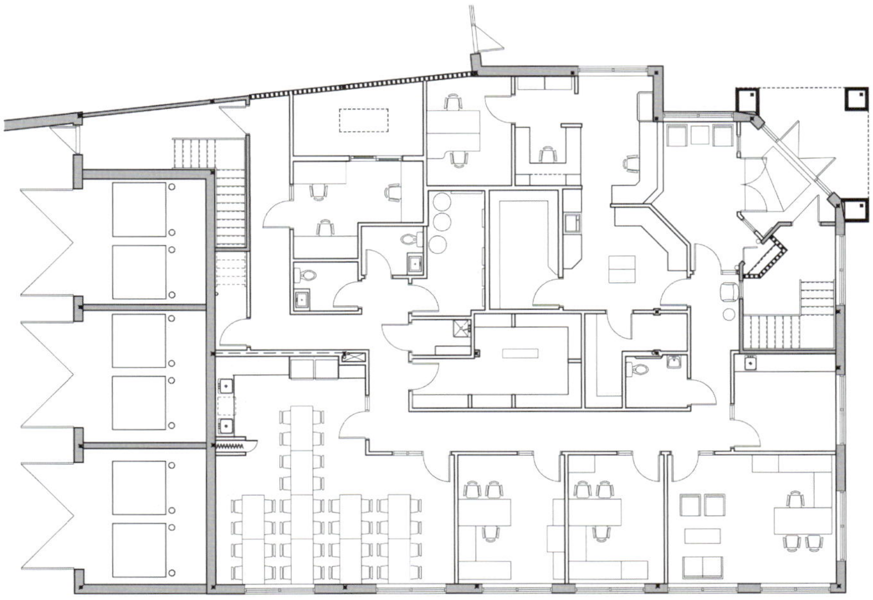

Photo: Jasmin Frechette

Jasmin Frechette, Chantal McDuff

文化中心

文化中心美术馆的建筑与景观的扩建，为参观者创造了一种体验式开放结构，这个构想是根据每个运动个体的空间和时间来设计的。在开发了大量的临时建筑和一些虚拟的建筑概念下，是RTKL公司设计的第一个永久性建筑，是一个综合性的概念和建筑体系结构相结合的跨学科的设计过程。玻璃立方体周围的行人小路，继续水平地横向以人影的形状向外扩张。

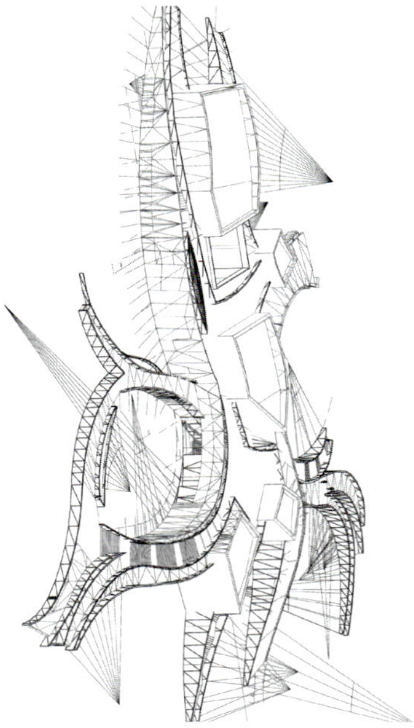

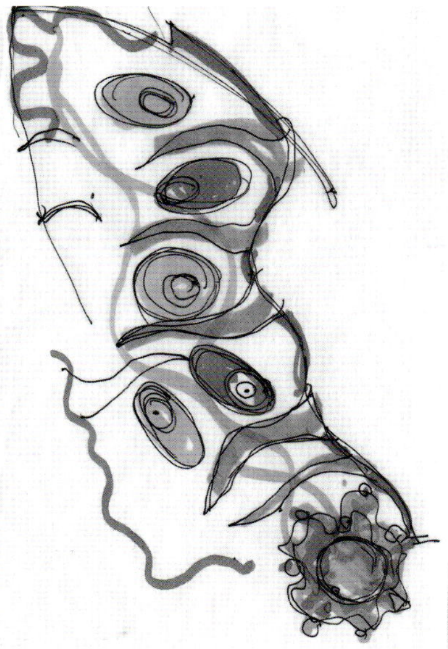

佐治亚水族馆

由于亚特兰大是个内陆城市，人们没有真正体验过海洋生活，所以设计师将要挑战一个前所未有的海洋设计。在水下，聚光设计的蓝色水磨石地面，让水下显得熠熠生辉。水族馆内圆形大厅最大的特点是给人一种移动的感觉。高座椅区和莲叶区为游客提供休息，并且与中心广场相连接，进而通向佐治亚海岸线，在那里可以欣赏到河流。

Photo: Brian Gassel, TVS

教堂

通过面向大街的缝隙使得阳光能够透射到室内的空间，进而跟室外联系在一起。这座建筑正面的主要表现元素是空间中的两个钢制的大盖子，它们把室内空间与室外的大街分隔开来，这种新的设计形态能够灵活地将城市的景观融入建筑的功能中。整个建筑的主要结构很简单，由水泥墙和钢柱以及处于空间上部的钢制托梁组成。入口处有醒目的曲线水泥墙作为装饰，此外还有一面白色的墙壁与之相呼应，使得二者达到完美的平衡。

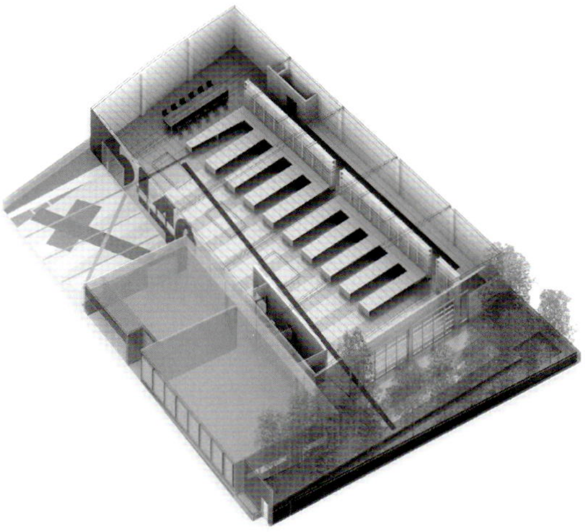

LA办公

这个项目的设计以简洁自然为主，以南面墙的通风设计为例，专门设计了一个1220mmx2440mm白色手绘表面的门洞，配合有环氧树脂地板，并且安装了成型的储藏系统，沿着地板图画上了醒目的红色的线条，用以凸显房间的梯形构造，整体设计创造了一个园林景观的感觉。尽管办公室是为特定建筑师而设计的，设计师设计了一个多功能的工作空间，简单的同时功能清晰。

Photo: Benny Chan

Lehrer Architects

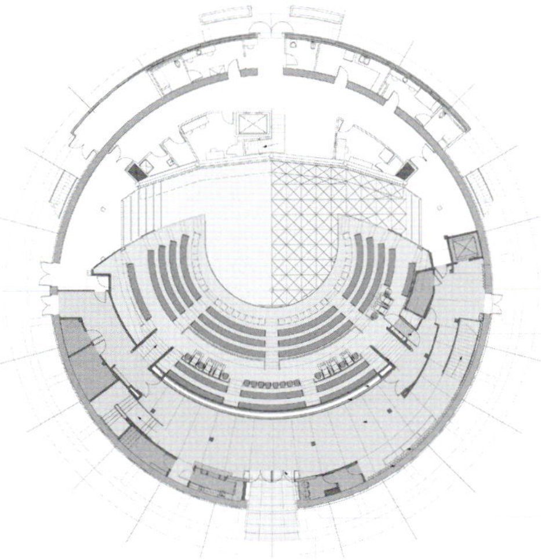

马克•泰普大会堂

大厅采用舒适现代的装饰风格，上方的圆形铝制天花板是特别定制的，造型如同水面的层层涟漪。空间内的照明系统别具特色，吊顶天花板上挂着的灯使其变成了一只大吊灯。白色玻璃幕墙中陈列着泰普的体育纪念品，玻璃幕墙的灯光起到辅助照明作用。柱子上的镜面马赛克砖和墙边金光闪闪的定制布艺座椅都起到反射灯光的作用。

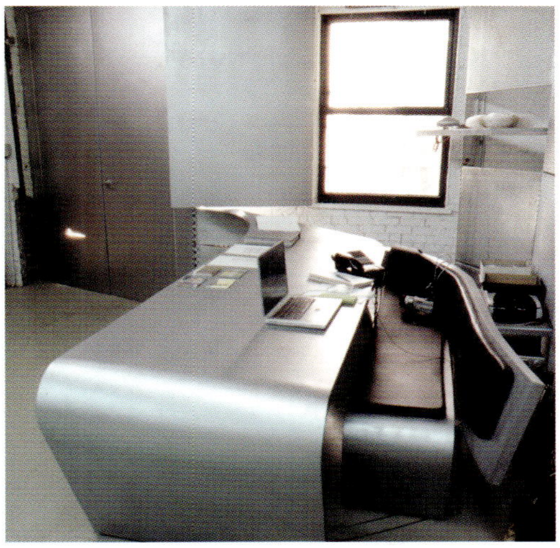

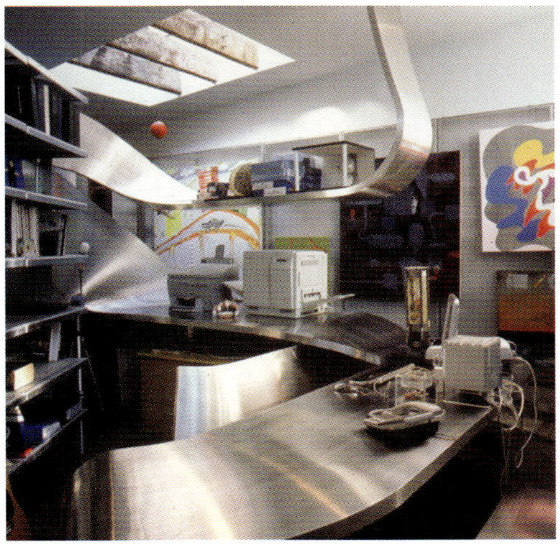

肯尼•斯克特现代画廊

这个画廊是画廊经营者的家的一部分。一面钢铁墙壁从外面延伸到室内，它装上合页，就形成大门；它裂开变形，就变成了百叶窗和接待台。由于画廊只是暂时的，因此墙壁并没有被翻新，而只是被遮掩住了。墙壁是多孔金属板，不需要在墙上打孔，因为墙上都是孔。墙壁折叠起来形成了座椅和雕塑台，变形成为天花板。天花板上的荧光灯为整间屋子提供照明。儿童房的墙壁可作为画廊的投影屏幕，孩子们的叫声有时还会穿透墙壁传过来。

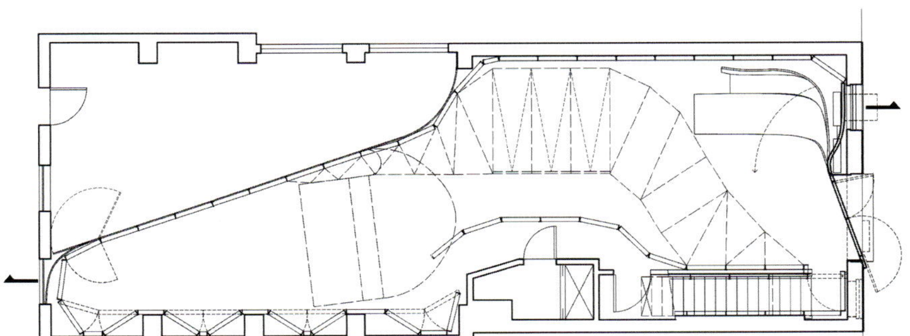

Photo: Acconci Studio

Acconci Studio (Vito Acconci, Peter Dorsey, Dario Nunez, Stephen Roe, Sergio Prego, Gia Wolff)

Office 办公

USA 美国

Santa Monica
圣莫妮卡

Photo: Adrian Velicescu

M. Charles Bernstein

2101 威尔谢尔办公室

设计师利用渐弱的光线来体现精神层面的本质，一方面给人以创造性促进学习和进步，另一方面还彰显了空间的和谐统一。此外，在每个部分的诠释上也力求鲜明，例如，每个部分自成一体，同时又构成了一个整体。半透明板材用作自然光线或人造灯光的发散器被广泛地应用到室内。在大楼的内部，崭新宽敞的大堂作为中央枢纽，而灯光作为重要的主题，直接照在大楼中央的主楼梯上。

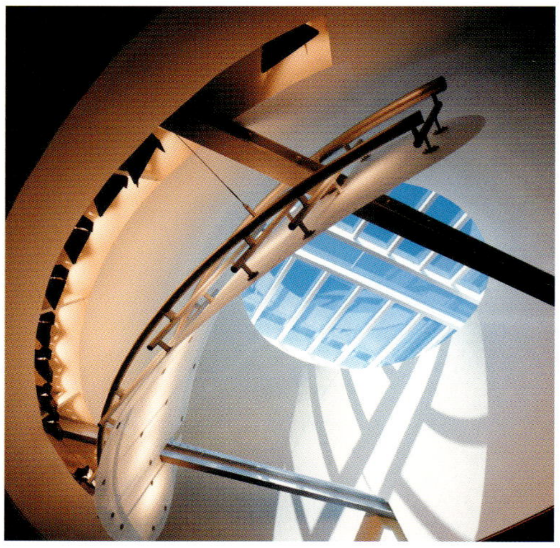

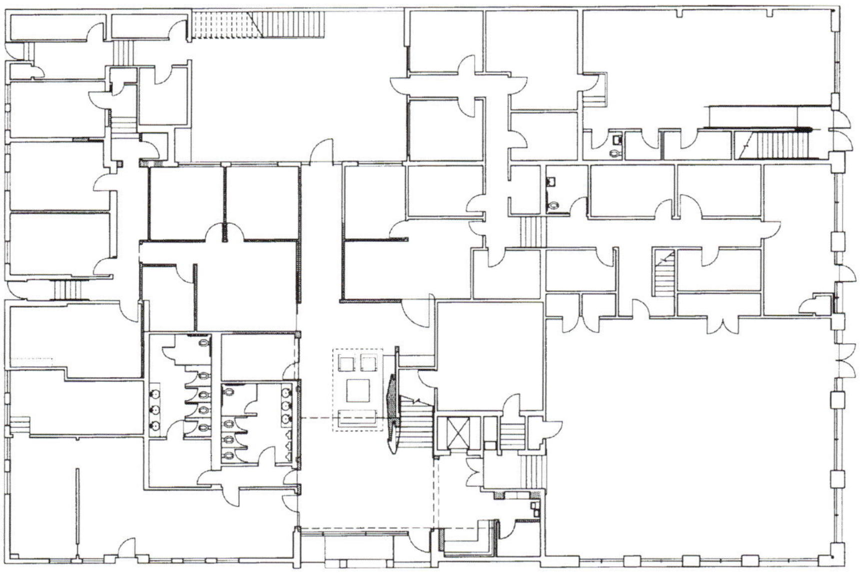

切尔西画廊

本项目是翻新改造一个352.16平方米废弃画廊，使其适用于各种商业需求并且适合于夜间举办宴会。画廊的设计理念沿袭当代艺术潮流，却又平淡如水地表现普通生活意境。空间在色调的选取上含蓄低调，又蕴涵丰富，除了雪白的墙壁以外，空间的色调依然以白色系为主，错落其中如点点繁星的是各种明快的绿色。办公室使用葡萄绿，装饰包装室使用芹菜绿。

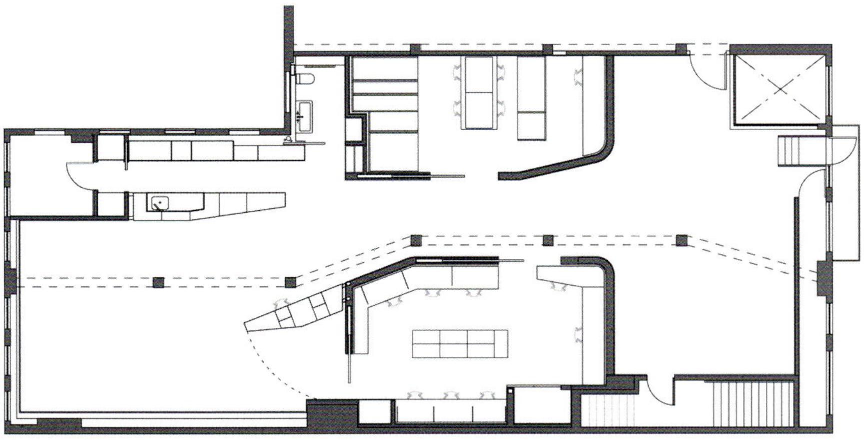

Photo: Michael Moran

热度展厅

J. Mayer H.因1947年为雨果画廊设计的“热血火焰”展厅而声名远扬，他一向崇尚将艺术、建筑以及参观者同展示作品的墙壁和地面营造成共同整体的理念。在这一设计中，他的理念再次被运用进来——选用热敏材料涂层，当参观者触碰作品的时候便会产生热度，将其与作品完全融为一体。

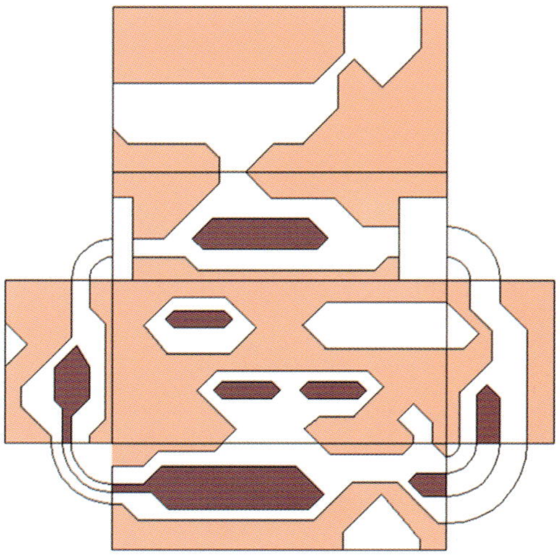

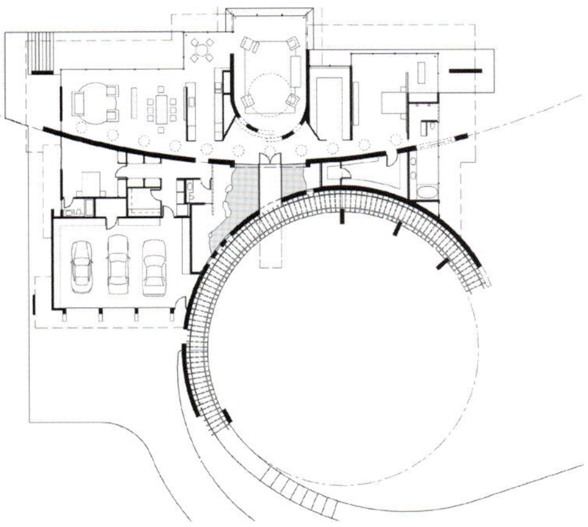

河畔之家

对于该项目的设计理念用旅行来描述极为贴切：从人造的街道到天然的河流，从公共的空间到私人的生活区域，从屏蔽封闭到透明开放。水流的声音和感官上的形态被作为私人与公共空间、人造与天然元素的分割线。入口处指引着来访者穿越这个主空间：流线型的墙延伸向整个房间。房屋的设计就是为了令主人能够进情的享受这种自然清新舒适的家庭生活。

Chesapeake社区活动中心

本项目是一处社区活动中心。室内设有：适用于训练、划船比赛等各项活动的多功能公共设施；为举行婚礼、社团静修等活动提供的空间，其收益还将进一步用来支持划船活动；一处可容纳100人的房间，可用于商谈大事、举行活动、召开会议；56个标准座位，100个站位以及135个教室型位子；男女衣帽间，各能容纳储物柜20个；一间可容纳124只单人至8人船的仓库和修理处。

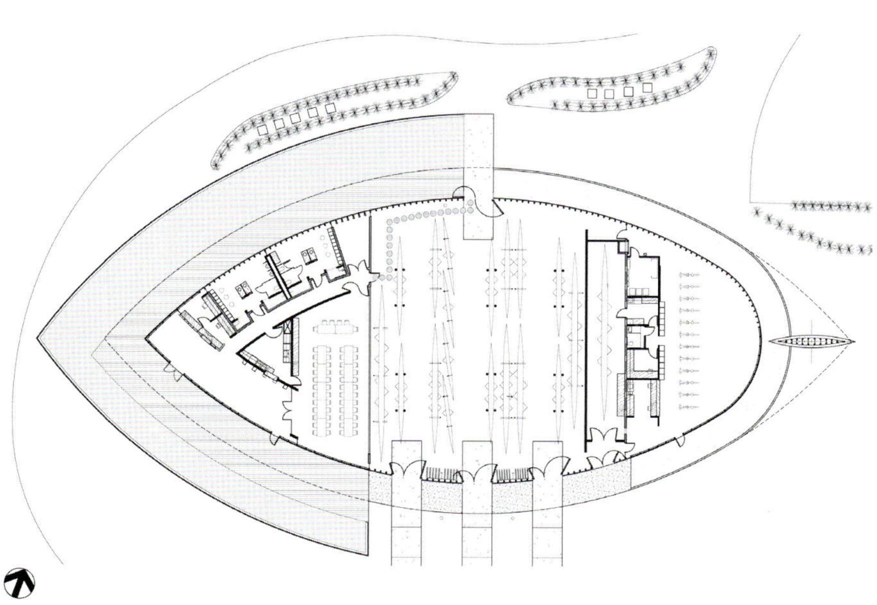

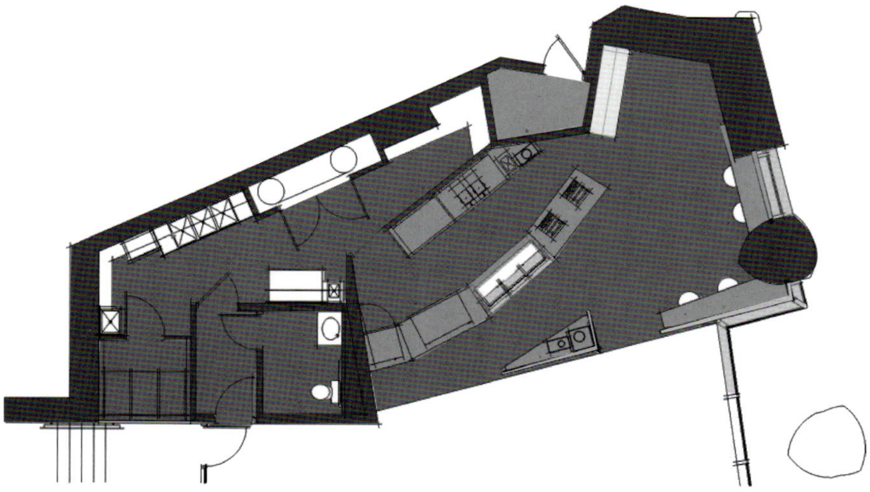

卡费咖啡厅

咖啡厅位于波士顿新办公大楼内，占地92平方米，举架高6米。室内船帆形的设计，降低了空间的高度，客人可以透过临街一面墙上的高大的窗户欣赏外面的街景。大型灯饰弥补了天花板的空白。高档材料的运用，与大厅的装饰相协调。设计采用中性风格，适合将来进驻咖啡厅的任何经营者。一旦确定好经营商后，设计师会为他们制作菜单板和商标。

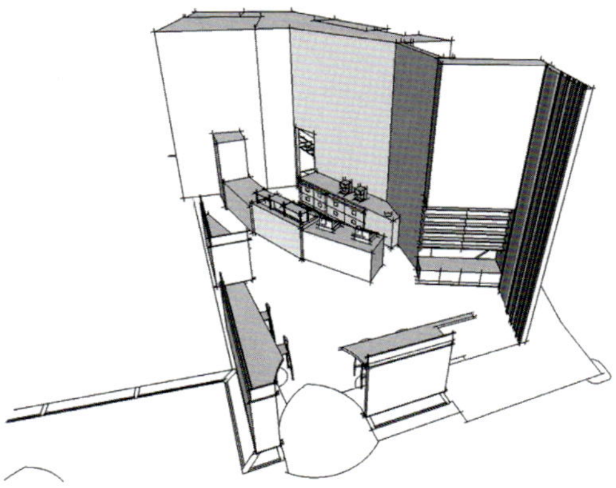

Photo: Anton Grassl

Katy Flammia, Kristin Nakagawa, Kate Swasey, Aishah Farooki

欧陆视觉

欧陆视觉是位于纽约的一间现代风格的眼镜店。为了营造出欢迎宾客的氛围，家具和凳子采用生动的橘红色装饰，与冷色调的白色地板和木质胶板家具搭配。店面朝着热闹的街道，因此采用玻璃材质的壁龛展示其主导产品来吸引顾客，方便他们观看。创新式的照明设计也使得空间更加开阔，同时也营造出热烈欢快的气氛。店内设置了长沙发，同时还设有一个兼具收银台功能的服务专柜。

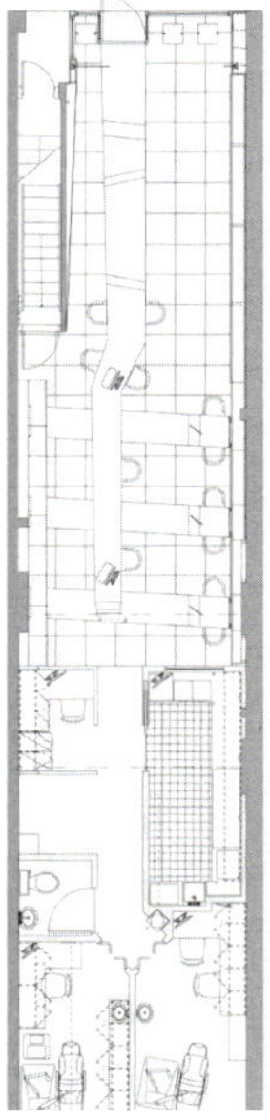

北方探索娱乐场

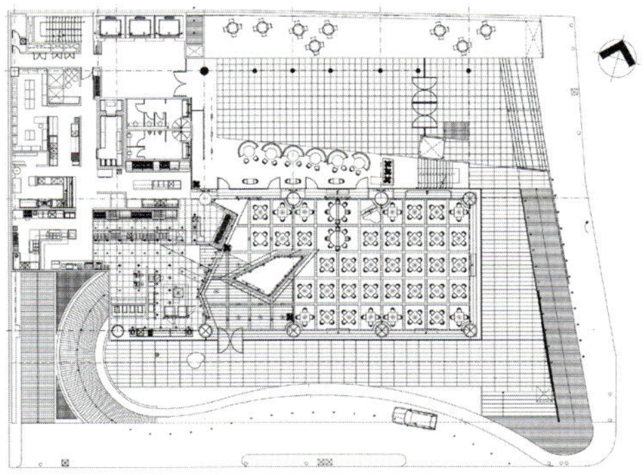

这座娱乐场有着引人注目的棱角，轮廓分明，通过垂直的折射玻璃角和角度很大的多层铜板屋顶边缘得以实现。娱乐场巨大的外墙通过外部色彩的巧妙运用，仿佛丧失了物质形态。外墙上三种层次的浅灰色和米色的十字形图案，创造出各色的建筑景观，补充了暖棕色和石板灰色的建筑石材。景观设计通过创造出一种柔软绵延、变化多端的植物装饰，完美地配合了建筑的棱角，同时也强调了当地的植物品种和景观设计及可持续发展的理念。

Photo: Valli Design Studios

诺斯210

诺斯210的前身是一个娱乐场所，所以设计者承用了以前的黑色的大型楼梯的入口，并把它改造成一个气势宏伟的入口，两面墙壁挂满了串串珠帘和透明的彩灯。天棚上悬浮着200多个里面装有LED灯光的幕帘，这些彩灯烘托了整个空间热情洋溢的氛围，成为设计中的重要部分，让人有种梦幻般的感觉。这样，设计师实现了最初的设计目标。

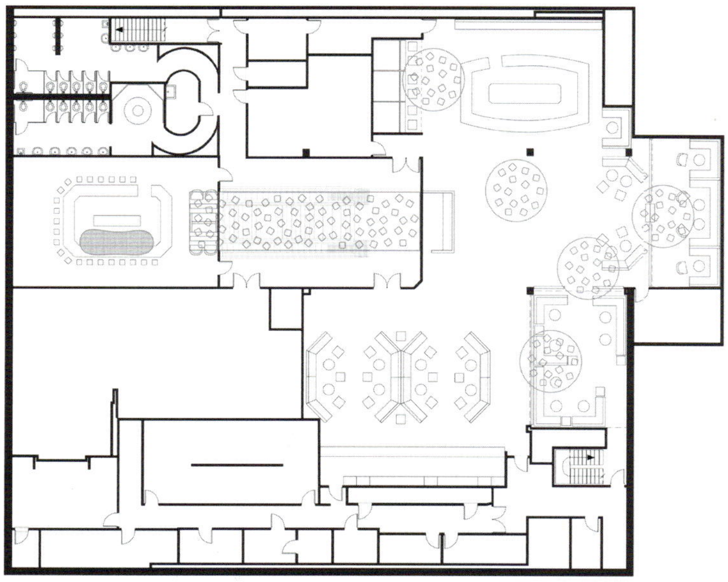

好莱坞社交俱乐部

“好莱坞社交”占地面积2508平方米，其中包括一家餐厅、酒吧和私人俱乐部，它的前身是好莱坞运动俱乐部。泽弗设计事务所从马洛可、丹吉尔和非斯购买了家居和装饰品——极为特别的餐厅装饰毯、风格随意的雕刻和摩洛哥石灰木椅，用这些来衬托背景，形成一种灵动感。“好莱坞社交”仿佛将人们带到了装饰艺术黄金时代，同时又带有迷人的现代风情。

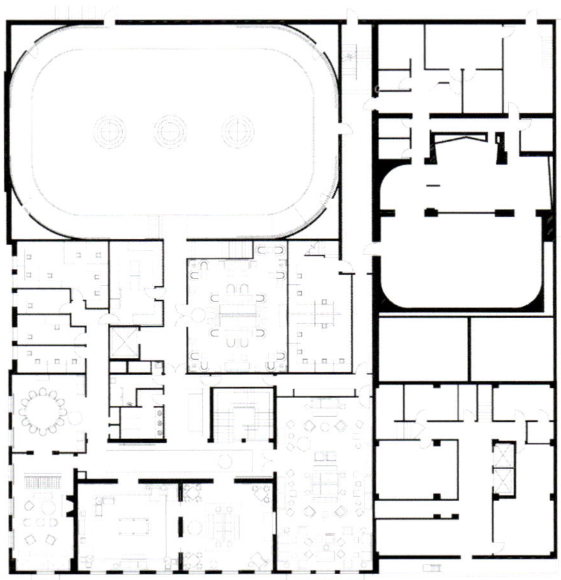

Photo: Eric Laignel

西雅图公共图书馆

图书馆中，地毯、地板和天花板的特殊设计使室外与室内的过渡十分流畅。设计师利用不同的色彩营造出不同的氛围，并划分了儿童图书馆、国际图书馆、礼堂、大厅、聚会区、综合会议室、旋转图书室、阅览室和办公室等区域。这种设计手法与时装设计有些类似。设计目标是打造一个大型展览馆式的图书馆，为来这里的人们带来不同的体验，并激发他们的兴趣。

Photo: Baan,Iwan

沃尔夫冈酒吧

餐厅结合了活力四射的海滩氛围和凉爽美丽的加州花园景象。进入餐厅映入眼帘的是U形的帕克酒吧，这里是一个充满活力的空间，是朋友们聚会的绝佳场所。旁边的咖啡馆是休闲餐厅，用于召开鸡尾酒会和睡衣派对。咖啡馆的正面用柳树枝做成9个大花环，带给人前卫的用餐体验。餐厅内还有一间休闲与娱乐相结合的天井餐厅，很适合朋友会面。

Bar 酒吧

USA 美国

Las Vegas 拉斯维加斯

Photo: Tonychi and associates

Tonychi and associates

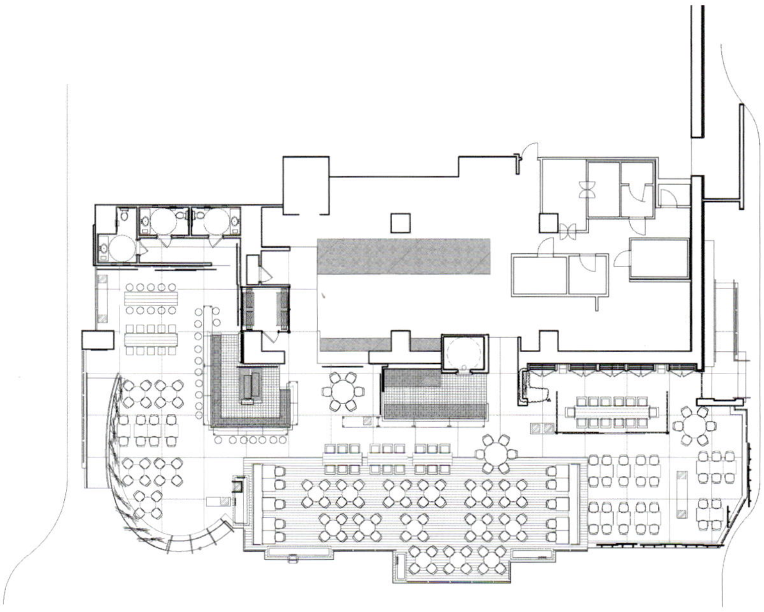

千年塔阁楼

这座阁楼既有供人娱乐的开放空间，又兼顾了一个三口之家所需的充分的私密性，还是舒适的待客之所。一楼不再是单一的娱乐空间，还分隔出厨房、饭厅、玄关和客用迷你公寓，内设进入式衣帽间，独立的沙发，加上脚凳它就能变成一张床，盥洗室里有调光玻璃板搭成的隐形浴室。二楼空间可以灵活使用，既能举行各种家庭活动，将来有需要时，还能作为第三个房间。

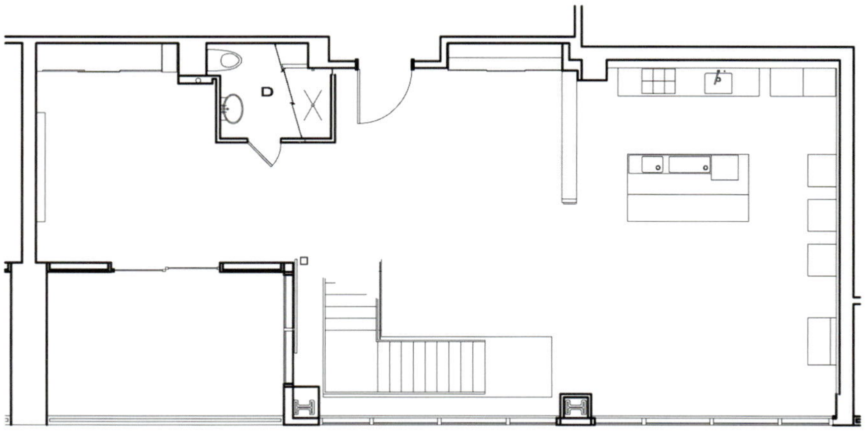

蜜糖俱乐部

相对于形式，设计师更关注材料和色调，最初的设计是选择了一些新型的塑胶材料，发挥它们本身既透明又有反射能力的特性，还有它们不同程度的半透明质感、弯曲能力和缤纷色彩。此外，设计师还想让俱乐部展现更加多元化的元素，或清晰明朗，如同感知自我，或色彩丰富，有些模糊失真，如同认知他人。

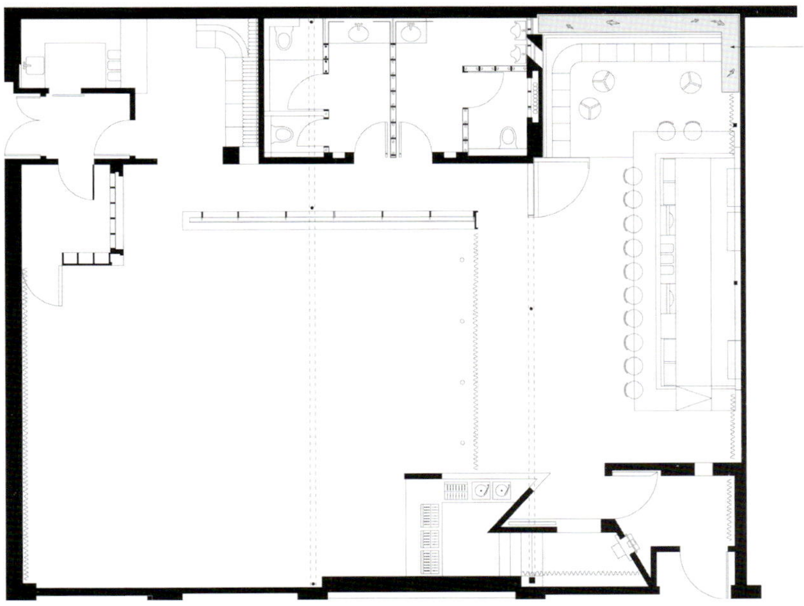

Photo: Benny Chan; Fotoworks

John Friedman Alice Kimm Architects

壁画之旅餐厅

盖亚工作室的斯考特家族为该餐厅设计了第一家模范店。壁画之旅是纽约快餐热潮的新成员，坐落在纽约的商业区。餐厅占地372平方米，接待处、点餐处和就餐区分居三个不同高度的区域。设计采用清新风格与意大利古老的托斯卡纳风情相结合。天花板和吊灯上饰有向日葵图案，墙壁上绘有托斯卡纳的风景画，整体的色彩搭配体现了设计主题。

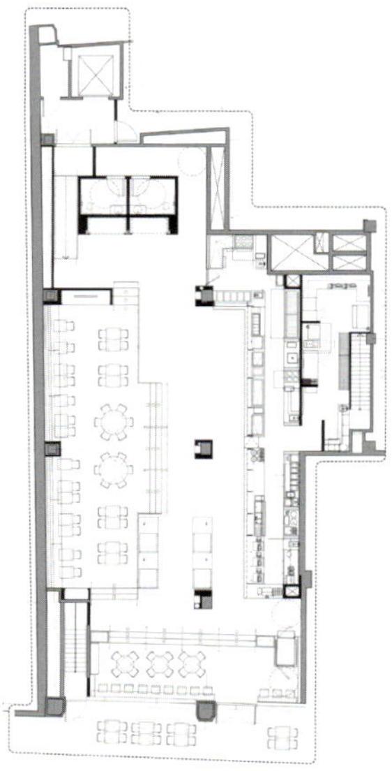

Photo: Moon Lee Photography

Studio Gaia, Inc

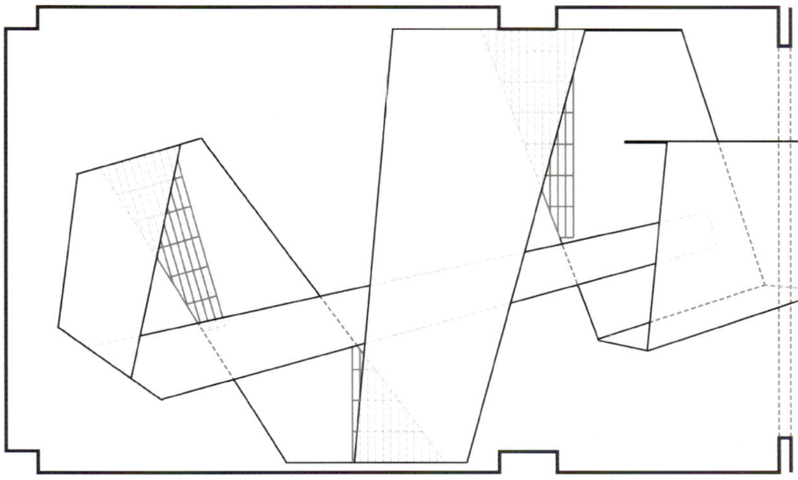

(宽)带

（宽）带是一个便携工程，它已被移到洛杉矶A+D博物馆，白天做为咖啡厅，晚上做为酒吧或休息室。3/4"聚碳酸酯，因其能够跨越很大空间和其半透明性而被选为主料。墙、地面、天花板以连续循环的形式包裹于板子中。桌子将空间一分为二成为约会的好场所，提升了谈判双方的沟通性。灯光依据不同距离从黄色变为橘色再到红色和红宝石色。

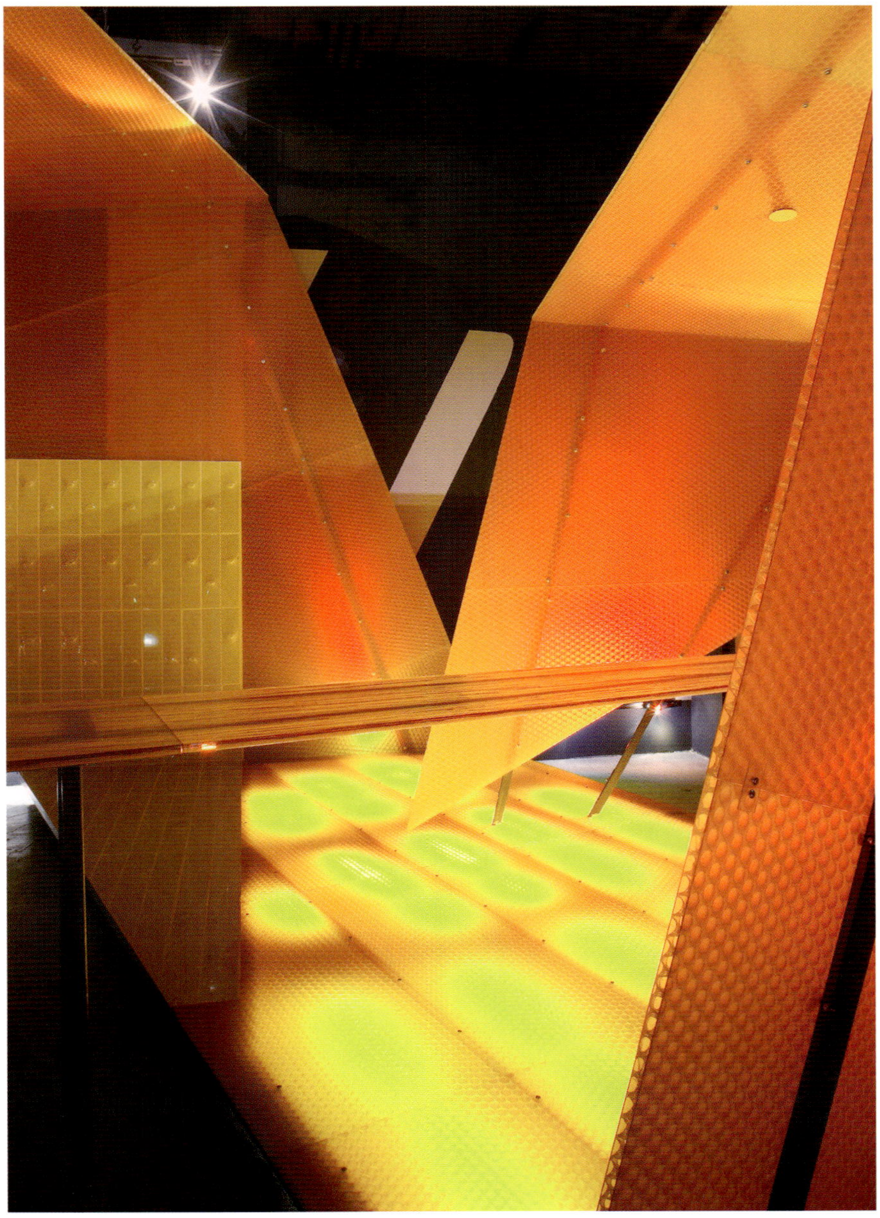

Photo: Benny Chan, Roberto Paz

Griffin Enright Architects

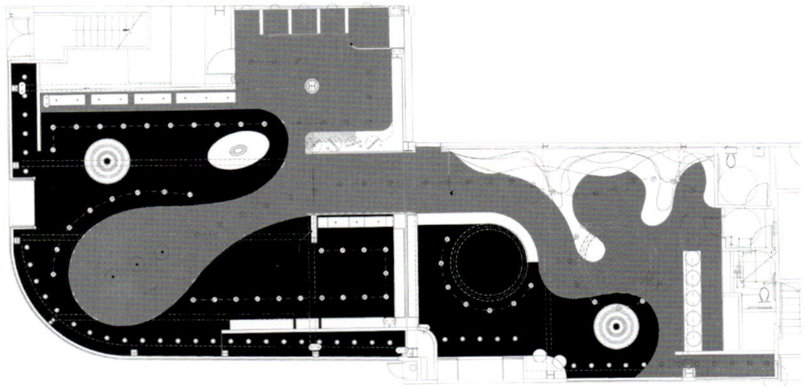

六十年代女装洛杉矶店

这个商店不但为六十年代女装设计概念的角色，而且是为洛杉矶特别设计的。如同置身城市的电影院内，尤其是20世纪60年代的科幻电影如《太空英雌芭芭丽娜》或者《魔点》中的场景。梅尔罗斯街店，黄色的空间从天花板倾斜到整个空间当中，地板和柜台是明亮的嫩黄色。两个明亮的银色“不明飞行物”安静地降落到商店中的两个角落，观察你的一举一动。

帕拉迪斯商店

帕拉迪斯商店位于第五馆的末端，面积约6000平方英尺。商店的入口处写着“暗礁”的标语，欢迎着游客来到深海展示区域。通道内配有微光凝胶剂和盘旋上升的绿色卷叶海草。商店立柱上缠绕的照明设备交织在一起，时而闪烁、时而变色，让整个商店充满了朦胧的感觉。发光的水磨石地面结合海底的贝壳和碎石，再现了海底五光十色、异彩纷呈的景象。

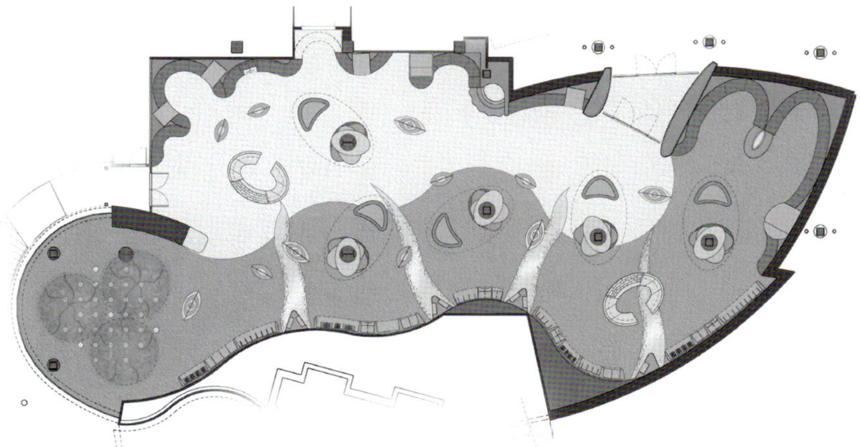

格卡达展示厅

地板、墙壁、屏风和家具都采用白色树脂材质，展示的服装就像悬浮在半空中。尽管服装的数量和种类各不相同，但在纯净的背景映衬下，特色一目了然。装在滑动轨道上的不锈钢杆让展品在几分钟内就可以完成调换。透过展厅内巨大的玻璃幕墙，既可鸟瞰时代广场，又能与纽约最高的摩天大厦直面相观。

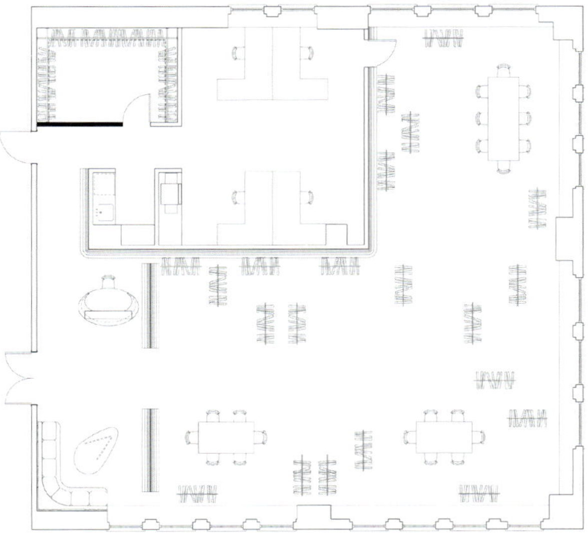

加州衣橱展厅

设计计划在空间内设置一些几何体，像博物馆一样展示加州衣橱的产品。一楼有三个精美的三角形展区，中央的玻璃钢结构楼梯通向夹层。夹层是双倍挑空的圆柱形结构，天花板上装着圆形吊灯，下垂的灯管上缀着闪烁的石片。夹层中展示着加州衣橱的卧室家具，浮动墙和错落的地面充满流动性。

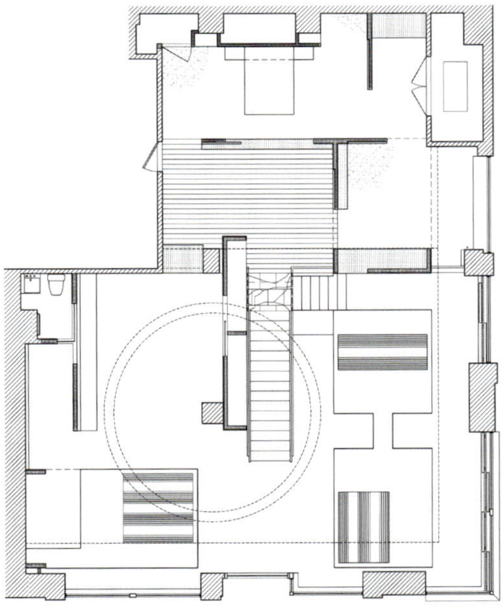

Photo: Paul cha Architect

Paul cha Architect

Photo: Benny Chan, Fotoworks
John Friedman Alice Kimm Architects

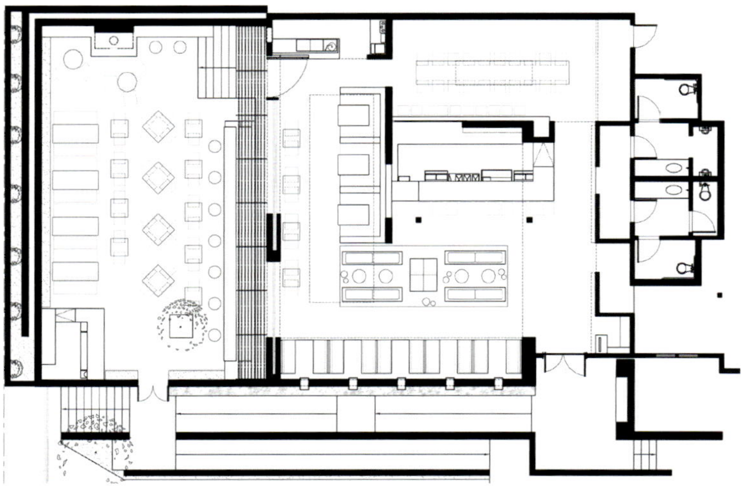

猎鹰餐厅

猎鹰餐厅把一个破旧的房子变成高级餐饮和好莱坞客人的聚会场所。餐厅是由一系列相关却又不同的空间组成，犹如在电影中的画面。餐厅入口有一个长长的坡道，引导着人们进入餐厅和酒吧区域。当夜晚来临的时候，就餐者坐在凸起的座位上，可以看到别人也可以被别人看到其行为举止，这种设计隐喻戏剧。深色质朴的材料结合低矮的天棚创造出一个隐私、洞穴般的氛围。

开放式书店

书架之间设有过道，客人可以从一摞摞的书中间穿过。交错的书架或折叠，或倾斜，或呈阶梯状，客人可以从他的脚边、身边或头顶取书来看。站在高高的透明书架下也可以看到架上的艺术画或特别版的书籍，让人想看又拿不到。透明书架上的突出部分可用于固定书籍，剩余的书籍放在下面的书架上。店主办公室、仓库和柜台都采用曲线的造型，吸引顾客走到柜台前。

Photo: Acconci Studio

Acconci Studio (Vito Acconci, Ezio Blasetti, Nathan DeGraaf, Eduardo Marques, Dario Nunez)

三宅一生麦迪逊店

这是日本时装设计师Issey Miyake 在曼哈顿的麦迪逊大街这个历史悠久步行购物街店面的内部革新的一个项目。设计打破了Issey Miyake世界与街道的界限，与地面平齐的玻璃门面无缝结合，体现了商店体积的延伸。241.5平方米大的面积像没有尽头的镜面墙一样无限地延伸。实际上整个商店变成一个巨大的零售窗，模特分散在整个深度的空间。

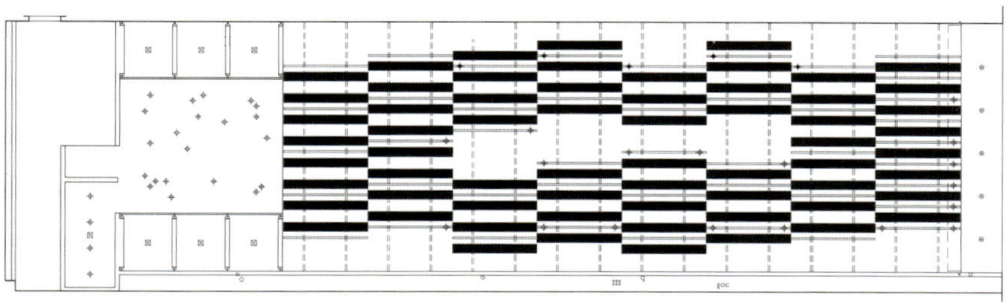

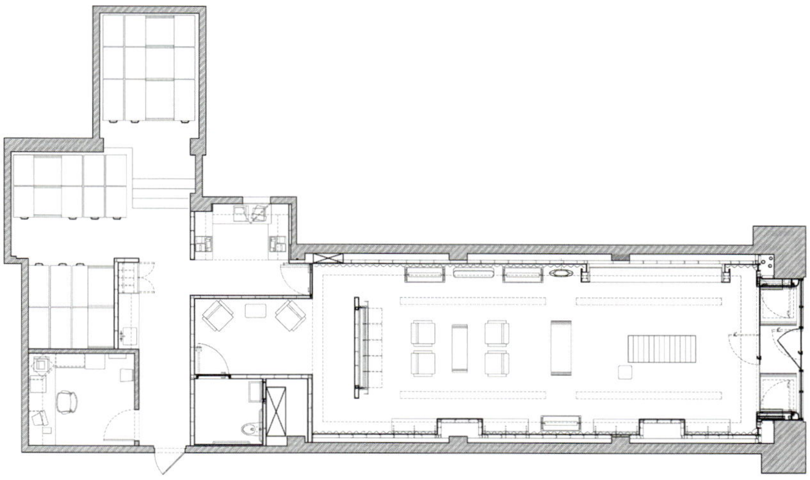

赛乔罗斯

塞尔吉奥罗西是一个高端设计师设计的鞋与意大利热情相结的高端现代cool店。主要的空间体现在连串的叠起的金属铁窗像瀑布一样下落。悬挂的高光泽鹅白色展示面是这个空间精彩的焦点。长横向木板切入一个漆木长方形，用做展示商品的展台，可随意摆放的木质展台在金属铁窗前给人一种温暖的感觉。

Photo: Jody Kivort

212box Architecture

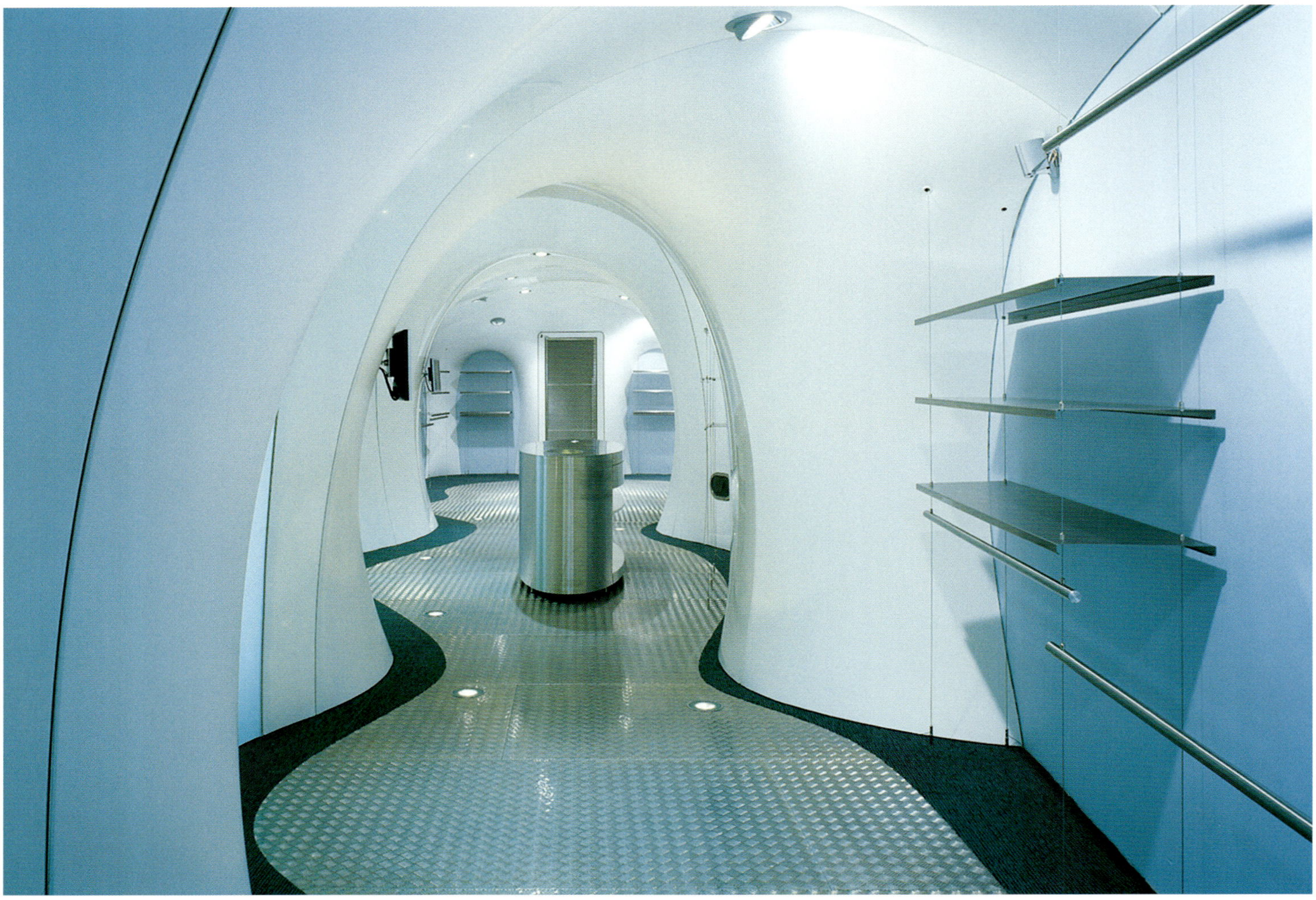

斯科特公司展示厅

这个空间的设计是要作为美国斯科特公司的展示厅。展厅的设计宗旨是基于这个最新的既定空间，通过在两个房子的交汇处营造的无序的横断空间，充满着历史的氛围。地面是由硬脊膜的金属板构成，上面铺盖着结构连续，纹理清晰的地毯。保留下来的墙只是进行了简单的表面处理和涂色。内部的布置主要采用精细光亮的不锈钢框架系统结构和不锈钢的柜台展示架。

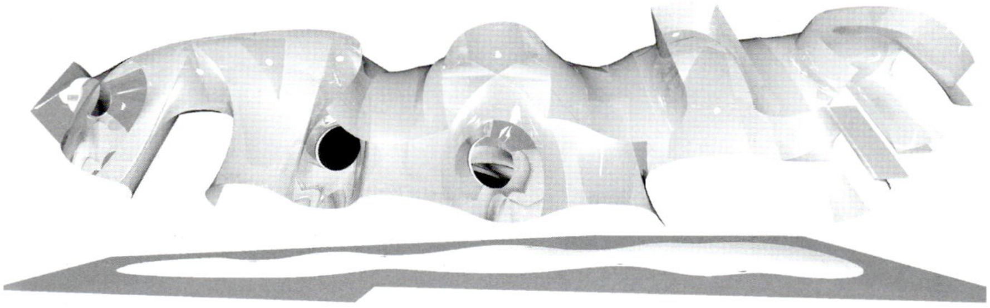

德马特洛

从建筑结构上看，可以在挑高的天花板和地面上做文章，不需要改变墙壁的位置。但涂料和照明要全面改造，以消除空间呆板的气氛。室内大量使用了木制隔板，隔出理疗室，而大厦楼体保证了理疗室内必要的个人隐私。设计师在地面上作出几个分隔带，来划分不同的区域，但通往理疗室的长走廊成了棘手的问题。设计师把走廊上方这面长达25英尺的天花板变成了雕塑作品。

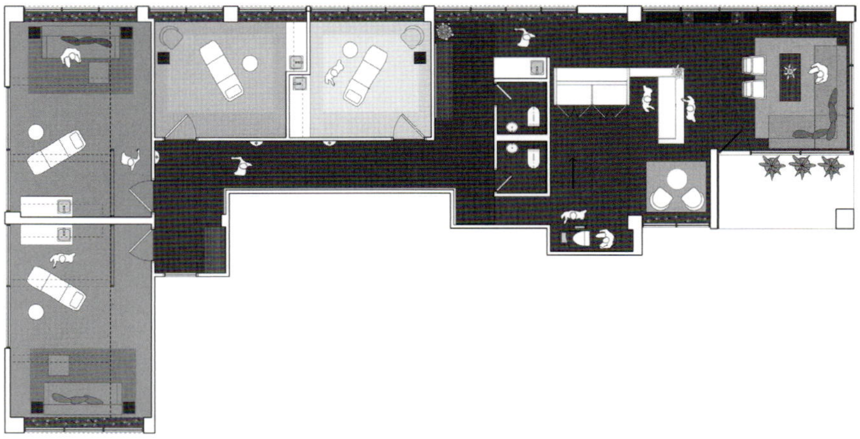

Photo: Andy Mattern

Tamie Glass

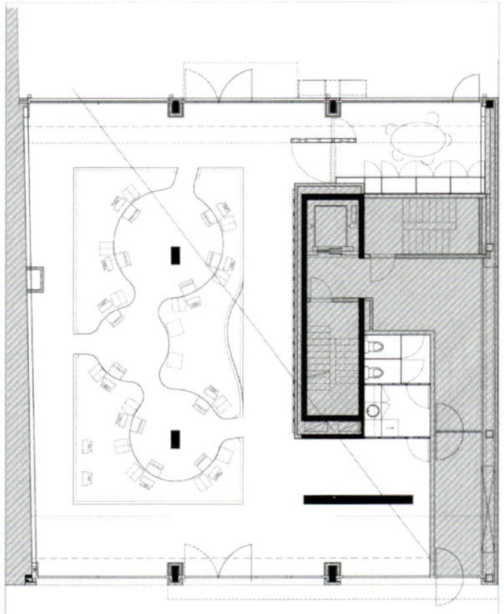

丽兹酒店水疗休闲中心

一踏进大门，精致高贵的气息便扑面而来。从走廊到客房，一律是仿凡尔赛宫的装饰，布置精巧雅致，厚厚的维多利亚地毯让脚步变得柔软轻盈，墙上的水晶壁灯绽放着柔和的光，右侧长长的玻璃长廊里陈列着世界各地的顶级纸牌。墙上画框里的画作是欧洲十八世纪著名画家的真迹。地毯都是来自土耳其的上等货色，地毯之厚之软足以将脚趾埋没。壁炉是拿破仑时代的式样，红木材质的椅子、床、衣柜一律是路易十六时代的风格。

希尔顿黑德威斯汀水疗馆

无论从大厅还是停车处，一旦进入到水疗馆中，就会有种安静和复苏的感觉。墙面上的门廊使用径面斜切的核桃木制成，天花板下悬挂着水晶灯，这些设计都会凸显水疗馆的特点。接待桌的下部使用黑色细磨石灰石制成，台面上是反光白玻璃。墙壁上铺设的是油漆过的玻璃瓷砖和形状各异的白色河石。所有这些设计提供了一个安静祥和的背景，同时这也是接待大厅的特点所在。

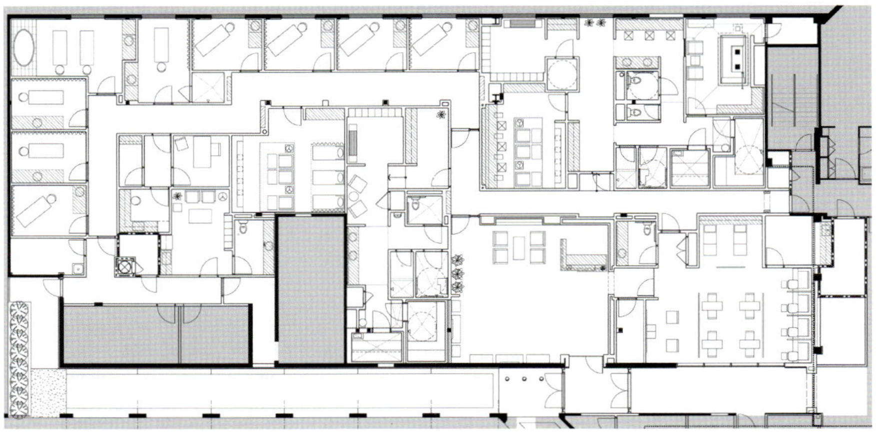

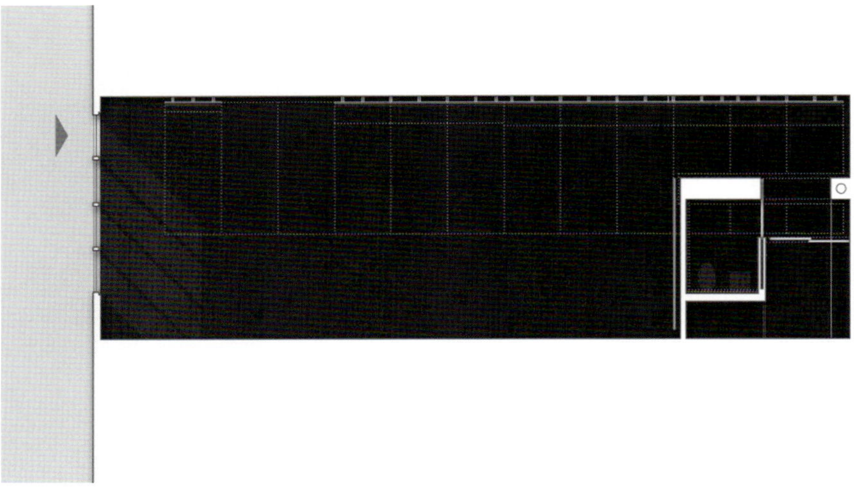

皮拉多播音室

在皮拉多播音室设立一个练习区，以放置各种大型机器及随身用具的棚架，还包括一个工作区来满足日程安排及文书工作的需要，另设有一间更衣室和一间休息室。设计师将整木雕刻的手法运用到整个空间，这样打造出架子、长椅和办公桌，于是留下好的空间可自由使用。选用的材料有桐油抛光的甲醛胶合板、无VOC黏合剂的环保型橡胶地板、冷轧钢、镜子。

车库顶层冰场

购物中心的7层停车场上方建造2个屋顶溜冰场更衣室、一个小吃店、票务销售的空间以及各办事处。8层东端是一个崭新的1860平方米带有健身器材的训练中心，楼上是一个同样大小的办公室。这两个部分的外表面采用斜玻璃结构，形状类似于溜冰鞋的刀片，高度大约 4.3米。溜冰场位于8层，距地面24米，是世界上最高的冰场之一。

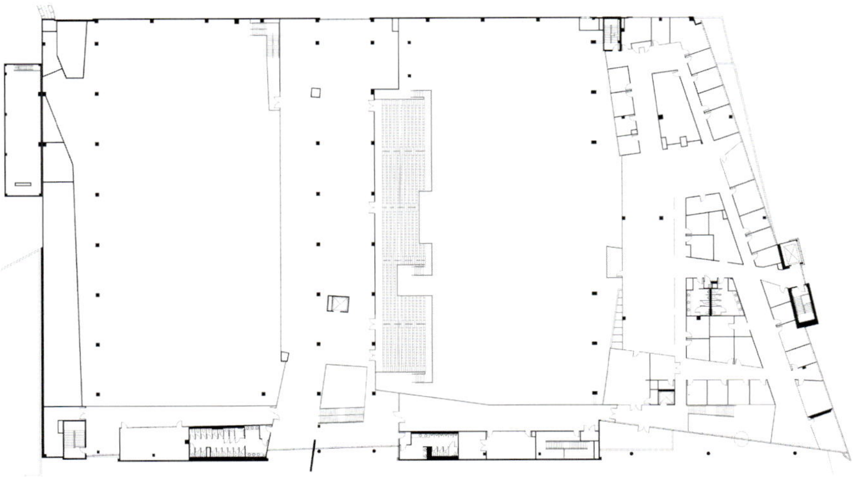

Photo: Henry Rollmann

Frederic Schwartz

纽约办公

空间设计将Frederic schwartz色彩在家具上画龙点睛地运用，同时尝试把地板空间统一并加以区分地设计出来。Frederic Schwartz将服装设计风格引入到室内设计中，朴素的中性色系在整个设计空间中贯穿始终。项目要求就是为客人们提供一种祥和并热烈的气氛，并把主人对亚洲艺术的收藏在这里延伸。设计追求一种可持续战略并采用了许多自然可回收材料。

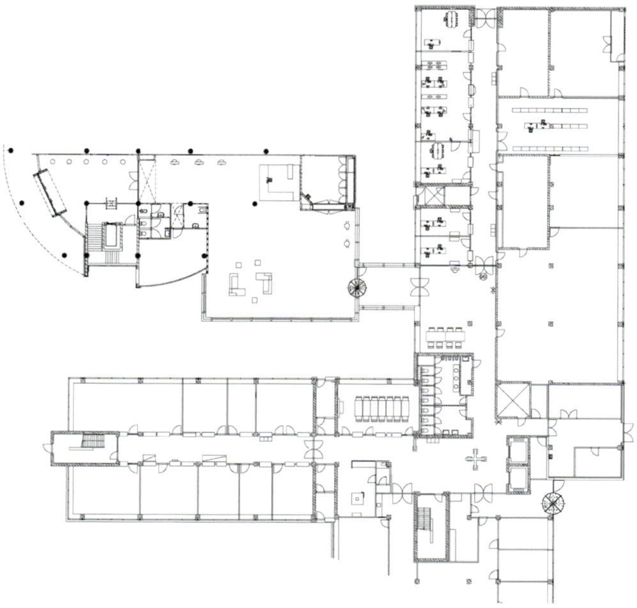

IBM电子商务创新中心

项目的设计旨在创建灵活、简单、相对自由的办公环境，使其具有良好的扩展和升级空间。精心设计的墙壁和隔断将空间合理地分成若干部分，具有透明质感和强烈层次感的特制装饰材料将室内空间进行了有效延伸，令整个空间宽敞明亮。

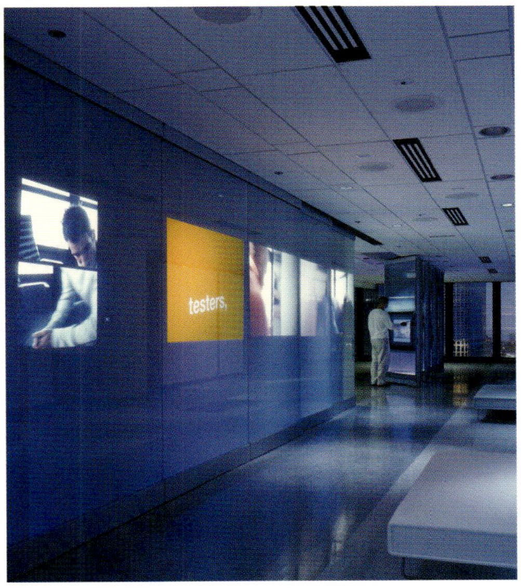

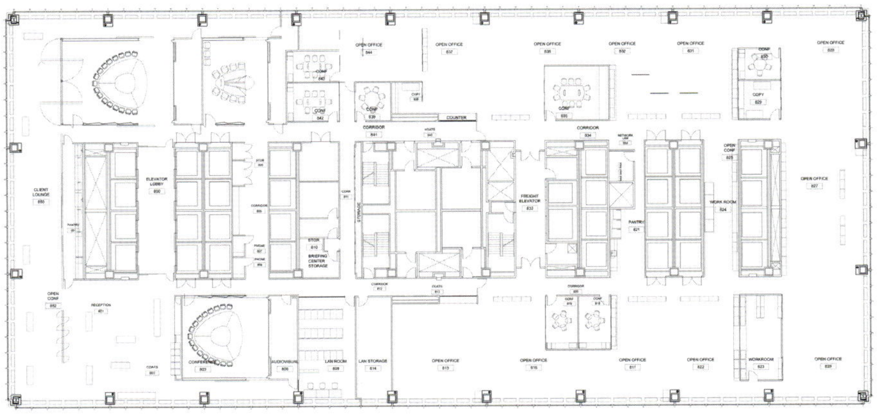

Photo: Benny Chan

Jason King Associates

“理论”纽约办公室

空间设计将“理论”办公室、展示间和零售处融为一体。室内设计部分完全按照客户的喜好量身定做。泽弗设计事务所将色彩在家具上画龙点睛地运用，同时尝试把地板空间统一并加以区分地设计出来。从第二层到第四层，是一排排的办公桌和工作站，四周围绕着执行办公室或私人办公空间。休闲室摆放着沙发、坐卧两用椅、长软椅，混合着现代气息和怀旧感。

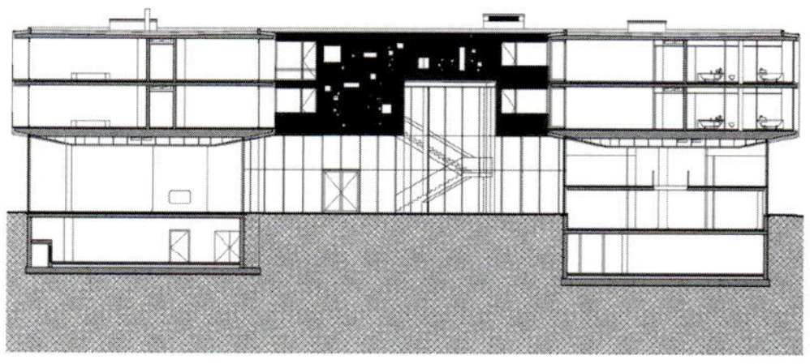

Photo: Zeff Design

瑞士军刀品牌公司总部

瑞士军刀公司总部的设计材料来源于公司产品线和零售商店，包括玻璃制品、铝材、不锈钢、黑木涂装、石料、毛毡装修材料以及客户希望在每个有意义的角落都用上瑞士军刀所用的“红色”。几乎在每一个房间内都会看到这种具有瑞士军刀标志性的单一颜色。这个新建的公司总部拥有两个区域——4088平方米的办公区（包括销售、市场和管理部门）和10219平方米的仓库和销售中心。

Photo: Woodruff/Brown
James Hollister, LEED AP

柏华丽酒店

休闲厅的两侧装饰有弧形的石膏围栏，后面的做旧木屏风同样呈弧线形，上有手工雕刻的镂空水波纹图案。主餐厅的中央也摆放着这种屏风。主餐厅与泳池相连。这里的景致会随着一天之中的时间转换而发生变化。白天，座椅上套着毛圈面料的椅套，并配有伸缩式的遮阳篷。白色的屏风为一间间单室或双室的柚木小屋带来阴凉。

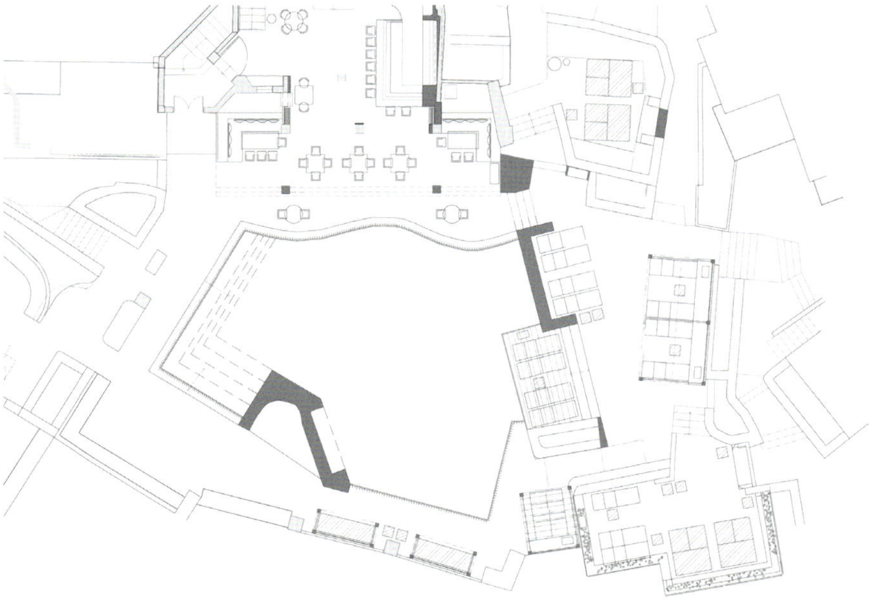

Photo: Vagelis Paterakis

Rockwell Group

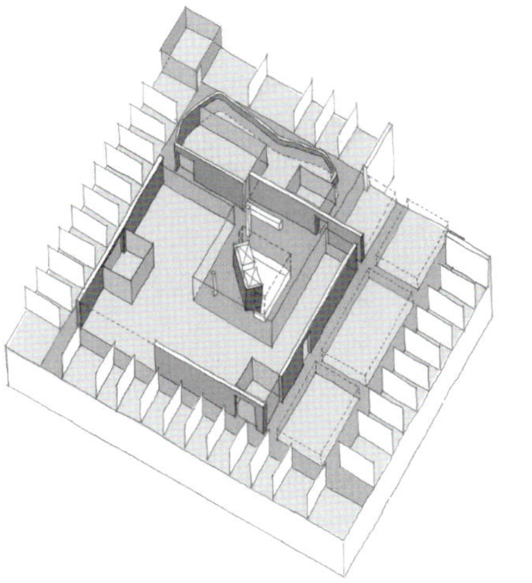

特利通公司总部

设计加强了特利通的企业形象，同时创造了开放的办公环境，将不同用途的办公室包容其中。简单的造型和鲜明的材料为宽敞的门厅和候客区营造了幽雅高档的氛围。门厅旁边是玻璃板隔出的电梯间。定制的前台由乌木、半透明的背光板和不锈钢制成，鲜红色背景墙上绘有特利通标志。墙后是行政套房，内设办公室和会议室。

Office 办公

USA 美国

New Jersey
新泽西州

Photo: James D'Addio

Ikon.5 Architects

Photo: Brian Gassel, tvsdesign

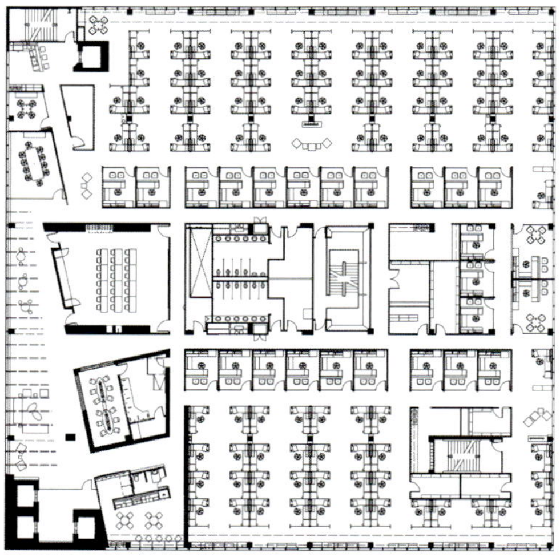

乡村音乐电视台

乡村音乐电视台经历了历史的蜕变，迅速成长起来，因此，它在田纳西州纳什维尔的办公室需要由两层扩大到三层。公司为了迎合未来发展的需求，在空间格局的设计上适应灵活多变的特点，有设施完备的大厅、私人办公室、会议室、休息厅、广播室、控制室、播音员室和多功能大厅。乡村音乐电视台的内部格局划分，提高了员工的工作效率，增强了团队协作能力，使整体面貌焕然一新。

宝力丝配送中心

这是为服装发行中心设计的新的总部办公大楼。设计师采用了楼中楼的设计理念，并重新布置了办公室的结构。每个独立空间外的格局都被认为是公共区域，公共区域如走廊、过道、接待室连成一体，高效、方便、快捷。格局设计用连续的线条折叠而弯曲地将各个独立的小空间连接起来，这样就形成了产品从原材料加工到成品一条龙的空间设计。

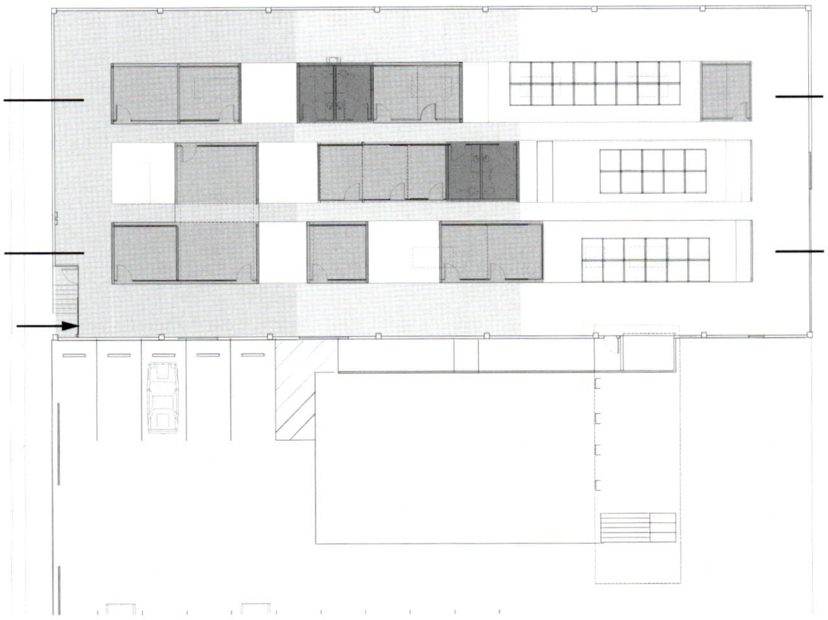

辛德勒电梯公司

内部空间的墙壁使用廉价的绘画墙壁和间接照明系统。大厅、墙壁的颜色是由从瑞士国旗选取的胭红色粉饰。其他的表面和家具使用中性的色调搭配。半透明的丙烯酸树脂箱引人注目；接待台、咖啡桌、长椅和灯箱的设计别具一格。行政办公室、会议室、培训室和休息的房间环绕四周。办公室内半透明的玻璃内墙使阳光照射在地板上。

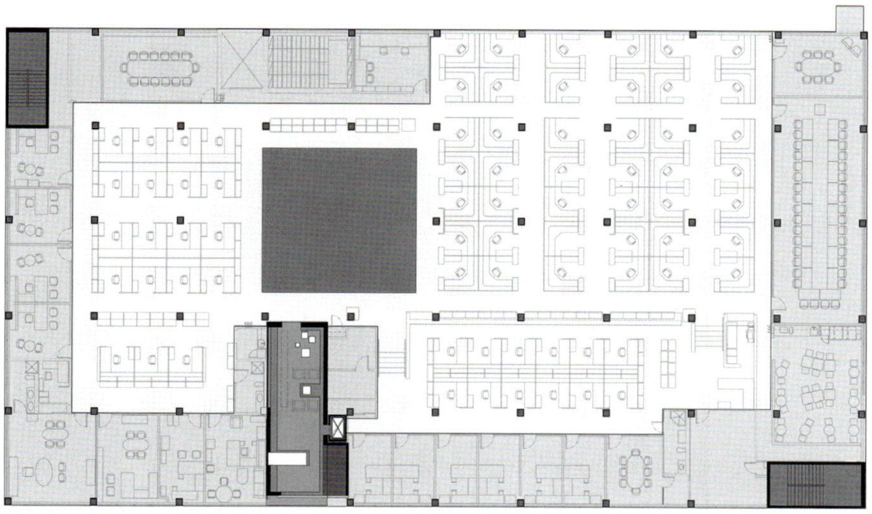

Photo: James D'Addio

ikon.5 architects Joseph G. Tattoni, AIA

港口小屋

始建于20世纪中叶的港口小屋以美味的海鲜和最好的周岁牛肉而著称。这是一间黑色的木屋，灯光为海葵、海蜇和墨鱼造型。有23位艺术家参与设计，为餐厅营造特殊的氛围，包括玻璃马赛克地板画、手工雕刻的铝镁合金、艺术玻璃酒塔、手吹玻璃灯具等数十个专门为这里量身定制的装饰细节。餐厅的四扇“窗户”是四个一万加仑的水族箱。

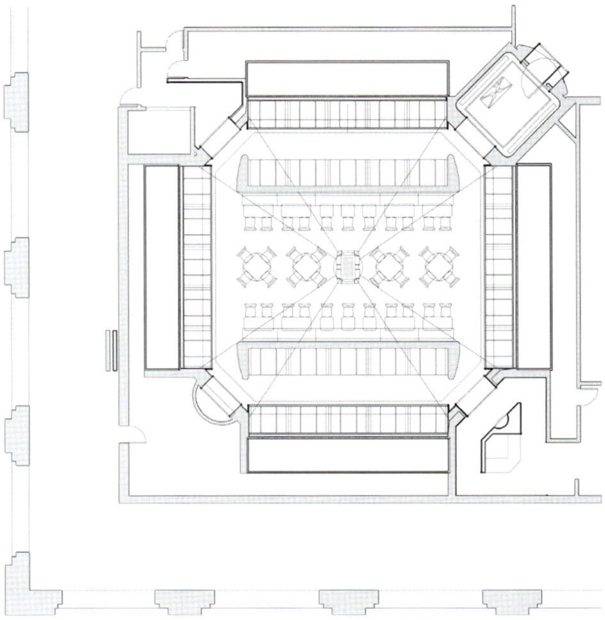

Photo: Doug Snower

Jordan Mozer and Associates, Ltd.

耶鲁蒸汽办公室

现存的耶鲁蒸汽办公室有一段很悠久的历史，这可以从它的拱形结构建筑、奇特的楼板骨架和斑驳的混凝土墙上看出来。大厅在第一层，同时也被用为俱乐部和聚会室。透明的纺织品减少了现存建筑结构的厚重感，将私人活动空间和公共区域分割开来，并使整个空间具备了不同的功能。玻璃嵌板使从第二层天窗透射出的光线穿透大厅中央。

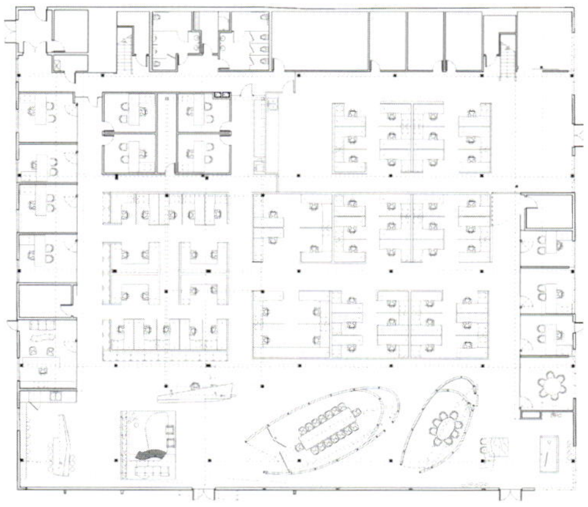

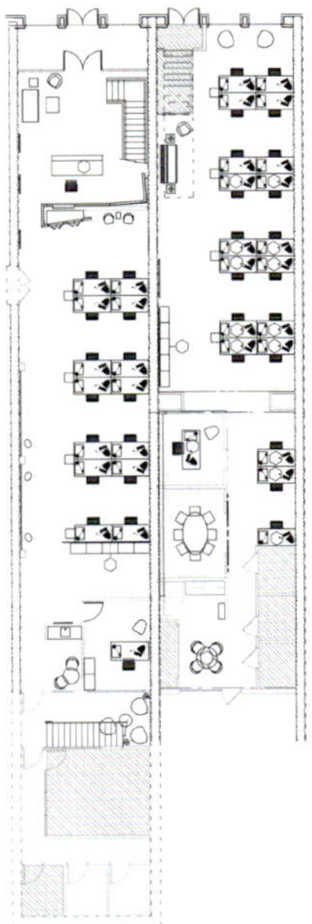

斯博布克

在这间互动行销代理公司的内部装修问题上，设计师面临了极大的挑战。设计的灵感在于虚实之间的转换，内部空间的整体效果与这间公司网站的俏皮风格非常相似。为数不多的预算，为空间的艺术性设计带来了很多不便，设计师巧妙地在地面上做起了艺术创作，结果随意搭配的方块地毯成为了整个公司标志性亮点。由于地面的连接性，让这种本来杂乱的拼凑形式使空间变得统一起来。

Photo: Andy Mattern and Thomas McConnell

Tamie Glass (www.tamieglass.com)

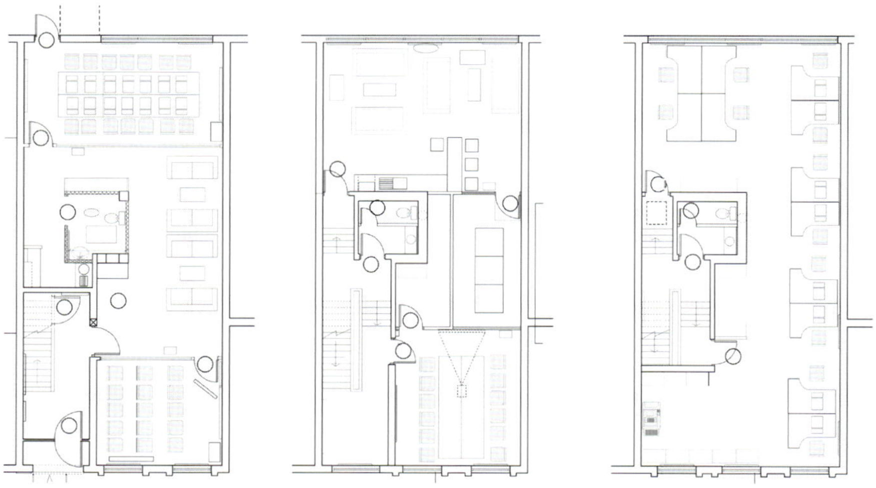

UCE办公室

本项目位于伯明翰的娱乐区，共有三层，是一幢典型的20世纪80年代的办公大楼。设计师将三个楼层明确地分为三个办公空：公共功能区集中在一楼，包括研讨会议室和演示厅；二楼是员工的会议室和社交娱乐场所；顶楼是开放式办公空间。设计师运用美学手法结合了UCE的工作内容，使用了大量的图形和文字。装饰玻璃幕墙，打造出风格各异的空间。

Photo: Scott Thompson

Kevin W Singh and Jo Rayner

迷恋发廊暨水疗中心

这家享誉盛名的发廊及水疗中心位于美国伯明翰。设计师们参与了整个项目的初步构思、细部设计和理念设计。本项目包括美发沙龙、修剪区、美发学校、按摩室、果汁吧、水疗区、蒸汽桑拿房和办公区，是城市中放松休闲的绝佳场所。以美学角度来看，整个项目设计严谨，采用同色系的色调，选用如胡桃木、拉丝铝材等相近颜色的材料。

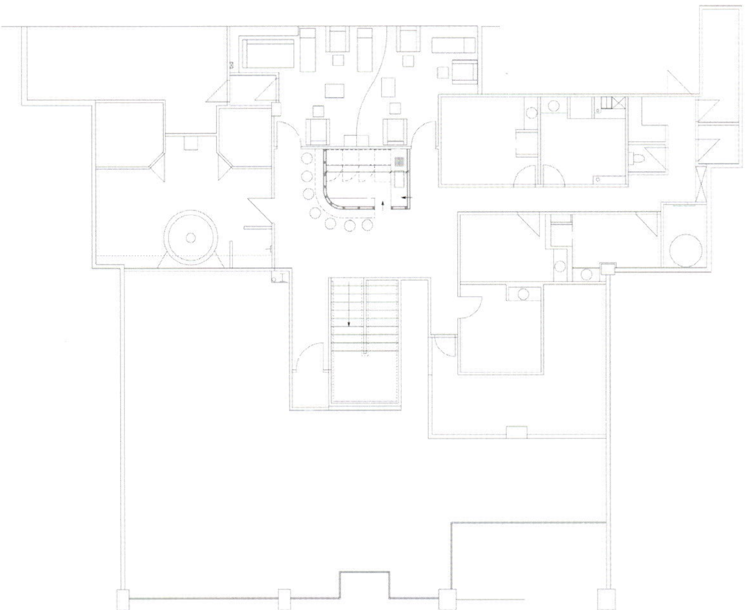

奇努克小径小学

这所学校致力于国际化教育，以传授亚洲文化为主，比如，在这里可以学习汉语普通话。三位设计师应邀在设计竞赛中提交作品，作为最终的获胜者，通过一块绿色空间将两侧的公园连接起来，设计主题是“公园中的学校”。走廊是探索国际主题的地方。通向教室的墙上挂满了世界各地的画。展览柜陈列亚洲一些国家的文化和产物以供研究。国际化主题贯穿在艺术、音乐和计算机科学中。

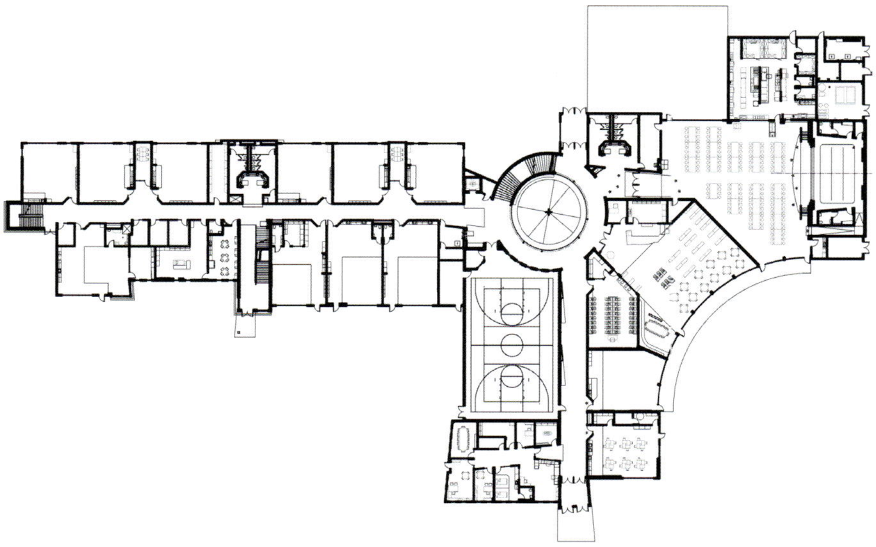

彼得和保拉菲斯癌症中心

设计师保留了具有50年历史的大楼楼基和钢架，拆除了部分地板，创造出三个庭院，将自然光和花园景观引入走廊和病房。设计师在建筑的南侧扩建了两个隔间，修建了公共入口、大堂和行政套房。大堂中的布艺扶手椅给人以家的感觉。落地窗带来了开阔的视野，使得空间充分地贴近大自然。空间的主色调为温馨的橙色和米色，营造了亲密舒适的氛围。

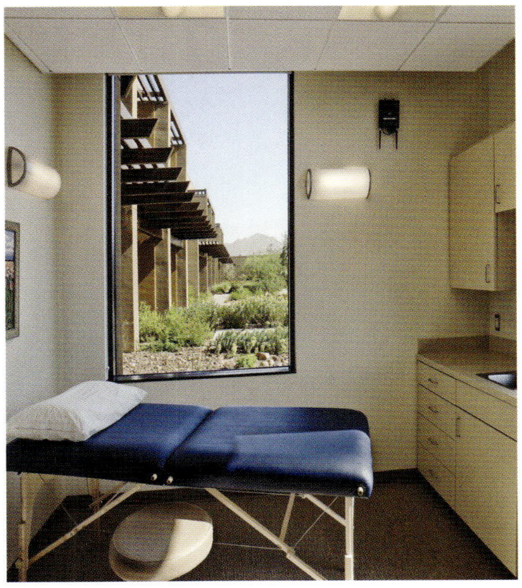

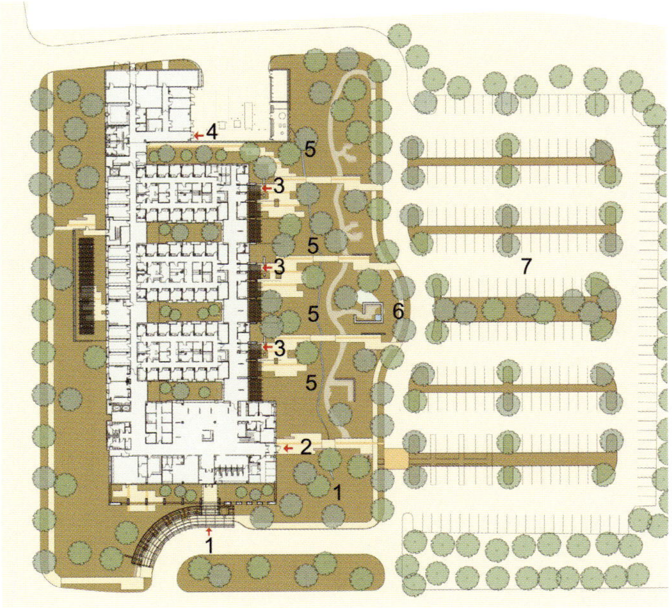

Photo: Robert Canfield
CO Architects

Photo: Acconci Studio

Acconci Studio (Vito Acconci, Peter Dorsey, Stephen Roe, Dario Nunez)

第八街西部地铁站

设计师延续了建筑的波浪造型，并突破了原有的模式。地铁站的造型像起伏的沙丘，像大海的波涛。设计师将波浪造型演变成一道风景，并以这种造型强化了视觉效果。地铁站的外观或起伏或下沉，与车站的楼梯融为一体，还巧妙地形成了站内的座位。波浪造型并不仅限于平面，它向四周扩散开来。这里的波浪凹陷下去，而在另一处又呈现出起伏的姿态。

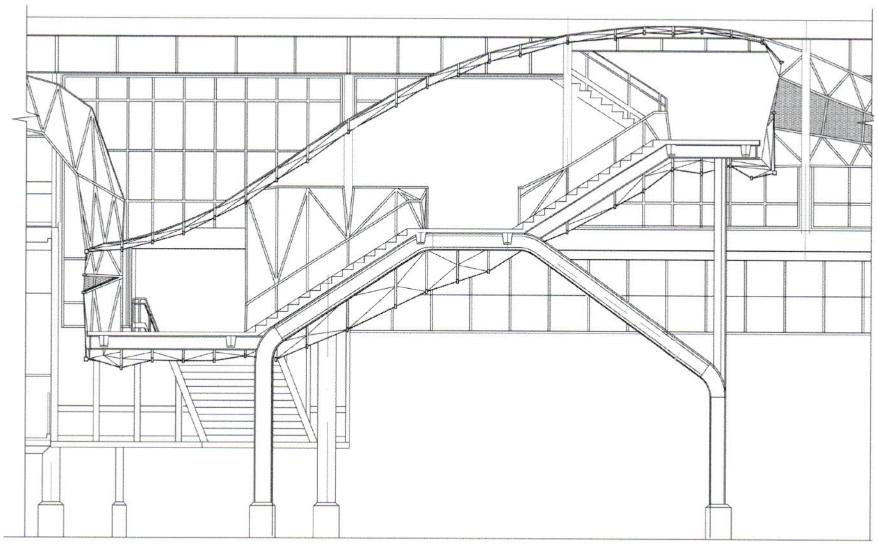

艺术学前班

低矮的软木墙打造了一个安全舒适的娱乐小天地，孩子们可以在其中嬉戏的同时欣赏自己的作品。阅读区从外观来看更像一座座树屋，为孩子们营造出宁静温馨的学习空间。“生活区”中精致的壁炉、舒适的地毯以及精巧的书架将空间烘托得分外活泼生动。窗户也精心地设计成落地式，高度根据孩子们的身高有所调整，便于孩子们攀爬，了解学校其他地区。八成的建筑材料和建筑工人均来自承包商和供应商。

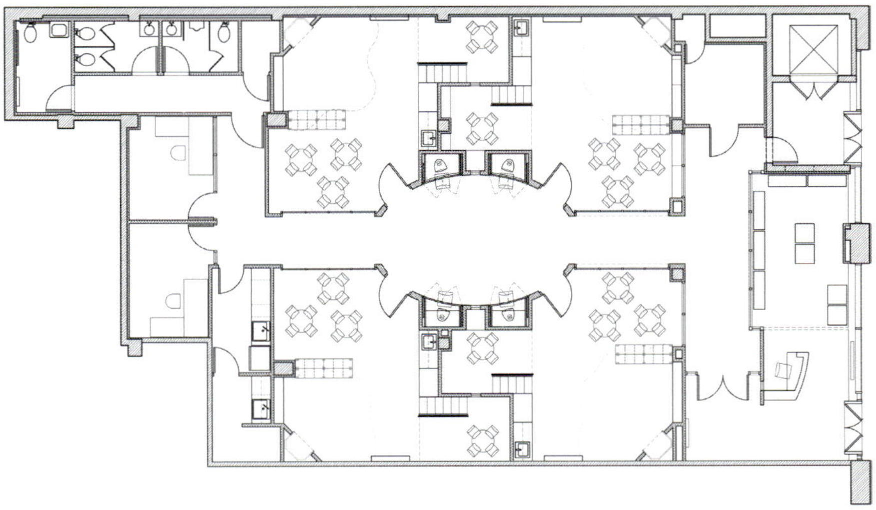

Photo: Frank Oudeman

D-Ash Design

Photo: Tom Bonner.

作家协会基金会图书馆

图书馆内的主要空间是胡桃木装饰的阅览室，其墙壁上装有多功能的陈列架和杂志架，同时用作公告板和电脑目录。阅览室内使用了大量的木材装饰，枫木的天花板与墙面的胡桃木十分搭调，两侧的柱子中间摆放着油布面的长书桌，三个影音室还能收看到电视节目。阅览室的外面是图书馆的配套设施和公共休息室。

共享综合学术中心

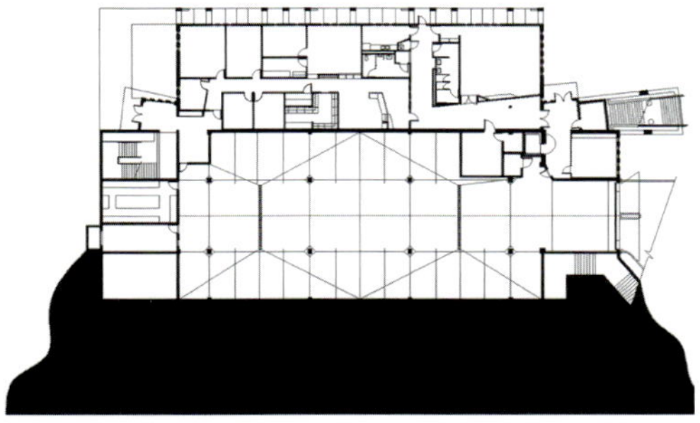

学习中心位于高中部和初中部之间。在学校中央有一处建筑，一层是行政办公室，旁边是室内停车场，每逢周末会有摇滚乐队在这演出。学生们可以通过侧面的楼梯到达楼上的音乐室和计算机室。在乐器室与合唱室之间是一间共用的合奏教室，通向外面的露天演出剧场。楼上是美术室，在这里有一个共用的露天平台，可以欣赏落基山脉的美景。

纽约市信息中心

地面和墙壁的特殊设计巧妙地形成“映射”， 透视出内部空间。来自地板和天棚以及数字投影镜的灯光令多媒体播放器分外抢眼。智能桌和数字镜彰显出城市的紧张节拍。电子接口、小册子、视频墙、车票、地铁卡等元素的介入，更加令人备感亲切，贴近生活。

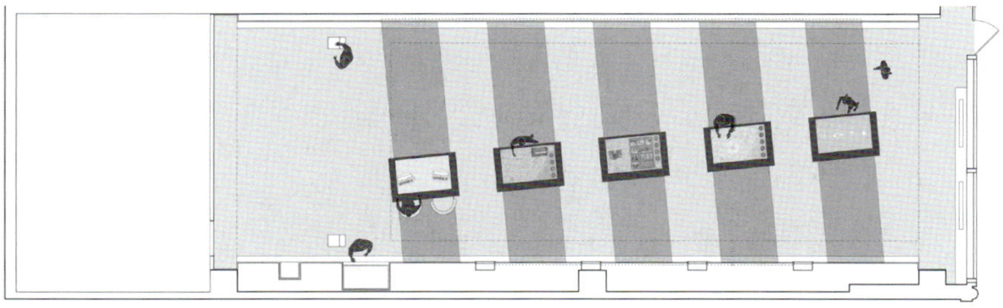

布朗克斯艺术特许学校

学校由一幢废弃的老工厂改造而成，在Hunts Point工业区的改建中起着举足轻重的作用。尽管受到预算和场址的限制，但为打造一个适于学习的健康环境，设计师构思了一套创新的理念。色彩、空间和自然光线的巧妙搭配凸显了学校的性质和目的。开阔的空间营造通透感，鼓励学生之间的交流。教室如同工作室一般，白色和灰色的表面能最大限度的反射光线。彩色的条带用于标识方向。

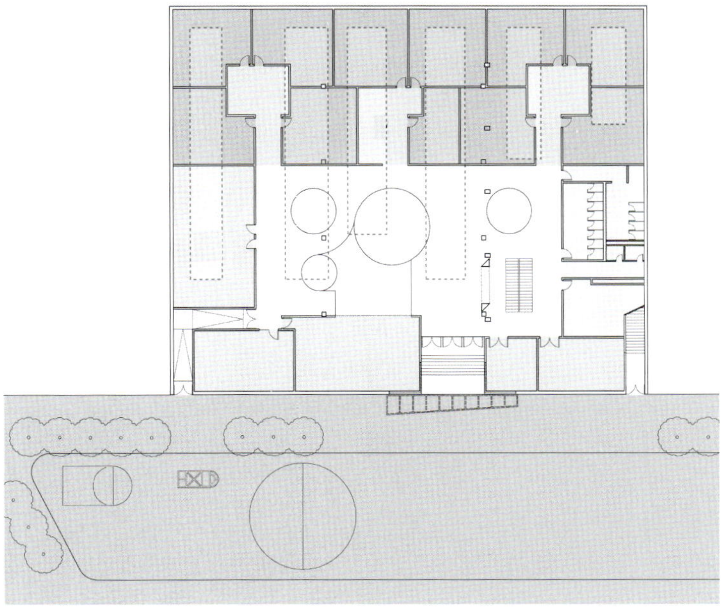

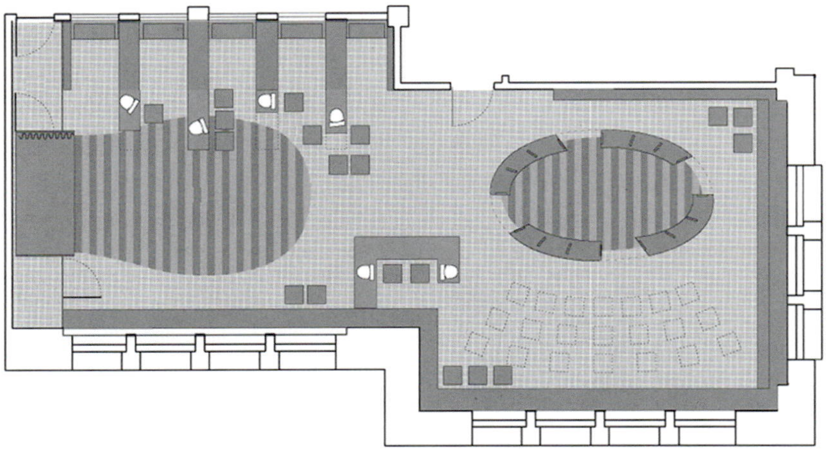

PS19图书馆

PS19是纽约市最大的小学，而它的图书馆确是同类学校中最小的。图书馆的天花板很高，灯饰高悬其上，墙壁上涂有绘画，家具都是特制的。根据不同年龄段学生的使用需求，对椅子和桌子的长度重新进行了精确的测量。通过对家居纤维板的使用，设计师使用较廉价的材料制造出最显著的效果。一些荧光材料被制造成类似云朵的装饰物，云朵的自然形态使人联想起户外的景色。

Photo: Esto Photographics Inc.

Tsao & Mckown

纽约公共图书馆

空间采用大胆的设计手法和夸张的图案，在亮白色的背景中点缀了橘色、绿色和蓝色等鲜艳的色彩，将图书馆衬托得活泼动感，充满想象力。巴力软膜天花板的波浪造型增加了屋顶高度，并将原有的水泥板展露出来。高度的增加让空间变得更加明亮和开放。图书放在半透明的塑料书架上，后面的书桌斜斜地摆放着，为孩子们营造出充满活力和动感的空间。

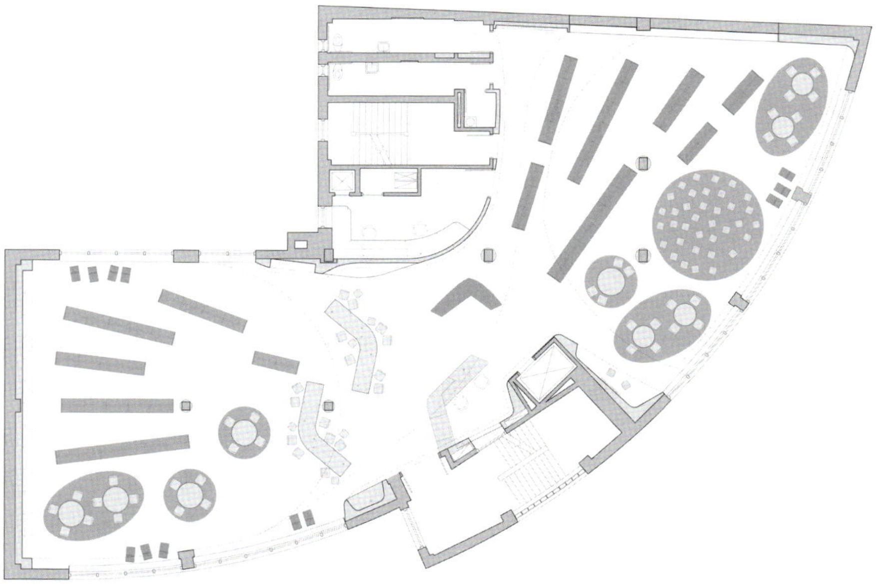

Photo: Timothy Furzer

1100 Architect

Aeropostale品牌旗舰店

Aeropostale是美国著名校园品牌，也是当今全美最红火的青少年服饰品牌，销售旺盛之势力压耐克、阿迪达斯等世界知名品牌。该品牌与AE,AF并驾齐驱，主导美国年轻人的服装市场。客户想要把他们的品牌标识——涉及东方沿海贵族的航海传统——与21世纪的现代感结合起来。设计师与客户密切合作，通过从洛克菲勒中心奇妙的建筑中汲取灵感，成功地将现代与传统加以融合。

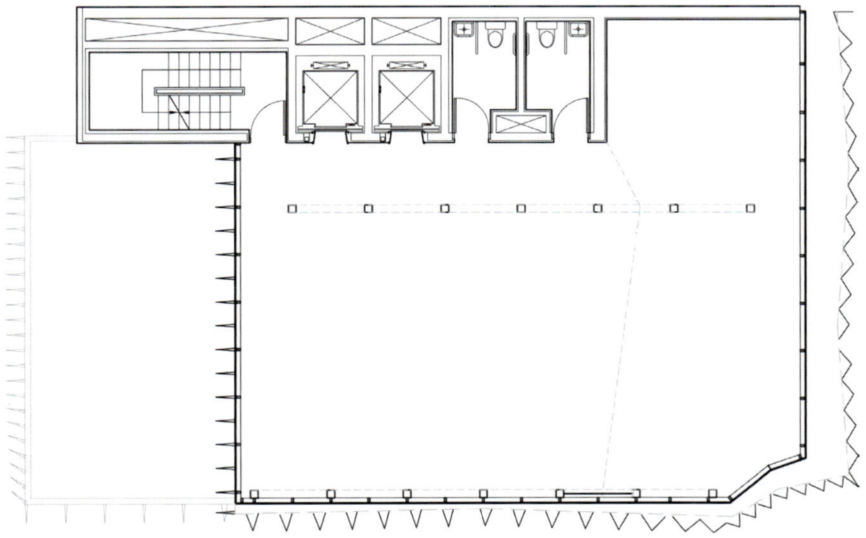

大卫•布朗展示

大卫•布朗公司总部的设计围绕这一理念展开——在保留空间流畅性、设计连贯性以及功能交流平稳性的同时，打造两个单独的区域。主办公区的设计以最大限度保留开阔空间为主旨，如同广场一般，所有的活动都在此展开。设计师在材料的选择上彰显简约，充分运用树脂玻璃、划线玻璃、钢材、石膏板以及涂料等。

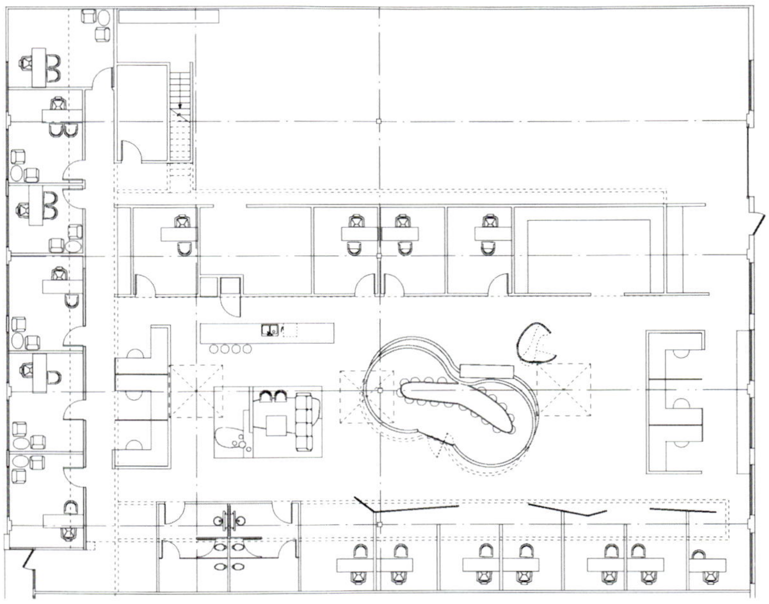

Photo: Marvin Rand

海瑞中学

建筑以“滑块”为设计理念，从而体现活泼好动的中学生特点。设计目标是打造一个集“欢快”与“炫酷”的学习及教学空间。建筑选用天然材料，充分利用自然光线，结构合理灵活，巧妙的设计令整个空间动感十足。

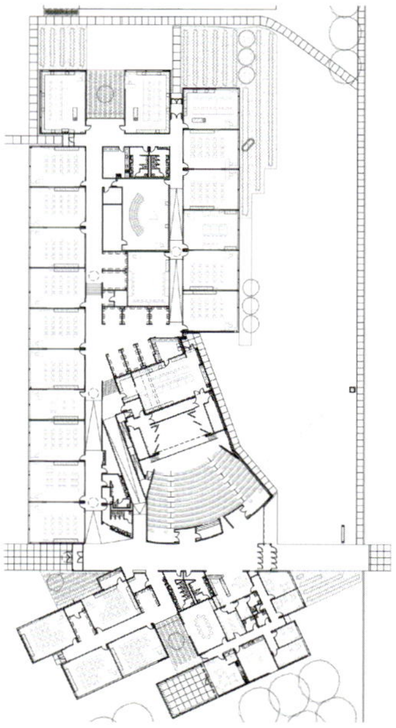

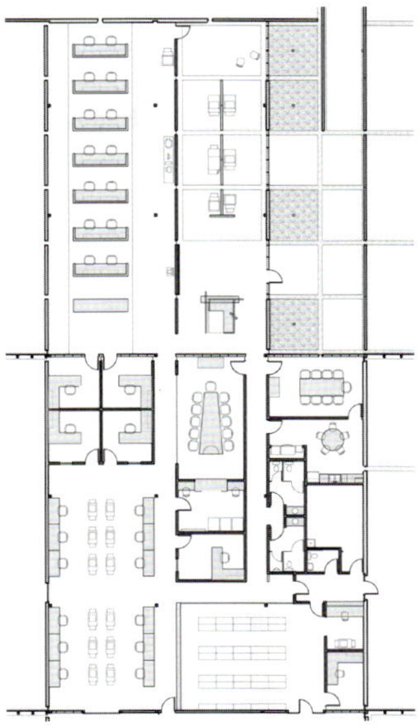

休斯敦ImageNet办公

项目设计包括一个设备展厅、两个视频会议室、一个销售区和管理办公室以及安全库存区、机械修理和一个大型仓库。建筑结构灵活，可根据实际情况随意调节。设计师巧妙运用了特殊的“墙纸”元素，构思新颖巧妙。

Photo: Scott McDonald, Hedrich Blessing
Elliott + Associates Architects

前锋公寓

狭长的起居空间中没有墙壁间隔，设计师按照客户的要求安排空间，在不使用隔断的同时，满足了多功能的需求。不锈钢楼梯将厨房、游戏室和屋顶花园连接起来，同时兼具橱柜和操作台的功能，还能当作移动阶梯，让公寓内较高的柜子、灯、伸缩电视和影音系统都变得触手可及。楼梯的固定部分由防滑玻璃制成，悬在厨房的上方，成了孩子最爱的攀登架。

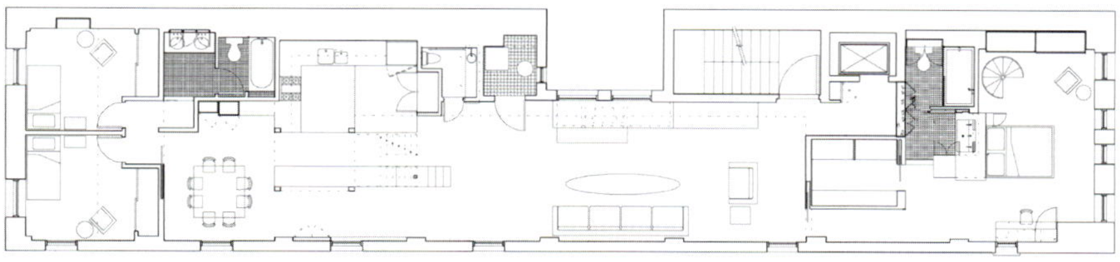

第五大道公寓

每间公寓内都有两间宽敞的卧室，各自带有独立的浴室和橱柜间。客厅旁边的书房设有一面落地式玻璃幕墙，将整个空间沐浴在舒适的蓝色之中。设计师保留了整体建筑的古典魅力，同时营造了现代清新的环境。室内光线充足，枫木地板和白色橱柜打造了明亮的空间。公寓内的设施包括，壁炉、旋转楼梯、“通用”不锈钢设备、“科勒”浴室设备、半透明玻璃隔断等。

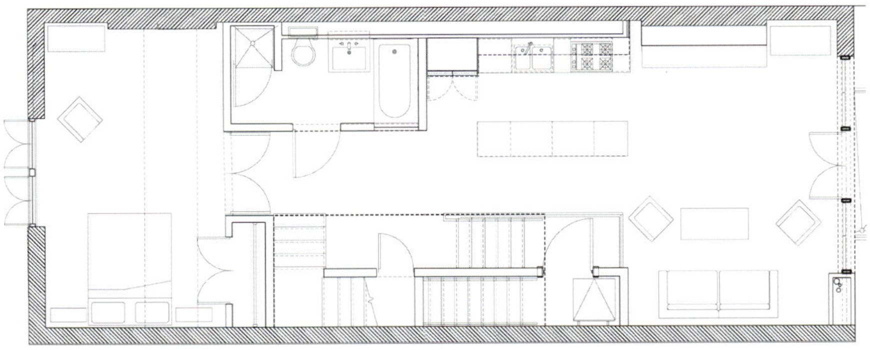

东侧公寓

设计师计划将一楼改造成开放式的生活空间，包括厨房、客厅和餐厅。家人休息室同时还是客人卧室。二楼有三间卧室，包括一间带浴室的主卧。楼层间由简洁的钢质楼梯连接，配有木板踏步和钢扶手，其中钢架部分可以折叠。设计师有意地减少材料的种类，将每种材料的特色展现出来，营造华丽但不凌乱的室内空间。

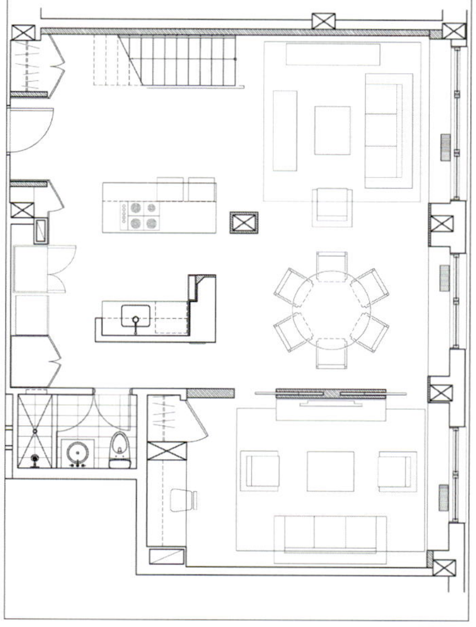

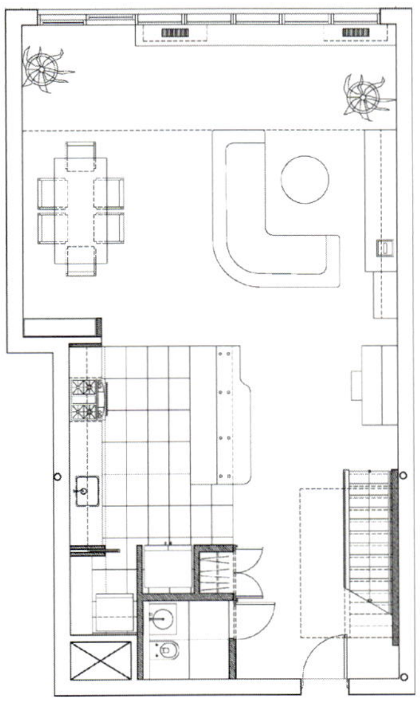

西部乡村别墅

天花板被提升到最大的高度，为室内带来充足的阳光和前所未有的空间感。楼梯由钢架、木质踏步和玻璃围栏组成。天窗和玻璃灯将楼梯映衬得十分明亮。楼梯上方摆放着内置式书桌和书架，打造成一间可俯视露台的开放式书房。主浴室里贴着灰色石灰石瓷砖。定制的石灰石洗手盆是在中国雕刻完成，再运来别墅的。

Photo: Bilyana Dimitrova

Studio ST Architects

M工作室

M工作室位于加州威尼斯海滩文艺区附近，为艺术家提供工作与居住的场所。该建筑的基本理念是将两个L形的空间连结起来，一间用来作艺术工作室，另一间供居住使用，它们环绕着一个中心庭院。工作室内采用高的天花板，通风良好，适于光线射入。工作室正对着庭院，通往庭院的大门是一个双倍高度的镜面卷帘门。画家可以在室内或室外创作、办画展，甚至还可以放录像。

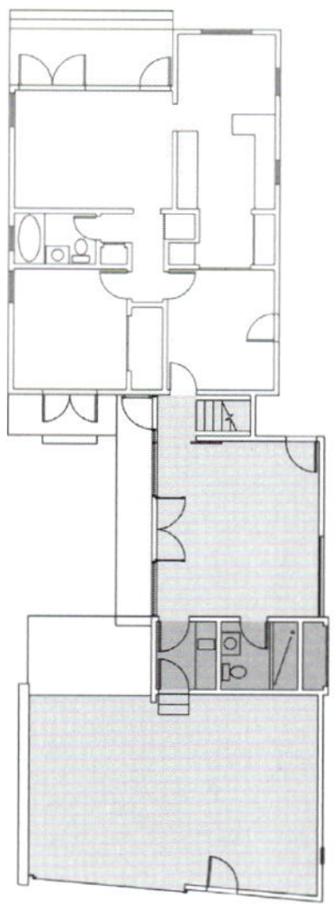

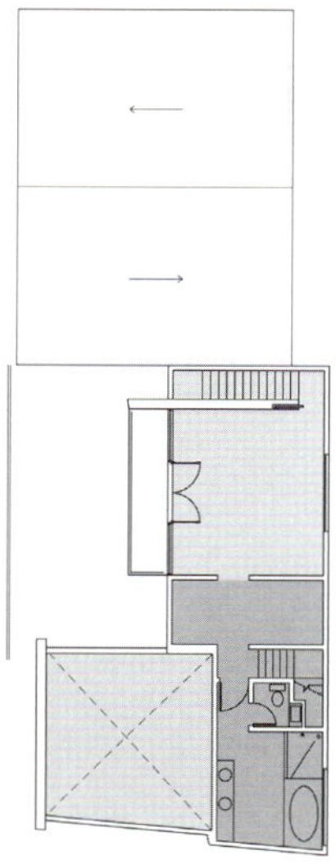

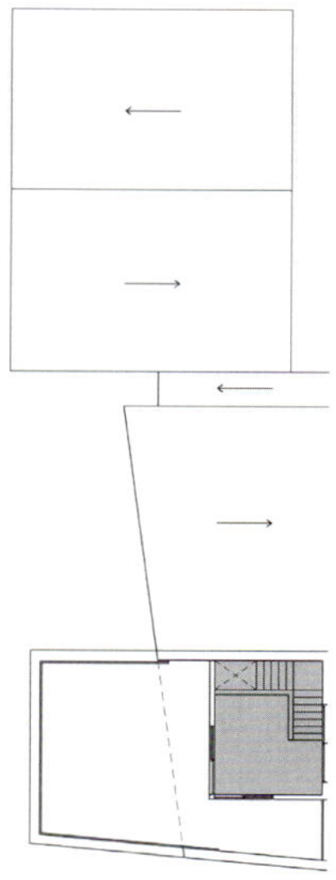

欧本住宅

从正面可以看到，欧本住宅的轮廓自然展开，室内外过渡自然界限不明显，房屋和花园浑然一体。玻璃作为墙体，可称得上是该项目的一大特色。这些“玻璃墙”是靠固体框架结构固定的。当全部打开的时候，整个房间就变成了一个抽象的屋顶平面，犹如一块天然材料制成的画板。主楼梯用灰炭混凝土为材料，用钢管为支撑结构延展而成。

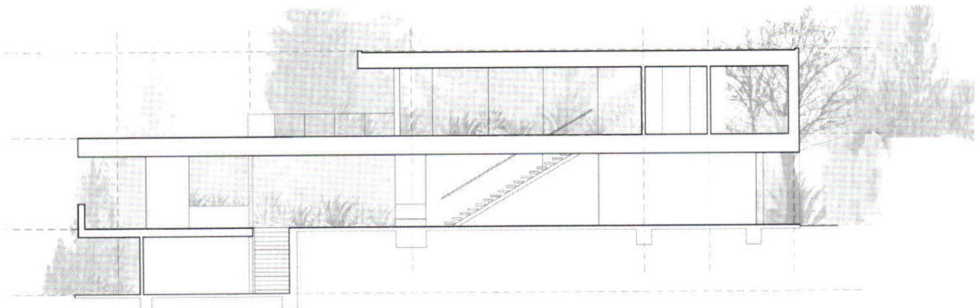

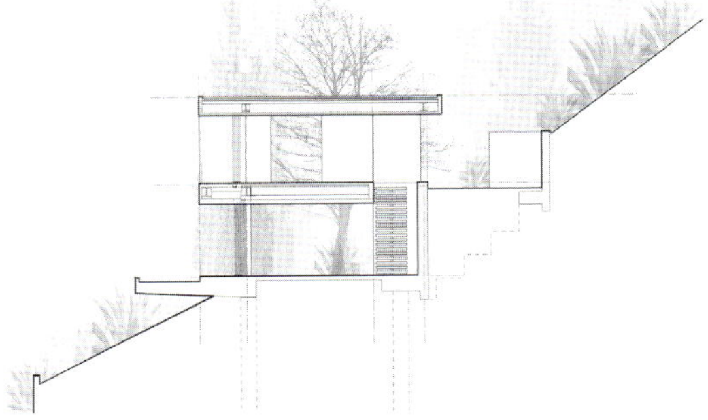

Photo: XTEN Architecture

XTEN Architecture

Photo: Jeremy Samuelson

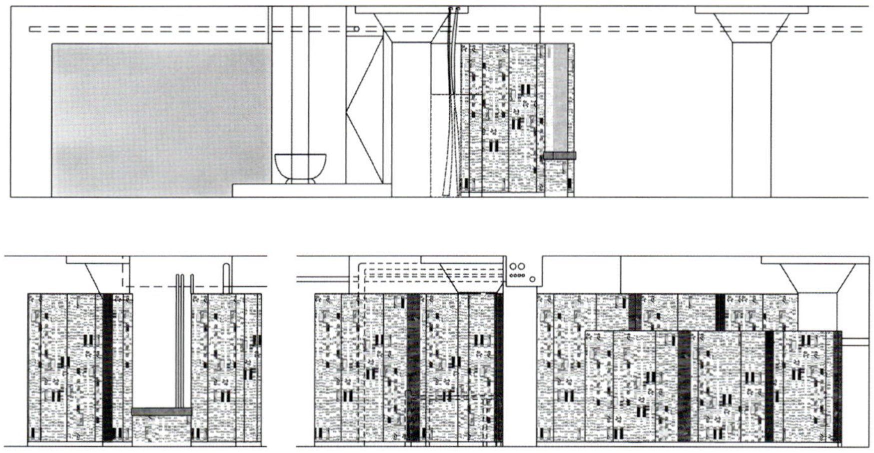

私人住宅

设计强调了光线填充和空间扩张的理念，设计师将两间合并起来，中间只设有一处隔断，营造了宽敞开放的阁楼式住宅。半封闭式的弧形墙面划分了住宅一侧的放映室和另一侧的主浴室和卧室。卫生间提升了两个台阶的高度，开放式的淋浴室内有一个洗浴池，古典的四脚式浴缸周围毫无遮拦，弧形墙壁将盥洗台和厕所包围其中。精美的家具让300平方米的住宅充满豪华的气息。

特哈马住宅

住宅完美地融合了新旧两种元素，充满城市的活力，是十分成功的翻修作品。三个楼层分别是书房、主要起居空间和阁楼。设计师拆除了这里的水泥墙，赢得了充足的自然光与完美的层次感，室内外空间融为一体，为住客带来更为丰富的城市生活体验。起居空间内的家具高达2.4米。新旧元素共同诠释着空间，仓库原有的框架和水泥墙被保留了下来，另外增设了木制家具和玻璃窗。

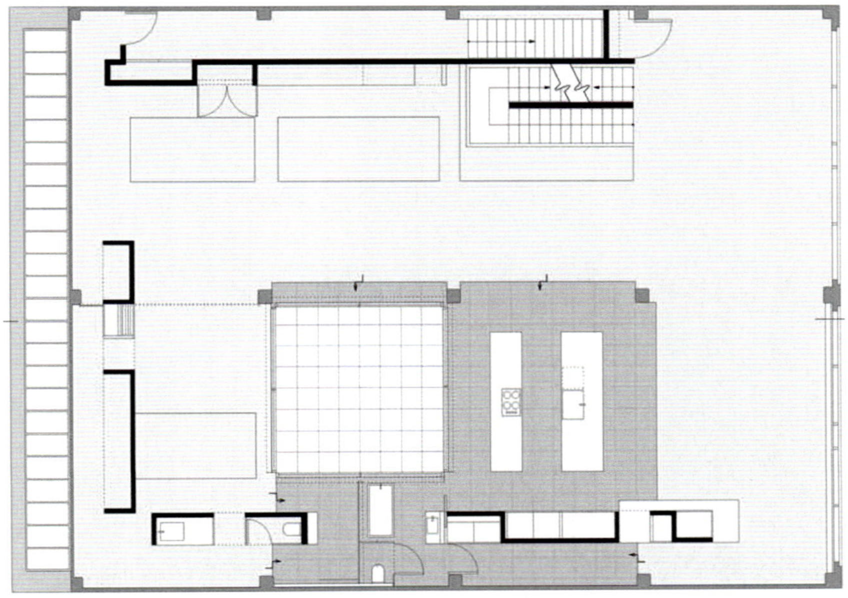

Photo: Richard Barnes

Fougeron Architecture

瓦施住宅

在最早期，瓦施公司的住宅设计的目标是每一个房间都有自然光。高的天花板结合连绵的天窗，环绕起居室。传统的玻璃钢材质天窗是设计的主要元素。他们在阁楼上形成了第二组窗户。许多天窗可以旋转打开，以便空气循环流通。当需要时，起居室的一部分可以由一个升降门隔断，形成客房。当没有客人的时候，升降门收回到隔断里，形成一个更完整宽广的空间。

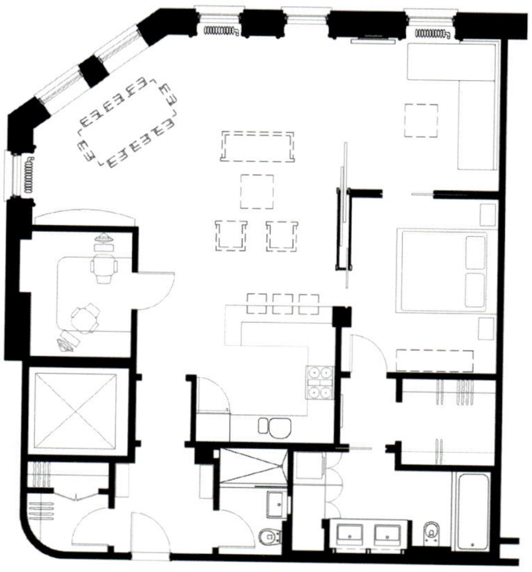

House 住宅

USA 美国

Culver City
圣莫妮卡

Photo : Aurell | blumer Design

Clay Aurell

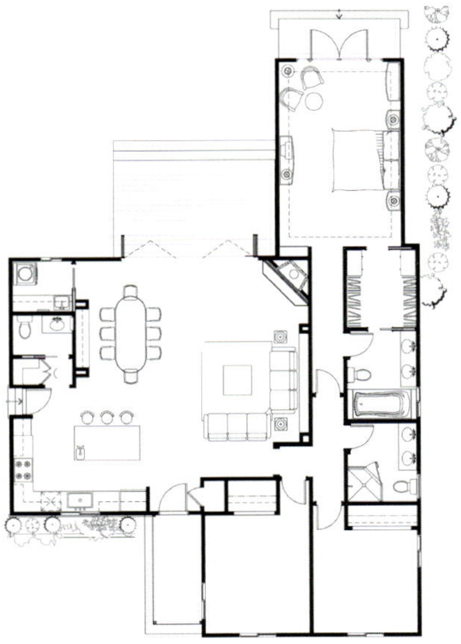

麦克唐纳街住宅

厨房采用纯黑色花岗岩台面和带有斑点的桦木橱柜，地面铺着混凝土一样的瓷砖。厨房设施全部是不锈钢材质。浴室是现代风格。冷色玻璃马赛克墙砖将两间浴室衬托得富于趣味性和现代感。设计师重新整修了大房间的实木地板，并增加了一些亮丽的色彩来点缀空间。餐厅和客厅的石墙上装有专门设计的架子，家人可以在这里摆放照片或艺术品。

Photo: Claudio Santini
Mark English

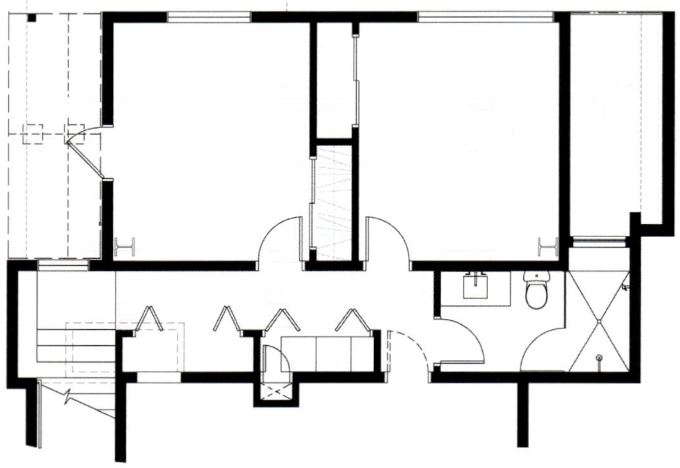

索萨利托之屋

该项目的设计理念是将温馨简洁与现代氛围相融合。室内的基调是舒适且活泼的，在室内的北向、东向和南向均能够欣赏到旧金山的无限海景。厨房对面的灯饰充分展现了现代感，而卫生间的绿色色调令人放松惬意，卧室内的海星是住宅近海的最好证明。设计师的方案是通过使用结构钢移去室内诸多隔断墙,使其更具空间感，打造精致楼梯的同时，令室内幽雅环境得以完美展现。

凯悦酒店

设计的挑战在于要基于原有的设计基础给空间以新的气息。设计的精粹始于新大厅的玻璃天棚，透过窗户可以看到酒吧和新的景观设计。新增的会议室增加了酒店的竞争优势，同时酒店中美国烤肉馆和红吧也为其带来了额外收入。在酒店翻修项目中，建筑师将原来的室内游泳池改造成了多功能的会议中心。相似的磨光效果和材料贯穿整个酒店，使客人更加舒适，并增加整体凝聚性。

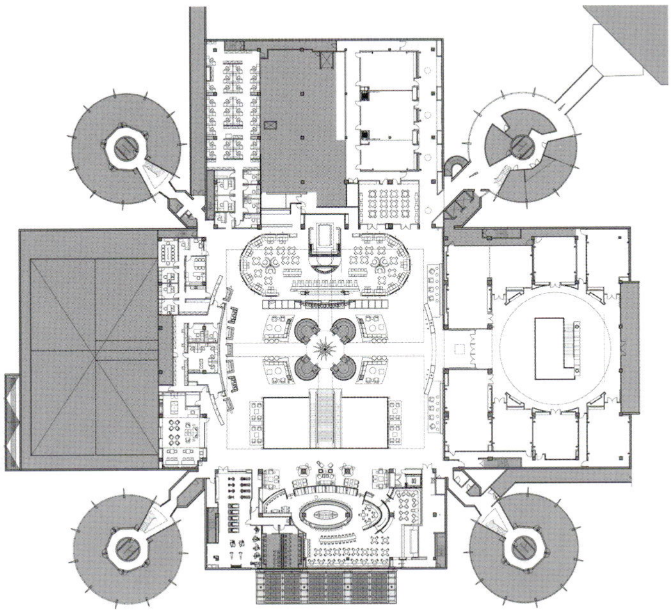

Photo: Brian Gassel ; TVS & Associates

迪默住宅

客户是一对爱好烹调和旅行的夫妻，此项目是对一个充满争议的旧住宅的彻底改造。通过在原有木质平台上定期聚会，使邻居了解设计进程，现在这个平台在餐厅外面，人们可以站在上面看风景。室内建材主要包括：装有地热的法国石灰岩地面、软木地板砖、安利格整体橱柜、抛光铜制厨房挡板、不锈钢水池、大理石厨房工作台、巴西彻丽地板花罩面。厨房内的木雕品带有东方神韵。

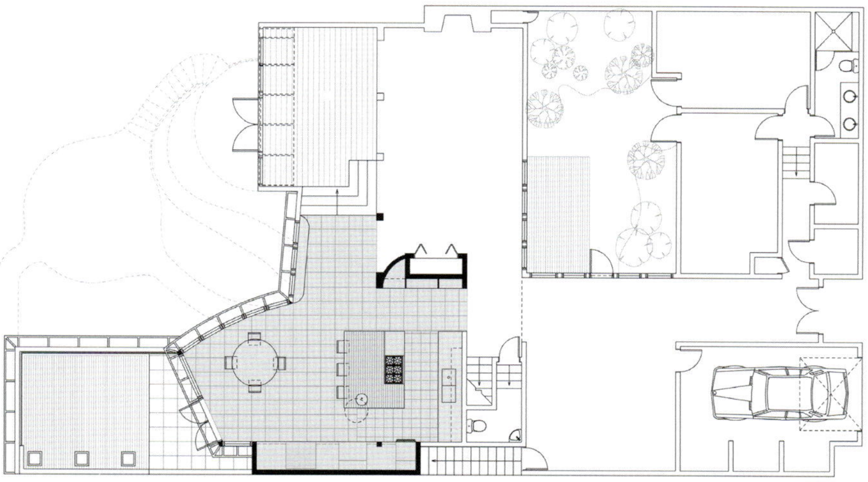

米拉贝尔礼品店

空间被分为两个截然不同的氛围，以适应一年中的淡季和旺季的要求。一楼，特别是仓库的空间被纵向拉伸。拉伸的空间和固定的展台是商店持续运作的基础。二楼强调灵活性，采用轮式家具以适应不同的空间需要。仓库中同样有重叠的理念，家具都有多种用途。不适合做展柜的空间都用于储存货品。店内一部分是仓库，一部分用作销售商品。

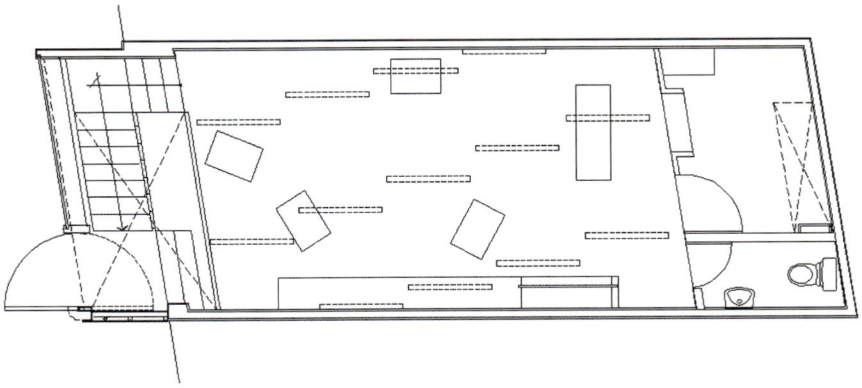

Photo: Jorge Hernandez De La Garza

Jorge Hernandez De La Garza

约纽商品交易所拉法基展厅

约纽商品交易所拉法基展厅是为墨西哥最重要的建筑展览而设计和建造的。为了显示这种产品的建筑特性，这个建筑全部只由石膏板在七天内建成。柔韧性、品质、前卫技术的应用，这些都说明这个设计大大促进了这个项目的发展。这个开放的设计使得游客闲庭信步，享受视觉上与大会中心这个令人惊异的结构相连接的半透视的屋顶，同时信息视频的使用有助于信息交流。

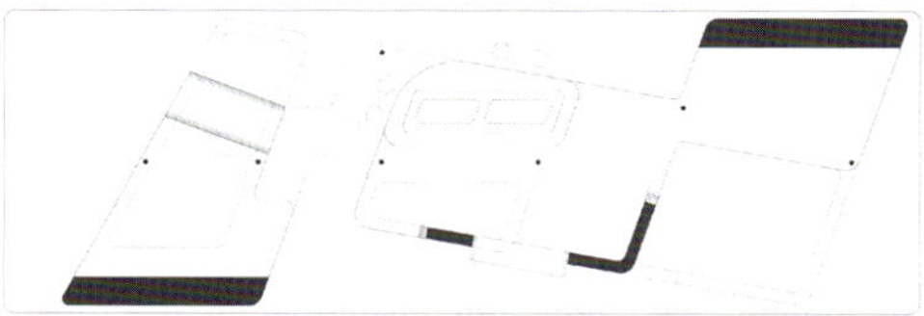

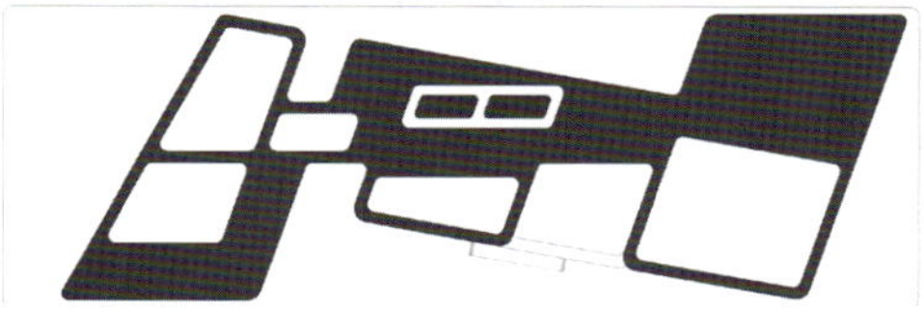

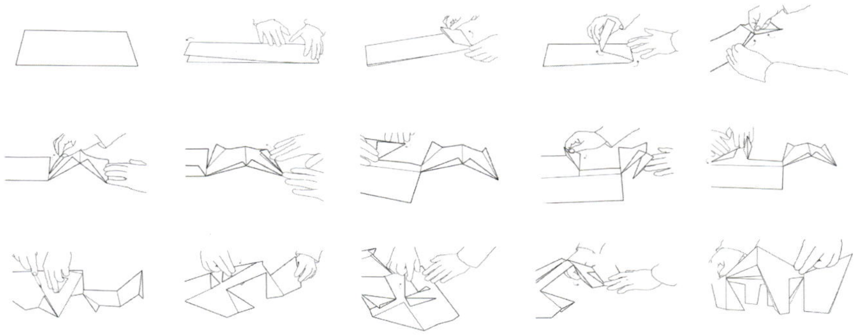

折纸亭

项目的设计灵感来自对日本折纸艺术的参考。正方形、长方形和三角形的几何外观共同打造了这一微妙、动感十足的展示空间。建筑设有四个大型入口，为人们轻松进入展室内部创造条件。室内独具匠心的照明设计引领参观者与自己的影子嬉戏，光影交叠、妙趣横生。

Photo: Paul Czitrom

Jorge Hernandez De La Garza

Photo: Jaime Navarro

Bernardo Gómez-Pimienta, Julio Amezcua, Francisco Pardo and Hugo Sanchez

爱危菲尼克斯消防站

爱危菲尼克斯消防站除消防站本身以外，咨询处和培训中心都是向公众开放的，这样就可以避免来访者干扰消防员的工作。主通道处设计了两种楼梯，以便对雇主、来访者以及屋顶直升机通道下来的人群进行分流， 而消防员则可以通过垂直的管道直接上下。从天井望去，两种通道同时存在，这样的设计同时满足了两种要求——消防站本身的要求和公众的要求。

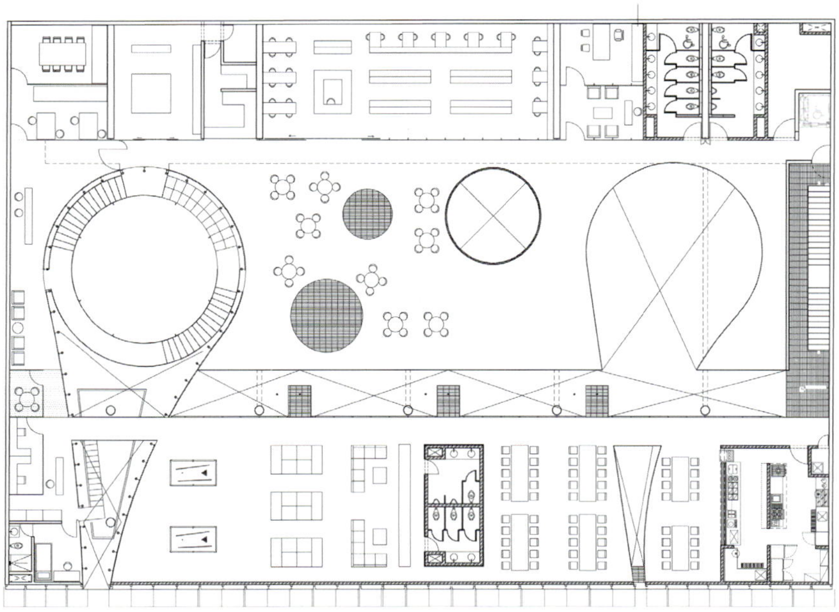

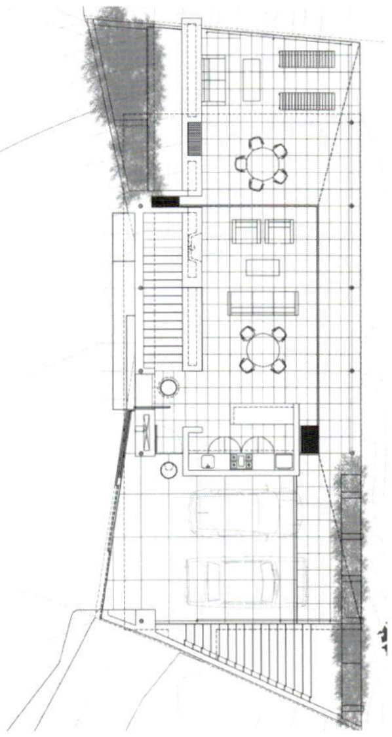

黑色之家

覆盖整个屋顶的花园是整个设计最重要的部分，也最为拥挤，因为家人会花大部分时间呆在这里。房子的一半空间是阳台，天气不好的时候，4米高的滑动玻璃板会延伸过来将混凝土屋檐分隔开来。外露的混凝土屋檐加强了视觉效果，与当地古老的背景十分相衬，这就要求建筑采用风格经典的元素和材料，如西班牙瓷砖镶嵌的斜屋顶。

Photo: Rafael Gamo

Bgp Arquitectura

Photo: Mito Covarrubias

Ricardo Agraz

创新住宅

为了以一种创新的形式打造出一个设计代表作，房子以居住为主，为家庭量身打造；以当地地形为依托，依河流长度而建。穿过客厅和餐厅之后进入后院，户外的迷人景色被融入到整个房子当中。前院的设计主要采用西班牙乳白色大理石板，院子正中的人造喷泉堪称一大特色。钢制的雕塑竖立在正门处，这也是建筑师为这幢房子特别打造的，取名为“家庭”。

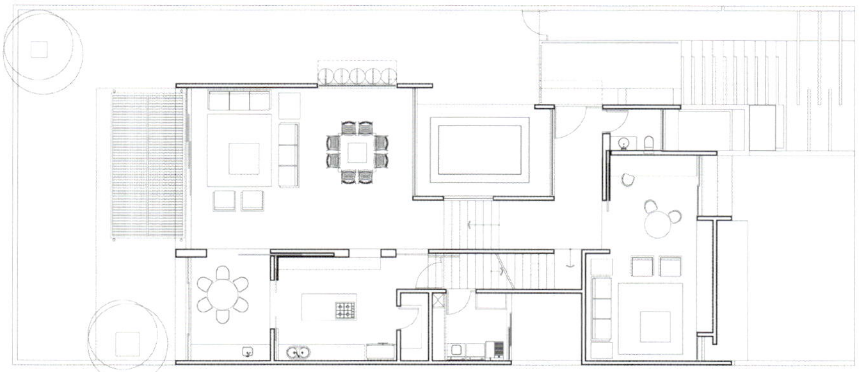

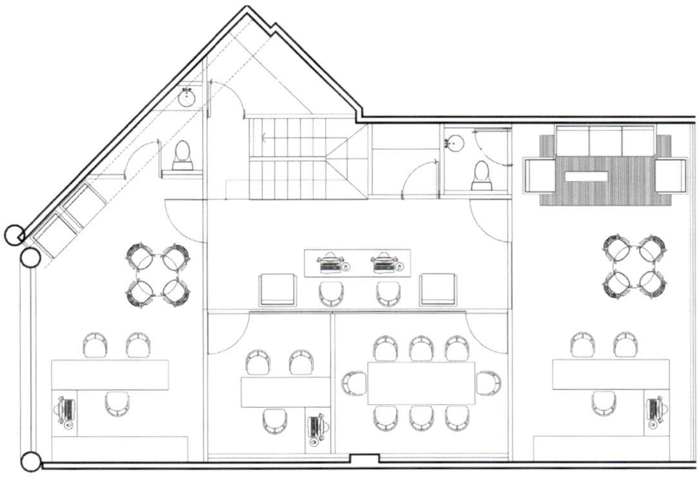

依科斯摩达办公室

目前这个项目是一家保险公司将自己的经营场地与一家建筑公司分享，在大厅一个绝佳的位置设立自己的办公区域。项目关键在于重新分配共享空间，其中一层分配给保险公司，为了更好地吸引客户。这种情况下主要的问题是如何使两家公司充分地利用自然光：用磨砂玻璃作隔断，既能让光线透过，又能保护隐私。

Photo: Mito Covarrubias

Ricardo Agraz

字母住宅

字母住宅共有三层：车库设在地下室，那里还有服务区和游戏室。楼梯紧挨着中央墙壁，将各个楼层连接起来。当住客步出自己的房间时，也会在这里碰面。房子的一楼是大厅、餐厅和厨房，四周环绕着窄窄的天井，里面的大树，为整个楼层带来祥和宁静的感觉。客厅和娱乐室也依傍这个天井而建。从二楼的三间卧室均能观赏到天井和花园的景色。

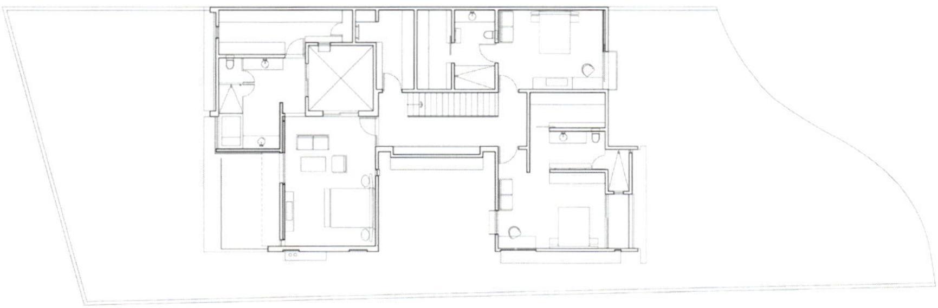

我的屋子

设计师把隐私权放在首位，营造一个井然有序的空间，最大程度上减少不必要的粉饰。因此在室内空间营造出一种无穷尽的感觉就成了整个建筑方案的基础。室内的氛围一直延伸到户外，光与影从那里发端，悸动和冥想在那里奔流不息。比例在空间塑造中起着重要作用，在这里墙壁几乎全部被省略，取而代之的是套管结构，这样的设计突出了空间占用与空间划分的关系。

Mexico 墨西哥

Zapopan
萨波潘

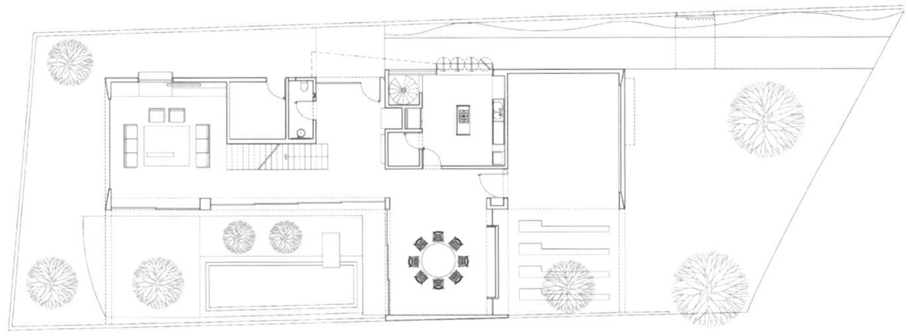

Photo: Sofocles Hernandez

Pascal Arquitectos

LA CORTESIA EN EL DEPORTE
HACE BUENAS AMISTADES

喜来登Centro Hist ó rico酒店水疗健身中心

项目所在地原来伫立着在1985年大地震中受到损害的林荫大道酒店。原计划在这里建造一座办公大楼，但是随着市场的变化，最终决定建造一个现代设计酒店。酒店的设计汇集了最先进的技术，为以后的扩建和翻修做足了准备。

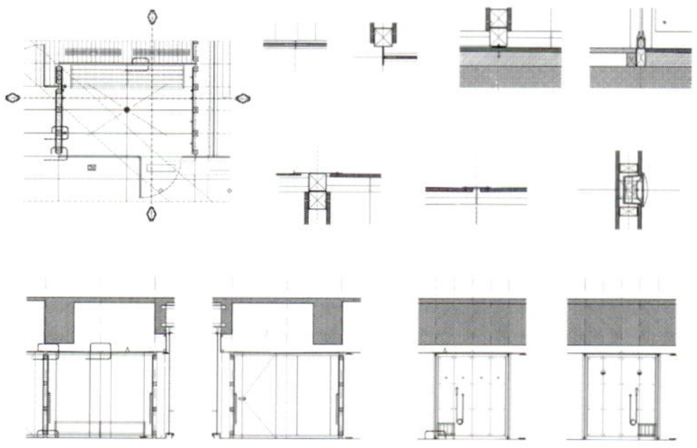

为了让出差人员可以在酒店里享受周末，酒店设置了一个水疗健身中心和一个近280平方米的花园。这个花园区的设计和原来的林荫大道有异曲同工之妙，但是它的景观更加现代化。花园区俯瞰林荫大道公园，环绕着自助餐厅、小型泳池和平台网球场。水疗中心提供按摩、美容、健身、室内游泳、社交活动等多种服务。每个区域都采用了柚木装饰。水疗中心远离喧嚣的街道，却也是城市生活中不可缺少的一部分。

装饰材料的选择取决于它们的成本、功效、耐用性、重置性和可获得性，但是完全符合喜达屋酒店集团的规格和标准。

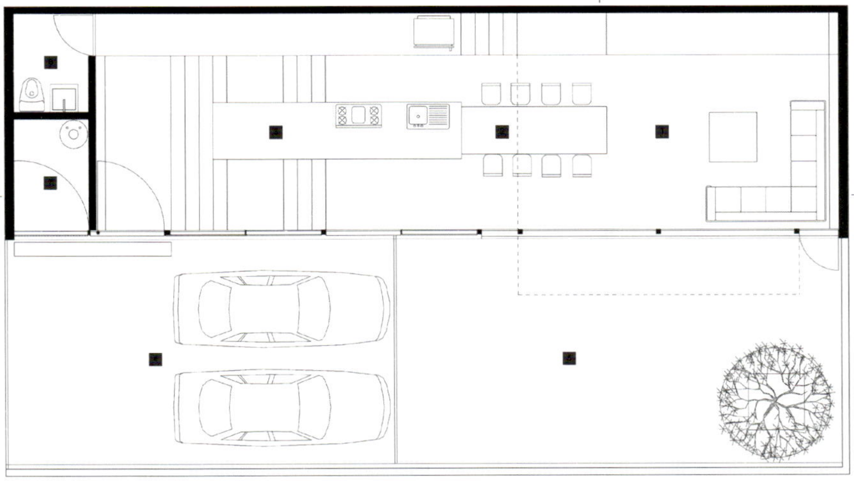

卡萨Y之家

走廊从入口处开始延伸，经过碗橱上面绕过卧室，悬浮在空阔的空间上并一直通往花园。卧室在边缘处一分为二，形成了一条光带，与客厅相接。所有的空间都与花园相连，但采用不同的照明设施装饰。墙壁和水泥屋顶增添安全感，而空间的高度和光线则营造私密感。

特殊美食家商店

设计师在有限的预算内，将老旧的项目原址装修得焕然一新。这是一家能够激发顾客探索欲的商店。设计师在商店内安装了硬纸板制成的管道，虽然造价低廉，却可以灵活地改变造型，一系列经济实用的设计由此展开。特别的布局吸引着第一次来这里的顾客进店参观，购买他们想要的东西，商品的展示方式也同样别具一格。

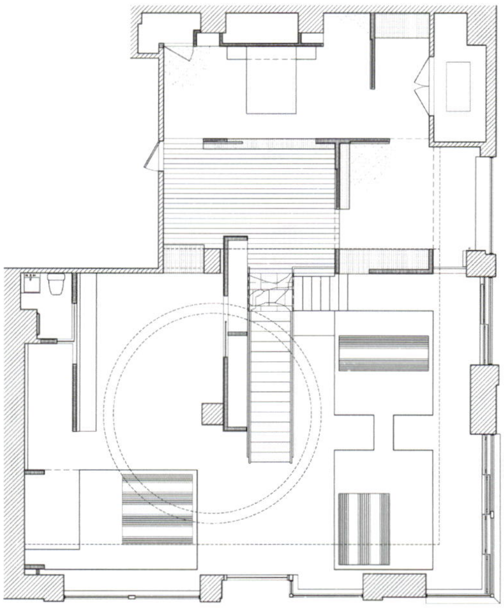

冯之家

一进大厅，你将穿过一面由玻璃为基础的水墙。这里完全由灯光照亮，后花园由钢和木头构成，阶梯形的结构使得居住者能欣赏到这个城市美景。大厅里螺旋形的楼梯直通主人的卧室和私人空间，在那里也能看到城市的全貌。楼梯的尽头是客房，玻璃被单独用作组成墙壁的材料，一直延伸到中央区域，每一寸空间都作了精心的考虑，与整个城市完美的结合。

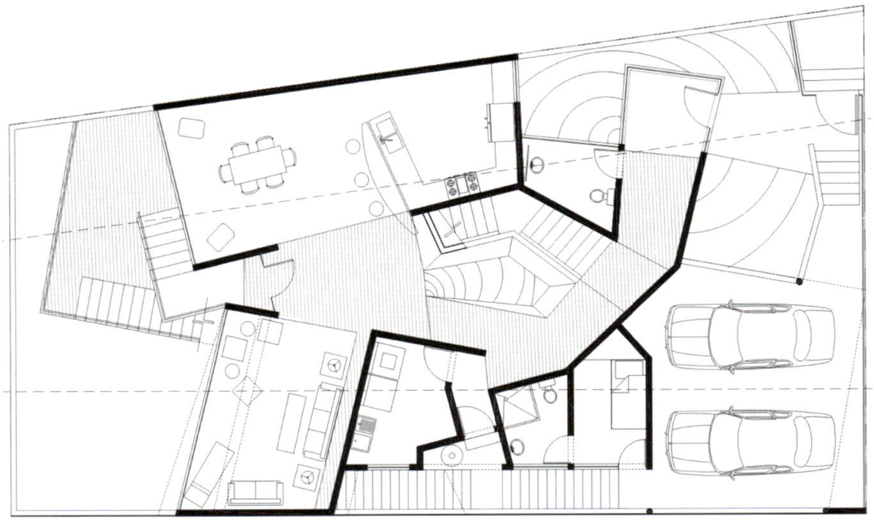

Photo: Vicente San Martín

7XA Arquitectura

黄金时间幼儿园

这个项目是巴西第一所面向零到三岁孩子的幼儿园。优先要做的是构思一个抽象的非常规空间，这个空间要满足当中所需的各项功能。技术组为幼儿园提供最好的空气、水质、楼板供暖和平衡光解决方案。这些设施同样考虑到要保证孩子们之间互动的安全性。在使用天然材料的基础上 ，还挑选了黄色、橘黄色和红色这些颜色来创造出一种活跃气氛。

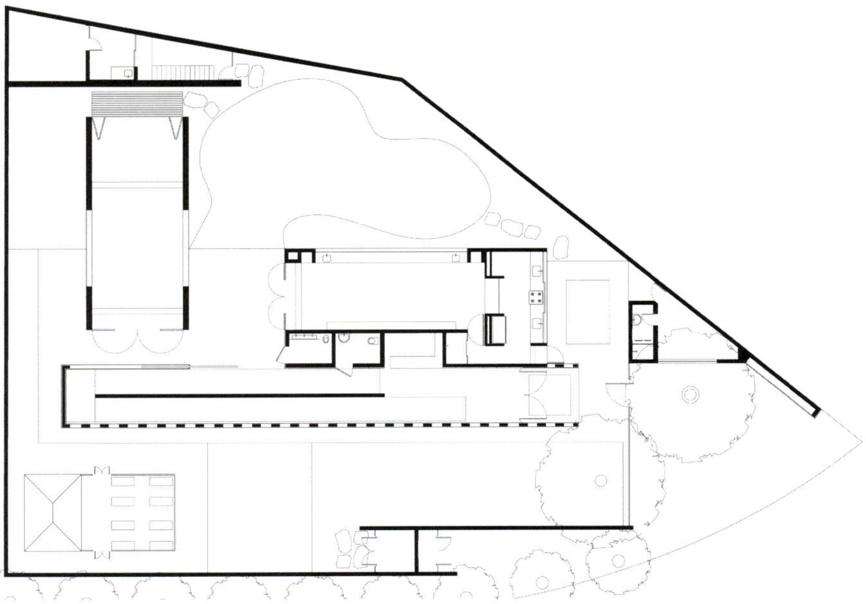

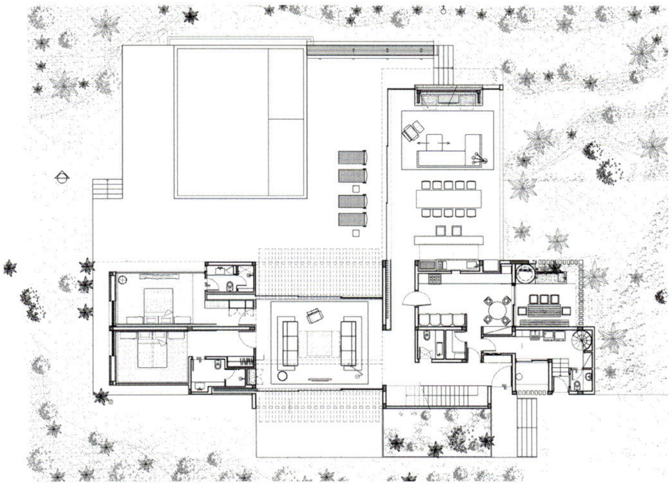

伊波兰加海滨别墅

该建筑是一对夫妻的度假别墅。空间包括瓜鲁雅海滨风格套房、起居室等。项目在保留原有景观和植被的基础上，要求建立一个安全的室外活动平台供孩子们嬉戏，同时确保与原建筑协调统一。原建筑采用钢筋结构，新项目则运用了玻璃和木料，对比鲜明的同时，令空间富于变化。

Photo: Leonardo Finotti

Studio Arthur Casas

Photo: Juliana Amaral De Sao Jose
Rogério Mascarenhas

海尔顿医生的医疗诊所

这家私人诊所专看喉科，设计师致力于让这里能够为每个前来的病人提供最好的服务。首先是清晰、宁静、明亮的环境。白色的陶瓷地板使室内清新无比；墙面也是白色的，显示出这里的宁静祥和；变幻的石膏涂层则凸显了明亮。还有一面绿色的墙，沿墙摆放着装饰花瓶，种着柑橘属果树，使得植物和自然成为客户和病人的放松之源。

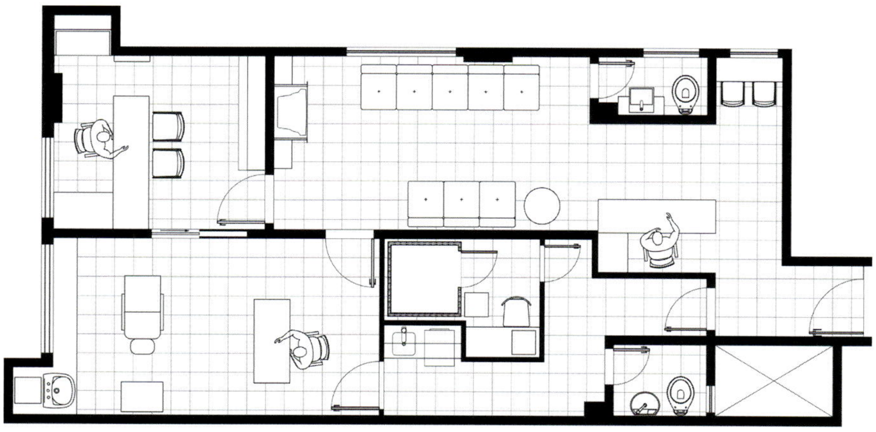

米卡萨（“我的家”）

米卡萨 Volume B 回顾着流行民用建筑的艺术过程，而其中最重要的是，当代巴西建筑中的野兽派艺术在赤道南部的重现，这引起了当地的关注。这个商店的正面是由不太常见的暴露的钢筋混凝土建成：材料的外表准确地利用了被随便混乱使用的新木料，而且有的木头在风干后甚至都没有被移动过。办公室的“brises-soleil”采用的是用于混凝土的网状加强杆。这个精细的钢边，被垂直放置，作为大窗户里的滤光器。外面的粒状表面是由制造混凝土的碎石做成的。

Photo: Fran Parente
StudioMK27

纳特若斯商店

设计师的理念是使用最少的材料来打造简洁清新的画面。他们将室内空间分成两部分，新开辟的区域高达近5米，一面墙壁内衬印字的玻璃屏风，恰似树影映在玻璃上。屋顶采用高亮度玻璃屏，给人以浮于空中的美妙感受。棚顶中央的壁灯，如同荆棘编织而成的皇冠。其他照明设施各放异彩，如头顶上垂悬的两盏华美柱形吊灯。

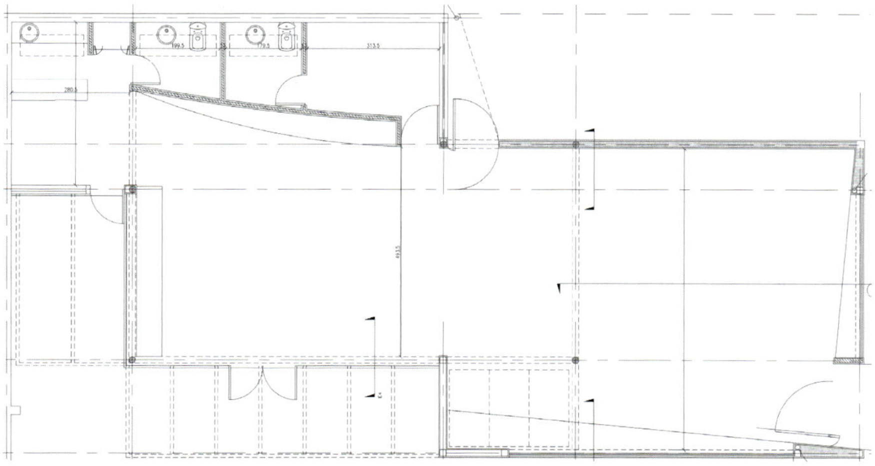

Photo: Aira

G. Zegers Cazu, arq. UCV 1984

Dominga餐厅

此项目在一次建筑竞赛中获得第一名。餐厅位于一家面向高速公路的购物中心内，通过一面大的玻璃荧光屏，你可以从建筑的外侧看到里面的情景。由于特殊的地理位置，这里总是一片喧嚣的景象，餐厅便成了过客们远离喧嚣的避风港。来到这里的游客可以将餐厅想象成不同的场景：东京、纽约、圣地亚哥，或是航海途中的一艘小船。设计师选用黑檀木来做建筑材料。

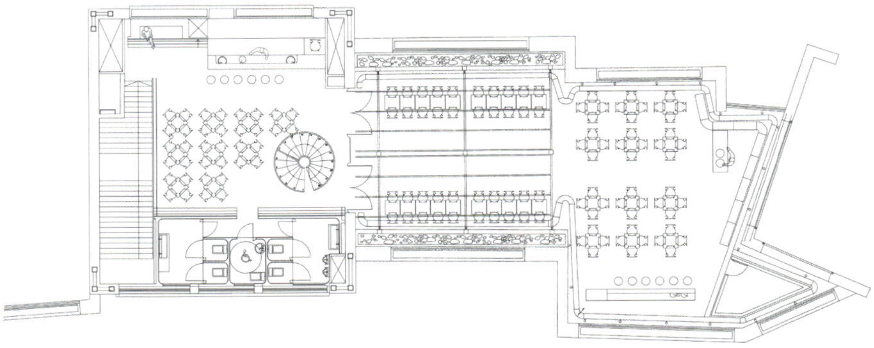

Photo: Sebastián Sepúlveda

Tidy Architects. Albert Tidy + Ian Tidy

阿曼蒂塔餐厅

这个乡村风格的小屋位于城市的中心，是一个乡土俱乐部。旨在营造一个海滩的氛围，让所有的度假者远离城市的喧闹来到一个世外桃源。重塑保持了房屋原有的构架，土、砖和天然木材都是以本色展现在人们的眼前。这个项目的预算并不高，通过装饰隔板和木质的屋顶构造形成一种"软"装饰的效果，可以随意的调节光的强度，用以提供外部的场所。

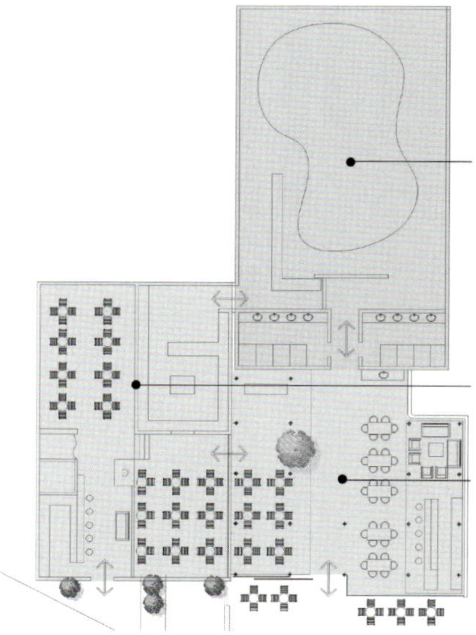

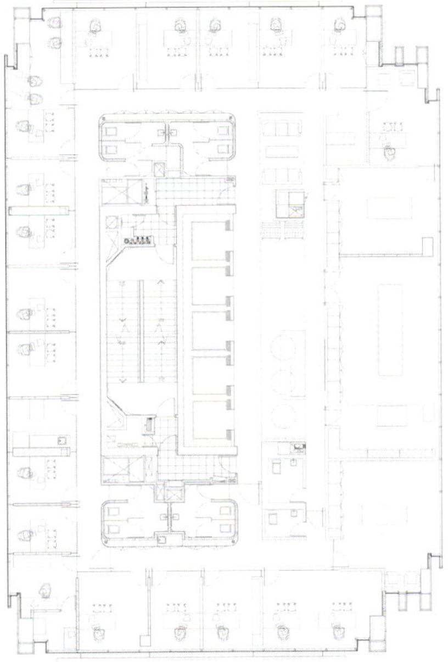

巴劳纳·梅瑞律师事务所

此项目要立志成为效率派和经典前卫派的典范，采用大理石、水晶和原木等昂贵材料进行巧妙搭配，来创造一个建筑学史上的经典。办公室末端的半透明设计，使得自然光照射到宽敞的办公区。原先存在的支柱使用玻璃罩面，使它们看起来熠熠生辉。此外还新增了垂直管道、储存室和咖啡厅设备。

Photo: Ian Tidy, Albert Tidy

Ian Tidy, Albert Tidy

帕榻恩特维斯塔公寓

空间内通透的结构让人有种亲近自然的感觉。楼梯旁红色的墙面经夕阳的照射更加璀璨夺目，营造出一种热烈的氛围，欢迎客人的光临。客厅中大面积玻璃窗的使用，使得屋内光线充足，既节约能源又可以感受大自然的魅力。卧室是该别墅的一个特色，通过一个透明的通道与别的区域相连接。设计师通过这些元素在别墅与外界环境之间建立联系。

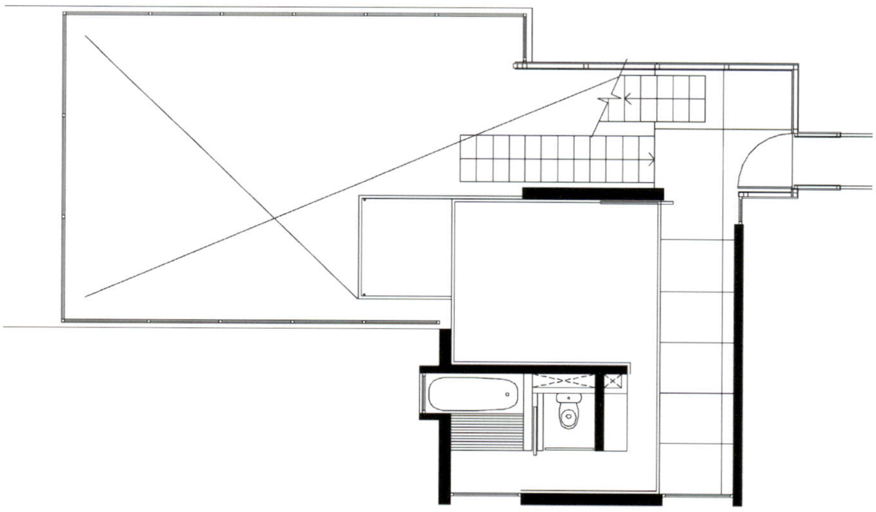

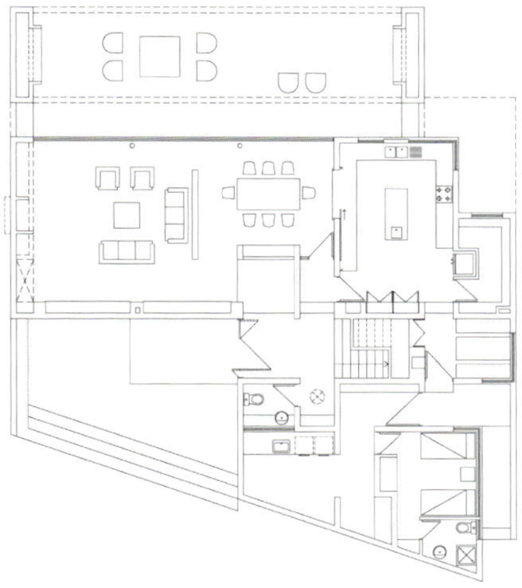

玛贝拉寓所

寓所从外部看是白色且呈密封状态，但室内却是明亮而温暖的，这是由北面巨大的玻璃窗和东、西、南三面的特殊采光点结合而达到的效果。同时，为了加强房屋的隐秘性，确保其不受外界干扰，房屋不设其他入口，呈现出与周边环境及街道之间隔离的效果。所有窗户都搭建了遮篷，起到了延展空间的效果。最后，设计还加强了包括厨房在内的公用区域的效能，增加彼此之间的关联。

Photo: Neri & Hu Design And Research Office

Neri & Hu Design And Research Office

穆斯酒吧

俯瞰酒吧中庭，可以将其分为三个不同部分。酒吧周围有许多新建的夜总会，由于穆斯酒吧大胆的建筑风格，使其在众多酒吧中脱颖而出。酒吧的设计被赋予了戏剧风格，这不单纯取决于装饰品，而且整个设计还渗透着那些古老的、富于感性的剧院气息。酒吧中的茧壳设计，正如美丽的蝴蝶破蛹而出，使得中心舞台既实用又美观，并且能在空间结构上提供一系列的功能性。

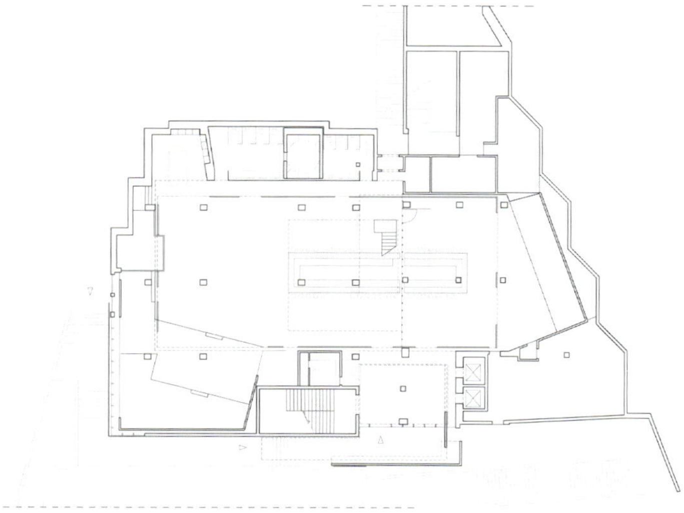

北京黄埔会

北京黄埔会化身经典京城四合院落，坐拥金融街西花庭。为了能够恰到好处地把传统的四合院风格融入到餐厅的设计风格上，黄埔会餐厅的设计理念就是把时尚的餐厅设计风格与传统的中国烹饪技术形成反差。一走进餐厅，穿过走廊，我们就置身于一个清幽且宁静的纯白色空间。采取纯色的设计空间而非前人所使用的亮丽的颜色是汲取了中国建筑的设计精华。

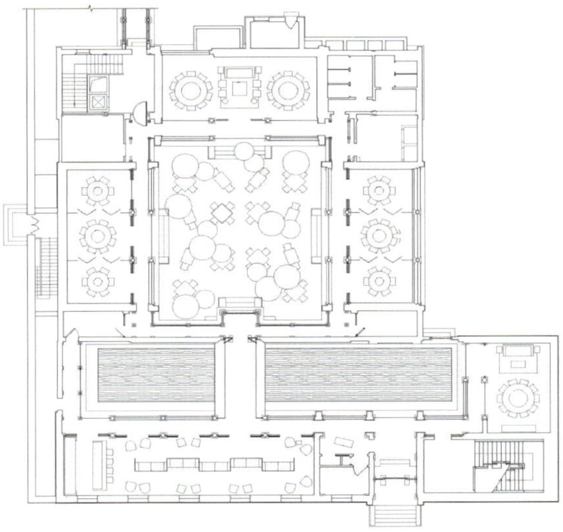

Photo: Neri & Hu Design And Research Office

Photo: Koichi Torimura

Katsuya Iwamoto (EMBODY DESIGN)

Sato 餐馆

这个项目是日本一家家族餐厅连锁集团在中国开设的第一家分店。这家餐厅连锁集团在日本已经有217间分店。首先，设计师们希望将餐厅设计成普通上海市民都可以接受的样子，提供的食物价格合理，服务周到。除此之外，设计师非常重视开放的气氛，这样顾客在步入餐馆之后会觉得比较轻松。基于这个原因，设计师在“和谐的艺术”这一主题下进行设计，便于保持风格的一致。

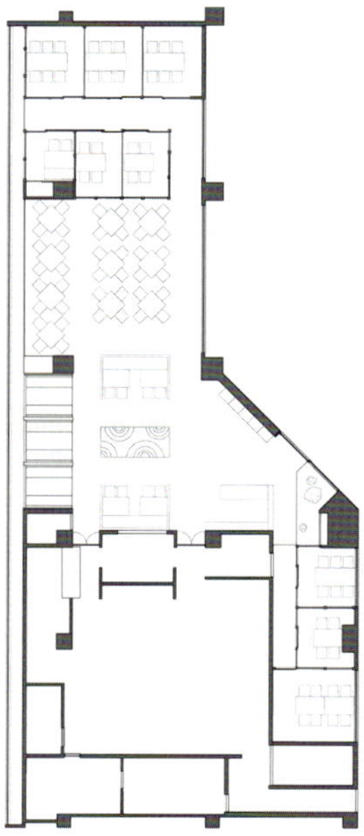

仟游软件公司

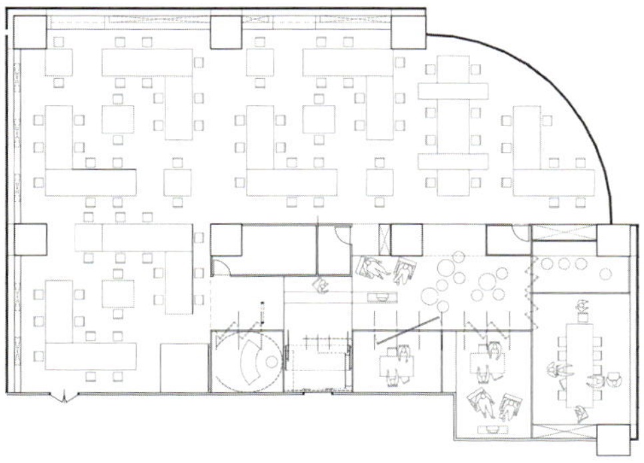

正如我们所看到的，设计者将游戏精神与儿时的记忆作了对比，将“大树底下做游戏”的温暖记忆成功地融合到设计中，并延伸为不断扩展、生长的空间意象。围绕办公区域，设计师特意安装了造型别致的钢梁，象征盘根错节的树干。同时，顶部随机安装了方向各异的灯槽意为“树枝”，色彩与“树干”一样，同为醒目的红色。可以说，这个创意算得上这个办公室里最吸引人的景观。

Photo: Design Mvw

Design Mvw

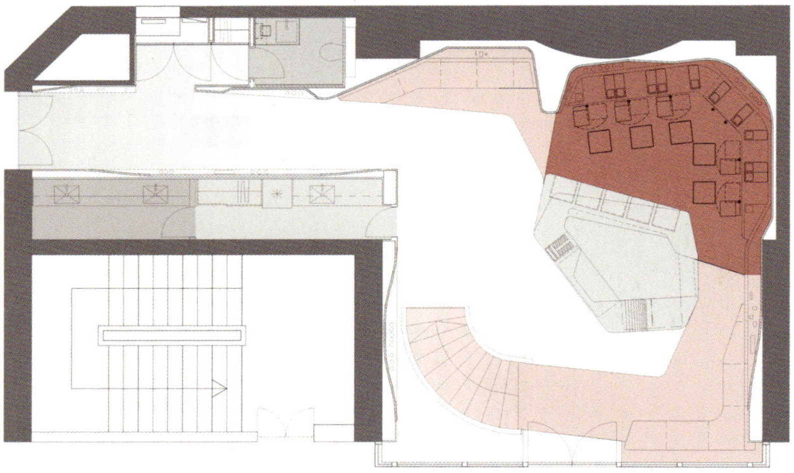

埃利克斯・帕里斯沙龙

埃利克斯・帕里斯沙龙重新装修，要把新近扩展的二楼空间与原有空间相连接。二楼将来会做发型沙龙，楼下是沙龙入口、零售点和接待处。“嫁接”即引入连续流畅的楼梯，把上下两个空间连接起来，并创造出纵向“猫步”的效果。楼梯是中央脊柱，把沙龙里各个不同职能的区域划分开来，并相互连接。美甲和足疗区做成画廊的样式，让顾客可以观看其他漫步的行人。

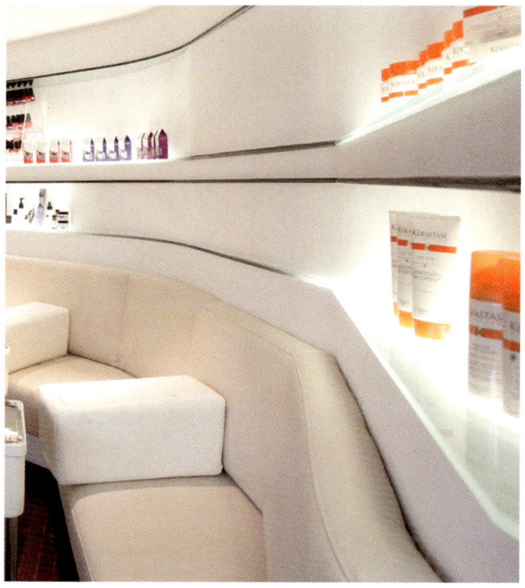

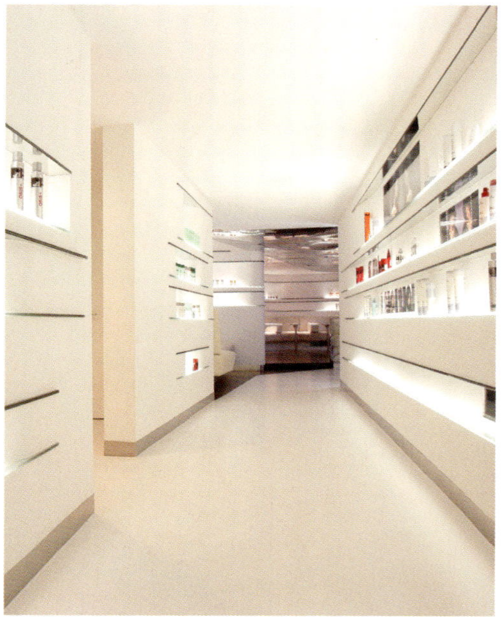

Photo: Yang Di

红点俱乐部

整个设计在配色方面以不同的灰和紫红色调为主，提供一个较暗的室内环境，营造合适的气氛，使客人陶醉地演绎心爱的流行歌曲。墙壁、天花板、地板上的不同区域分别涂上光泽及哑色的涂料，交织出迷幻和神秘的感觉。作为企业颜色的紫红色则透过发光的房间指示灯及隐藏的灯光，渲染在不同的灰色表面上，仿佛无处不在。

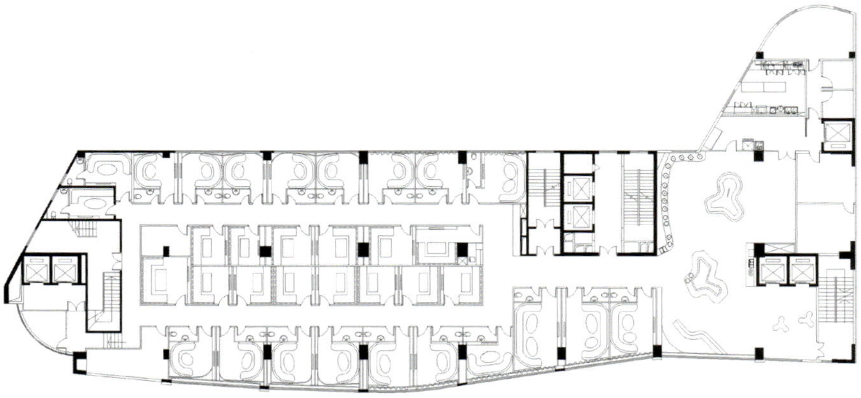

Photo: Panaroma

Photo: Misae Hiromatsu (Beijing Ndc Studio, Inc.)
Keiichiro Sako, Yoshimasa Tsutsumi / Sako Architects

长春文化交流中心

项目位于吉林省长春市图书馆的一个角落里，是国际交流基金会创办的文化交流中心，致力于将日本的文化介绍给中国人。为了营造一个轻松的空间，让独自或结伴来到这里的人感到方便，让他们能在这里找到满意的东西，获得快乐的心情，设计师在空间里营造了树木林立的感觉。房间里的每个设计都离不开树，充满了迷人的魅力，人们都坐在树枝上或藏在树枝中间休息学习，拓展了想象空间。

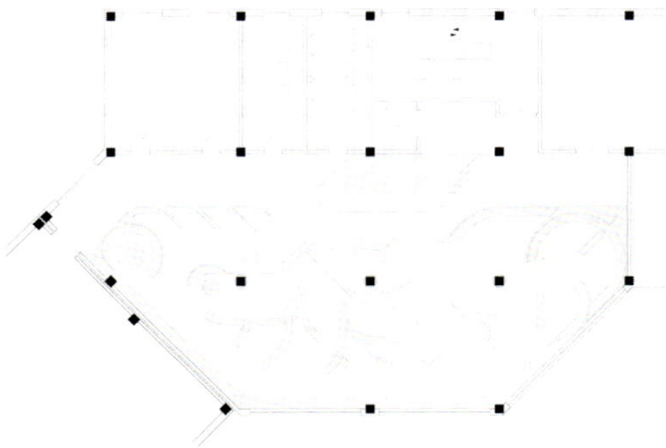

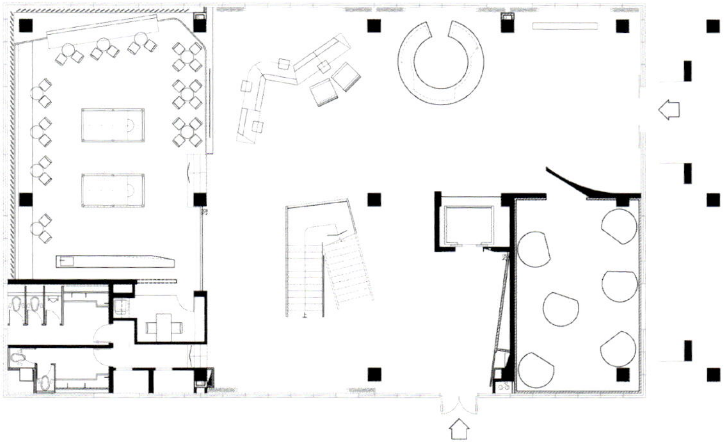

梅龙镇俱乐部

在每一楼层设计师都选用不同的空间格局，促进视觉交流，同时也不必提供专门的导向标识，因为空间本身就是一个立体的地图。此外，高度不一的板材、动感十足的墙壁以及纯净的白色结构打造了多样的感觉。流线型的接待台格外明亮，给人漂浮感。楼梯的设计也打破传统。

Photo: SHUHE

上海瑞士科学中心室内设计

室内被分为私密的与公共的内外两部分，这两种空间相互渗透，并相关。在公共与私密空间之间有一条自由变化的隔墙，两边分别为办公空间与公共空间。面向公众的是典型的瑞士红，而办公空间则为安静的白色；曲线时而“流”出等候空间，时而“流”出讨论空间，在尽端迂回成为小会议室。

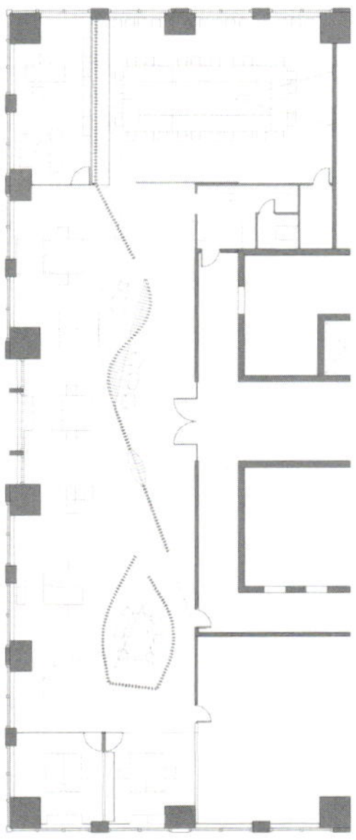

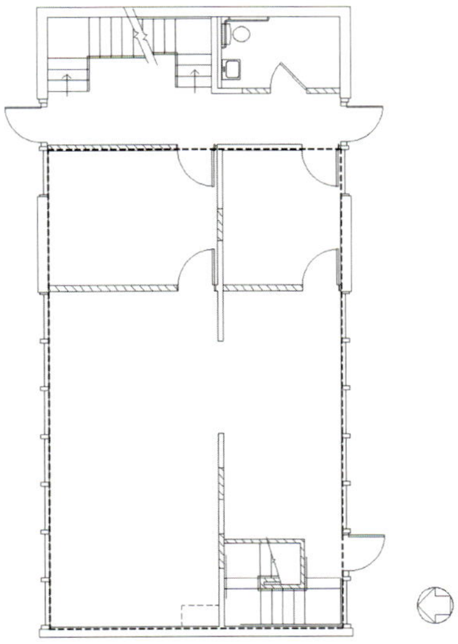

奥美公司北京工作室

客户不希望公司的室内景观像一般广告公司那样繁复杂乱，因此特意选择了简约但有独特风格的家具。在设计中巧妙地引入了竹地板、木屏风、水景等具有中国风格的要素。整个室内的风格，既典雅大方，充满现代气息，又巧妙地融入了地方文化和中国传统建筑的要素。北京的传统建筑要素，包括四合院、胡同，都得到完美的再现。

Photo: Irene Mendez

Robarts Interiors and Architecture

映岸红

设计师把潮流的红色、纯洁的白色和曼妙的花卉图案作为设计方向，把这个3房海景房间设计成与众不同的现代舒适居室风格。客厅运用花蕾图案的墙纸；花蕾图案连接长形的鲜红色地柜，配衬一张鲜红的地毯，让这个空间充满浪漫的气息。海景书房的玻璃门上的红色鲜花，最是抢眼。

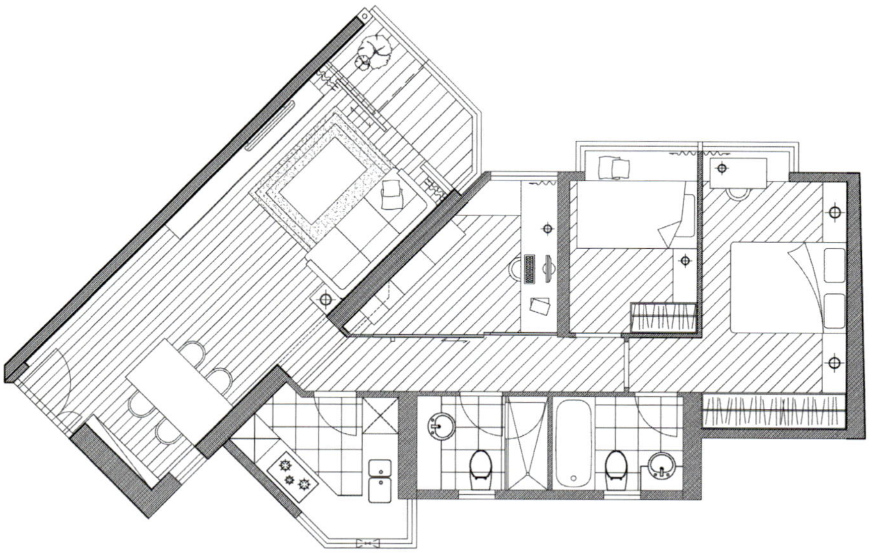

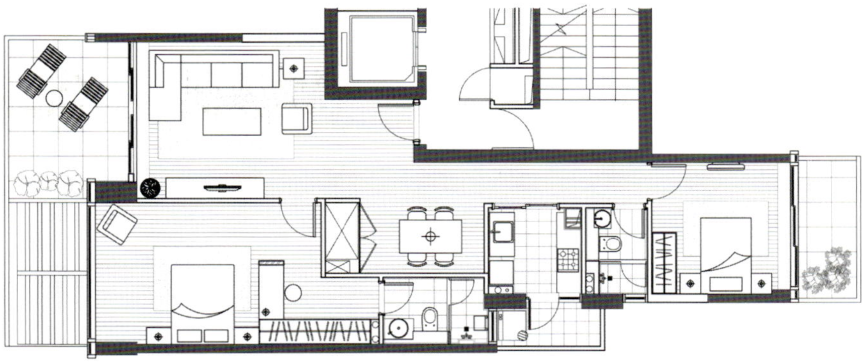

红树西岸

设计师利用了花及大自然作为设计主题。客厅墙上的立体花型图案，为白色的墙添加了层次感，而客厅的图案花玻璃镜，视觉上把客厅的深度增加。卧间空间宽敞，贯彻设计主题，用了平面化的图案在红色的家具作点缀，同时卧室上均用颜色鲜艳的图案，令整个卧室充满清新的气息。

Photo: Brian Ip

PTang Studio Ltd

Photo: MoHen Design International/Maoder Chou

美丽都市

这个设计的设计语言和材料都是比较收敛的，从某个观点来看也算是比较简明不张扬的。空间的主轴划分得利落清楚，入口玄关划开了左右两边的空间，客厅对应餐厅、主卧对应小客房兼书房。多余的装饰线条尽量都被舍弃，只留下电视的主墙面的分隔面板嵌进了小的不锈钢条做了点材料上的对比和细腻的设计大样，主要是为了隐藏在里面的CD储藏柜。大的量体空间利用天花板上的线条、凹凸和光线界定各个空间的地界。

大量的运用镜子让这个原本其实很小很紧凑的居所在视觉上宽敞了许多，从入口的鞋柜、沙发背景墙、厨房、到主卧背墙，茶色和明镜交错运用。米色和浅咖啡色调让空间显得更明快，也对应了整体线条的利落干净。所有的建材都是便宜随手可得的简单材料，用这样的主材用料去表现这种平民式的贵族应该会比较恰当，也更符合美丽都市这样的主题族群的生活特质–简单的奢华。

MoHen Design International

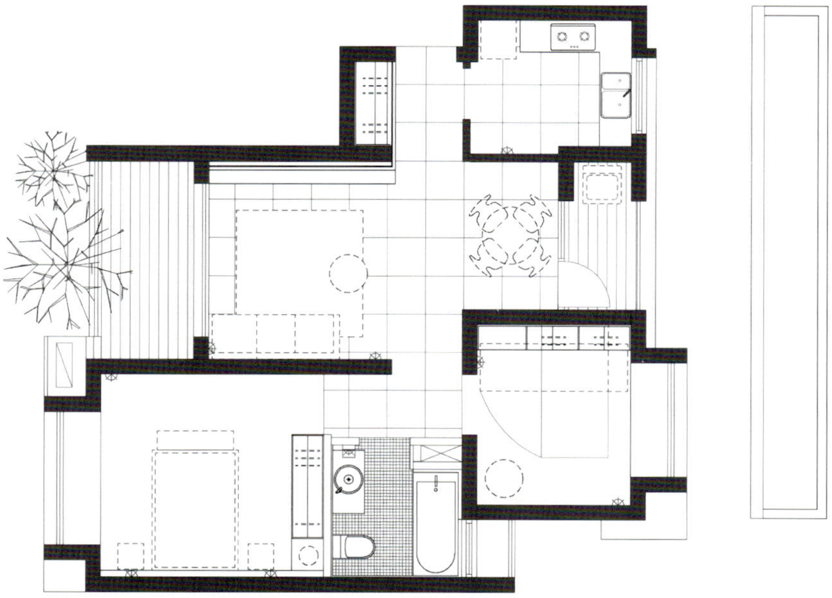

自然有机空间

平面图上的中轴线和横向动线清楚地把一楼的平面切割成几个主要区块，一边是客厅，一边是卧房。为了把空间视觉的张力做到最大，我们不想在整个公共区域有任何视觉上的实质阻隔。玄关也自然的拉长到底和餐厅合并再进一步和厨房串连。客厅电视墙的下边刻意做了开口，和主卧的书房偷偷地结合起来作为一个视觉上能够呼吸的透气口。

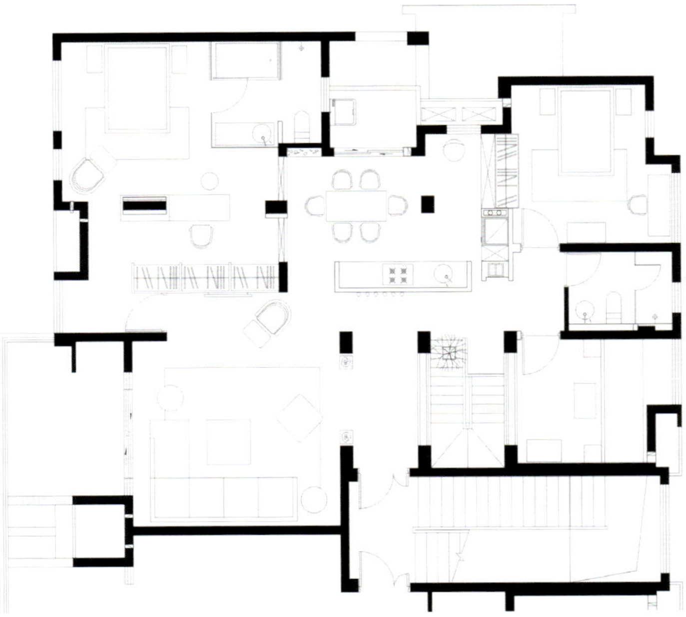

Photo: Seiichi Aoki (Beijing NDC Studio, Inc.)

Keiichiro Sako, Aya Unagami / SKSK architects

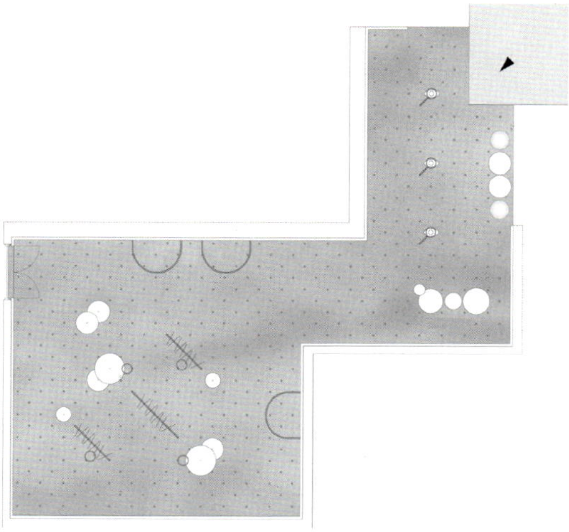

北京芬理希梦2

把时装店所必需的器具还原成“圆孔”和“管子”。在地面、墙面上分块打了1000个圆孔。用铁棒做成的衣架、桌子、隔板、花瓶、标识等，可以随意插在1000个圆孔中。圆孔中预留了电线，照明也可以随意布置。圆形荧光灯管的连接部分做了简单的细节设计，即将通常朝着内侧的接线部分旋转90° 或180° 。即使是最普通的东西，稍稍改变它的摆放，不是也可以改变空间的品质吗！

Hugo BOSS男装店

商店专为时尚男女提供休闲收藏品。内部设计将纯天然物质与高光喷绘、白色成品金属及黄铜表面相结合，对比鲜明，视觉冲击感强烈， 彰显别致。深色的墙壁与精雕细刻的图案，形成一幅绚烂美丽的风景画。底层设有一个65平方米的大厅及两个走廊。顾客沿着铁丝网扶手拾级而上，来到一楼。里面设有综合更衣室及配备老式家具的休息区，两个时尚包间。

Photo: Martin Grothmaak

RaiserLopesDesigners

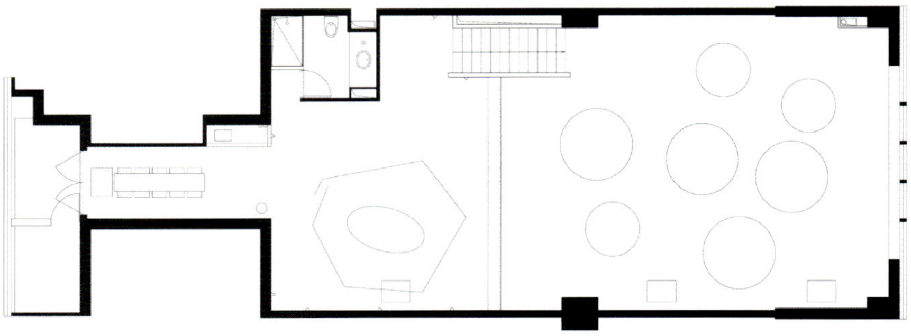

印西诃工作空间

这个位于16层的办公室的优点是它面向浦东的广阔视野，室内净高5.3米，并且是一个整体的大空间。作为一个年轻的事务所设计建造自己的办公空间，设计师考虑的是如何制作最小的变动，却能营造最大的办公气氛。为创造柔和的光线环境，柔化普通节能灯偏冷的色温，并避免眩光，设计师利用苏绣中花撑（刺绣用支架）的概念和构造，双层木框绷紧灯罩布，形成若干硕大的光盘。设计师将座位围成“岛屿”式样，增进了员工间的沟通和视觉交流。所有项目的进程都展现在墙壁上，每个设计师都可以关注项目的最近发展，增进交流和思考。

福雄 北京店

福雄是一家大型零售食品店，遍布世界各地，被誉为“豪华烹饪之家”。最初，食品店成立于法国，很快成为巴黎地区的极具特色的美食广场。现在，其产品远销世界400多个地方。零售店分成3个主要空间：面包店饰以金色，餐馆饰以银色，杂货店以黑白两色装饰，是三者之中最大的空间。入口大厅和回形走廊则以粉红色装饰。

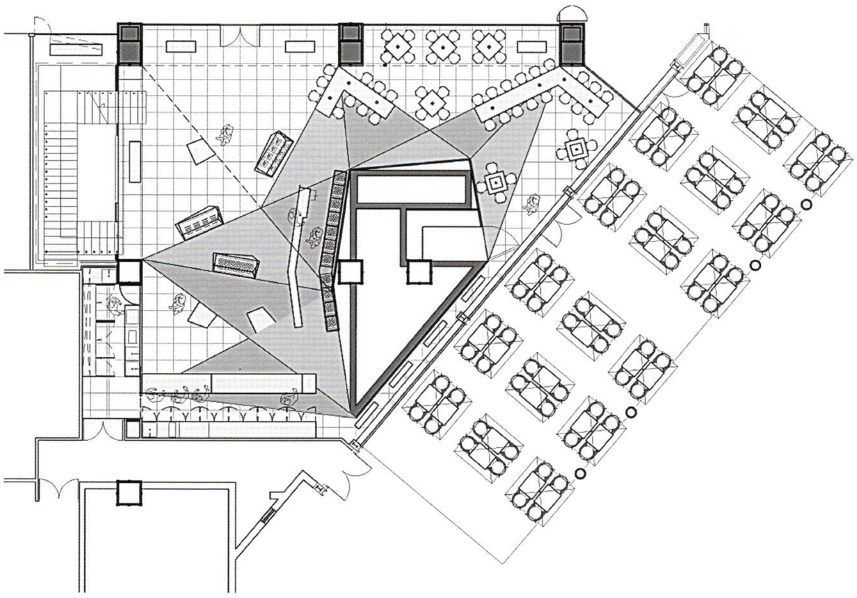

Photo: : Luc Boegly

CBA / Christian Biecher & Associés

金属屋

全白色铁板喷漆的店面外墙，现代感十足的橱窗，创造出简单强烈的视觉意象。空间中活动式轨道灯引领参观视线，在全开放式的空间中，感受流线与菱角的几何形体变化，金属浪板水平层架，陈列精品配件，在经过镜面包覆的柱子反射下，使得空间更具趣味。300多片大小不同的激光切割冲孔铁网天花包覆，清爽简单及融合照明、空调、吊挂展示等功能于其中。

Photo: Marc Gerritsen

Shichieh Lu

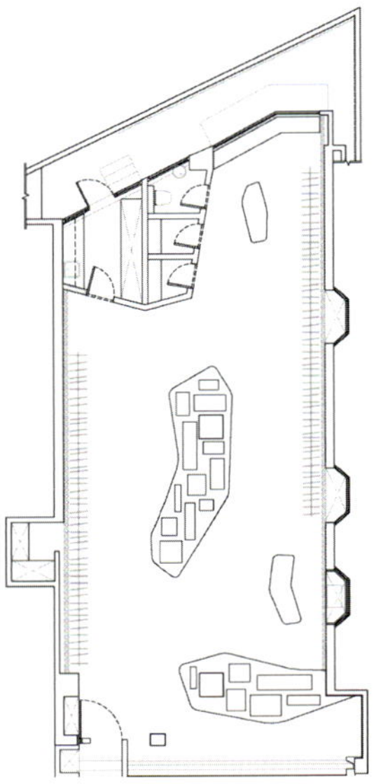

爱敦阁样板房

设计师的使命是让样板房充满致命的吸引力。设计中，他们选用优雅的银色和灰色作为主色调。创造豪华氛围的关键是利用有光泽和闪闪发光的元素。几何图形和整齐的线条是如此经典、高雅和永恒。装饰艺术运动时期的艺术品是对它们最成功的运用。我们设计该项目的全部灵感正来源于此。在墙面上开槽，挖出垂直但不对称的线条，让它们一直延伸到电视墙上。

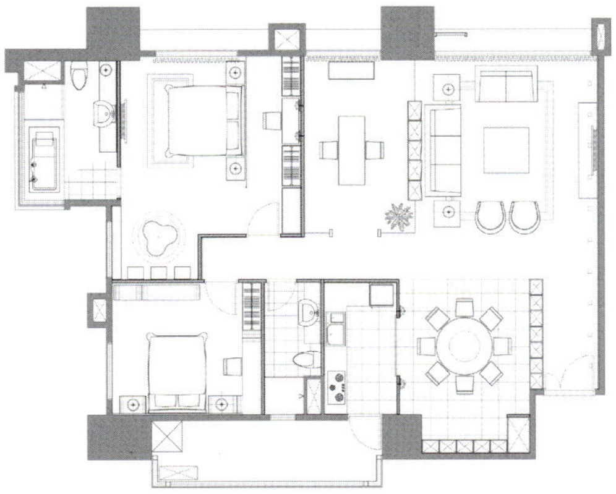

Photo: Shou Shan LAI

Ching Ping CHANG, Cherry TANG, Louis LAW, Chun Ern YEH, Yu Cheng Wang, Yu You Liao

波妮妮时尚专卖店总店

成功时尚零售集团波妮妮总店设有主款展示厅、接待台、会议区和普通办公区。店内涵盖了其他展示店所有具有代表性的款式。总店中间区域摆放了一对真皮沙发，作为非正式会议场所，在为顾客展示每一季新品时使用。接待台作为“带状”陈设的一部分连接所有区域。接待台的对面是设计科，被印有传统切割图的全长玻璃墙遮蔽着。

Photo: Marc Gerritsen

Mark Lintott, Chung Lipan, Chia Yuyen

宏濑科技股份有限公司

设计师希望通过办公空间的设计，营造出员工积极向上的工作氛围。因此大胆的采用蓝色带状灯箱从公司的入口一直延伸进来。办公区摆放的家具、大型吊灯、灰色铝板墙壁，这一切都展示办公空间冷静沉着的氛围。会议室里的大型椭圆桌和电动卷帘，彰显大方气派之感。主管室的顶棚使用变色光纤，提升空间的层次感。

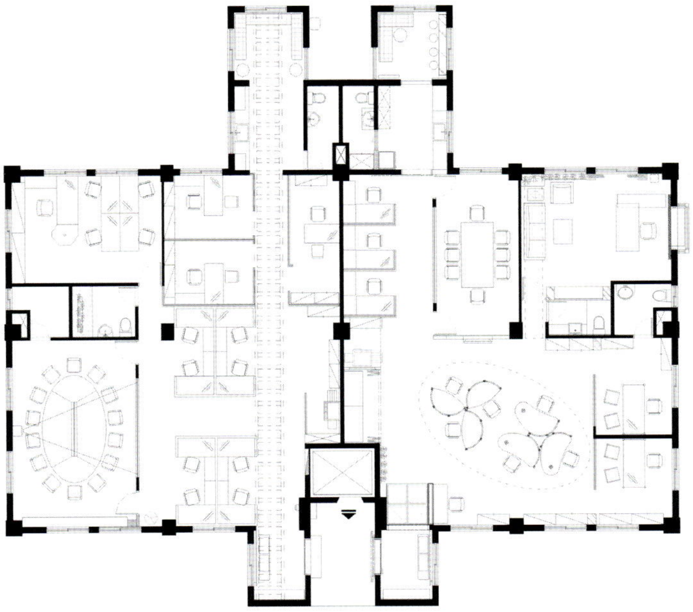

Photo: Liu Her-rang

Lin Eddy E+ interior design studio

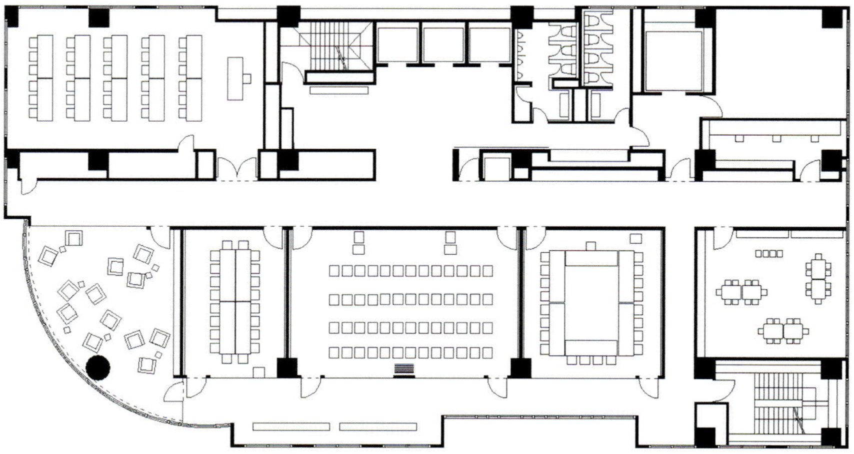

学学文创志业

项目设计的目的是便于不同群体进行创意的沟通和交流。整个项目的修建类似于一个开放式的厅堂，使来自于不同院系的人们可以聚集在这里，根据个人的需求灵活的设计自己周围的环境。e15以时尚的设计、精选的材质和优秀的作品为自己的企业准则。目前，公司总部（临近法兰克福）的设计师兼创办人把e15的发展方向定义为：发展成一个国际著名的大品牌。

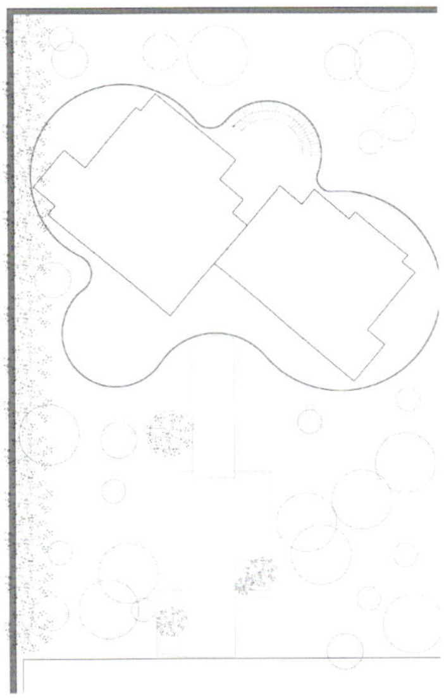

水上玻璃接待中心

清透的玻璃砖材料让此建筑在白天与夜晚之间呈现出不同的表情。白天所引领带入室内的是外部的自然光线，夜晚则是利用室内灯光均匀照明。在外部大量的玻璃砖所创造出的曲线量体之中，通过对材料的重复使用，表现出张力与诗意，来与光透弧形玻璃砖墙面作丰富而多层次的光影对话，而形塑出一种戏剧化的视觉张力与独特性美感。

Photo AURA Architects & Associates

哥德温•海特公馆

这是位于西摩路中心地区的哥德温•海特的私人公馆，占地70平方米。这座公馆的设计师的设计作品包含各种门类，从精致的住宅到商店和近期设计的餐厅。始终如一的风格并不是他们特意追求的，而是在对灵活性和可行性进行一番思考之后，再配合客户的要求，融合到每个项目中，这样，设计出来的风格可以说是功能和人性的结合。这座公馆的前厅为了配合其精致的彩色装饰，使用了高品质的材料。

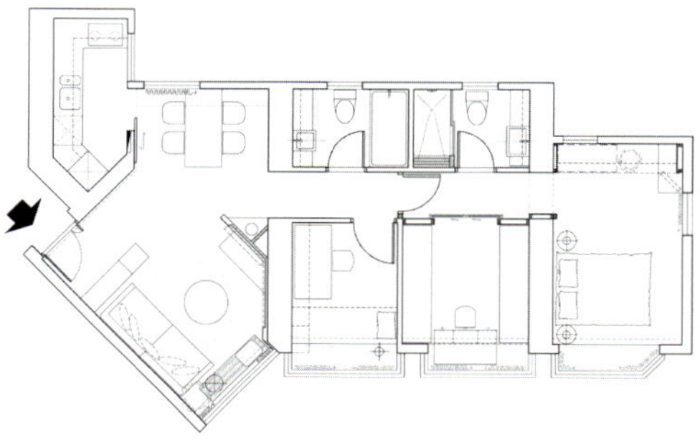

“360”创新生活

FAK3公司的强尼·黄和美穗平林为“上海唐”的创意总监乔安妮·奥依设计了她在香港的家。他们采用开放式多功能空间的理念，营造出一个全新的境界。黄和平林设计了一个经典的椭圆形影音橱柜。它可以360° 旋转，是整个公寓最引人注目的焦点。它的两边较宽，分别装着键盘和特别定制的书桌；较窄的两侧分别是收纳空间和电视机位。橱柜装有工业轴承，可以承受多达两吨的重量。

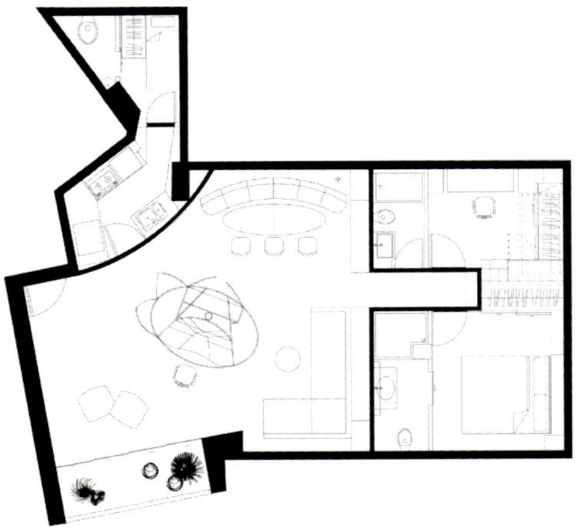

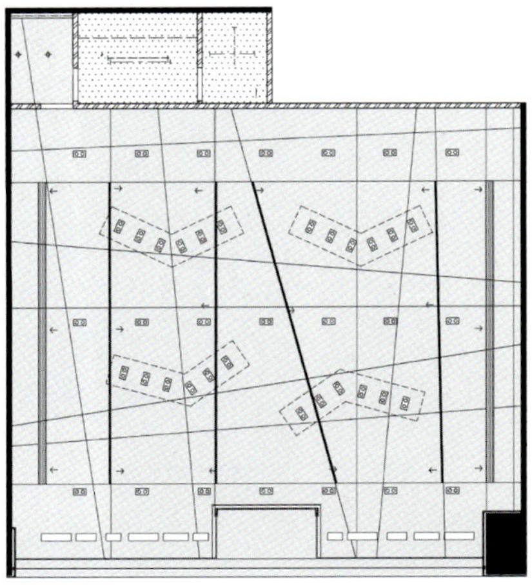

缀饰

在室内和企业形象设计上，运用了钻石和翡翠不同形状的“琢面”，体现品牌的独特形象。为了达到这种效果，在室内设计上运用比喻手法，把购物空间演绎成一颗“宝玉”，让顾客一睹钻石、翡翠两大商品的华贵。环境围绕亮白色的条纹大理石壁橱，搭配白色大理石地板，为空间营造微细的基调，再融合宝石琢面的几何构造，美观和实用兼备。

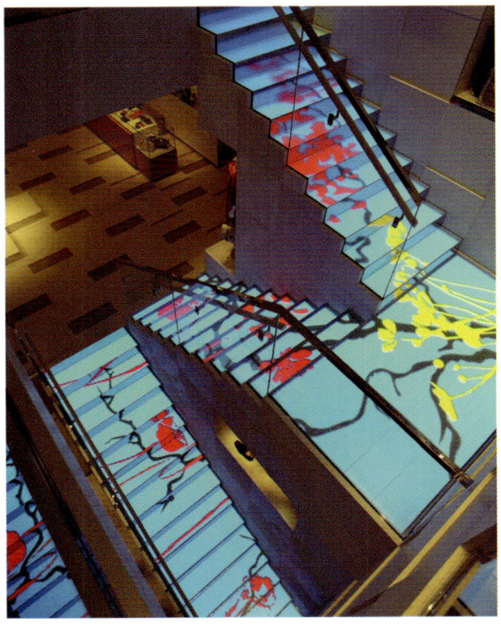

路易•威登旗舰店

商店有两个出入区，一个是在街边，另外从购物中心的各个楼层也可以直接进入店内。主楼梯被设计得如同从坚硬的石块上切割下来一般，贯穿三个不同的楼层。楼梯的喷砂玻璃踏板中装有LED面板，每块踏板中都有视频影像，包括机场抵港/离港时间表，迎合忙碌的香港旅客。顾客每踏上一个踏板都能看到单独的视频影像。一楼的顾客还能通过天花板上的镜面看到这些影像。

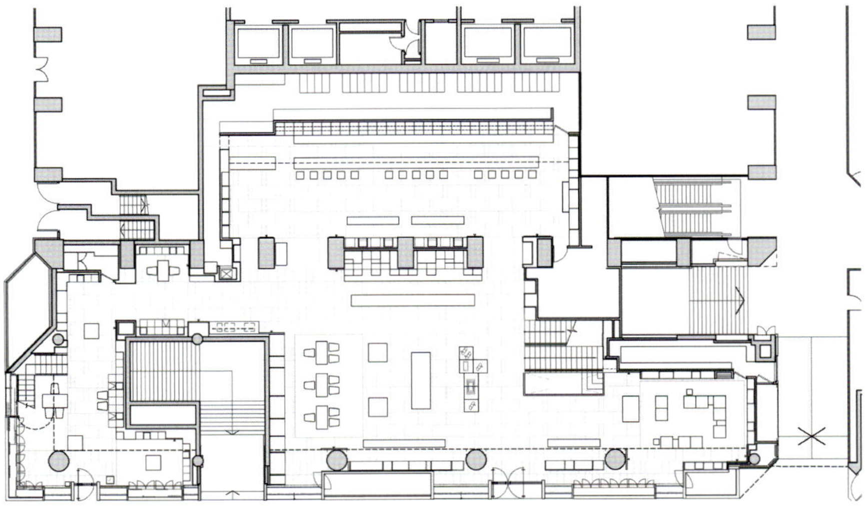

Photo: Vincent Knapp, Stéphane Muratet, Peter Marino Architect

Peter Marino Architect

Kaloo太子大厦

法国童装及玩具品牌Kaloo在全球35个国家设有门店，艾森•欧华尔设计顾问事务所为Kaloo设计了全新的品牌形象并应用于全球各店。设计师为Kaloo创造一个新的商铺形象，更能突显其品牌价值。设计师利用不同的设计元素，使位于太子大厦的Kaloo，更能让客人感受到品牌的价值内涵“爱护、关怀及快乐”。

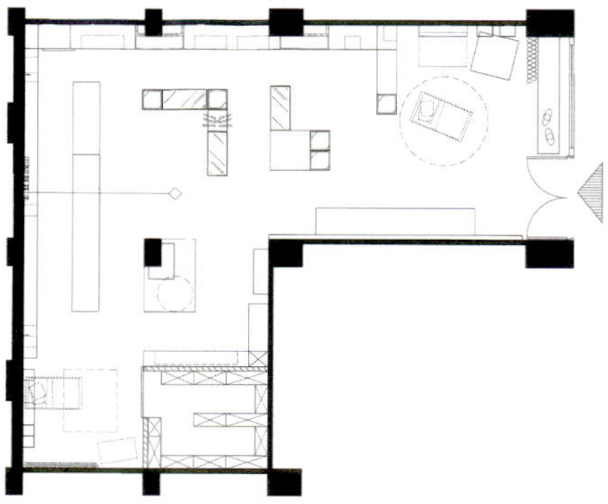

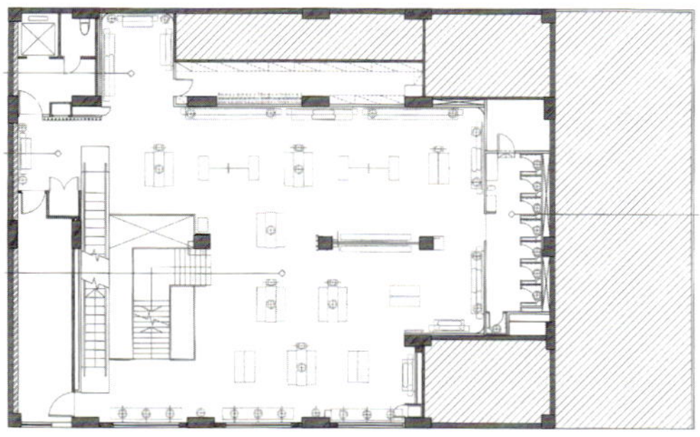

堡狮龙

这是一个名牌再造的项目。艾森•欧华尔设计顾问事务所与陈幼坚先生携手，为堡狮龙设计了10,000平方米的旗舰店。零售店全新的品牌形象及室内设计推广到全港及东南亚各商铺。清晰的品牌形象和室内设计，为顾客提供全新的购物体验，也借此吸引更多人流。

Photo: Aximoval

莫里森俱乐部

莫里森俱乐部坐落在铜锣湾和湾仔之间独一无二的住宅楼里。SEA Group给了Another充分发挥的自由空间，让其为包括俱乐部、前厅和已完工的公寓等在内的所有室内空间作新颖的设计。而Another的这个作品应该延续现代派设计大师阿恩·雅可布森的理论，即设计元素应该实用并耐用。北欧风格的样板房展现了一种充满活力的、富有大都会气息的生活方式。

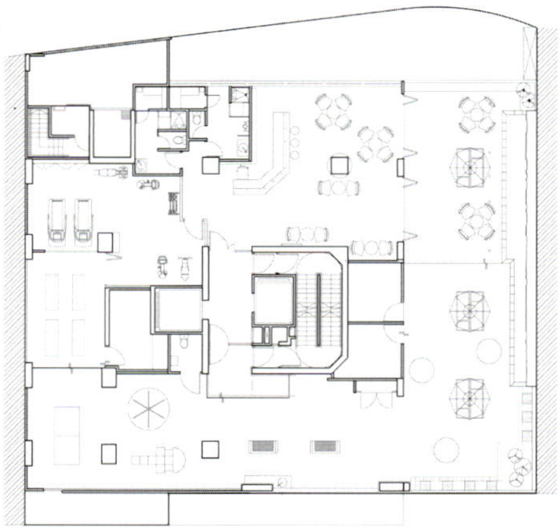

东亚运动会

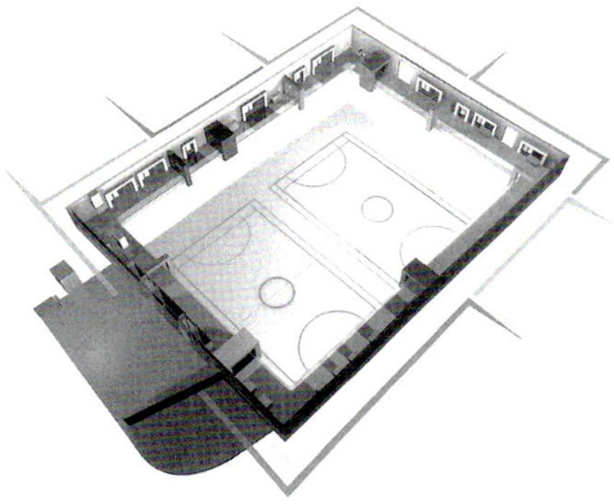

艾森 • 欧华尔设计顾问事务所与英国建筑师 “MET STUDIO” 合作，为港协暨奥委会(EAG)设计的东亚运动会展览，目的是向公众宣传在2009年于香港举办的第五届东亚运动会。在羽毛球场上的开放式回廊，运用了原色配合拱形来划分展览区域。备受推崇的著名运动员影像将投射在灯箱上，从而体现展览的内容与功能划分。

Photo: Aximoval

天水围青年会馆

青年会馆的室内结构呈矩形。棱角分明的空间结构也隐喻了天水围会馆年轻客人的性格：血气方刚。为了打造一个充满活力的青年会馆，使空间结构看上去不那么棱角分明，设计师使用动态设计元素，提升了空间的亲切感。受到少儿时期在走廊里跑跳嬉戏的启发，设计师对天花板的设计采用了类似橡皮筋的装饰物，使整个空间和谐统一。整个项目房间划分合理，线条流畅。

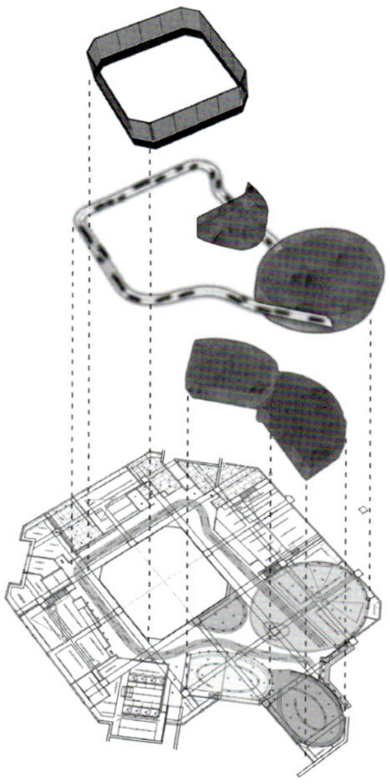

香港APM商场

商场的设计和理念会转变成为一种标准，适用于面临空间紧缺问题的城市，提供一个不夜城文化和第三空间——工作和家庭之间的一切，给那些在想要充分利用有限闲暇时间的人。APM 不只是一个商场，还会给人一种清新的感觉。占地60000平方米，带有52部扶梯、18个餐馆和6个电影院，APM把目标定位于青年市场，并且给周围临近地区经济带来了强大的推动。

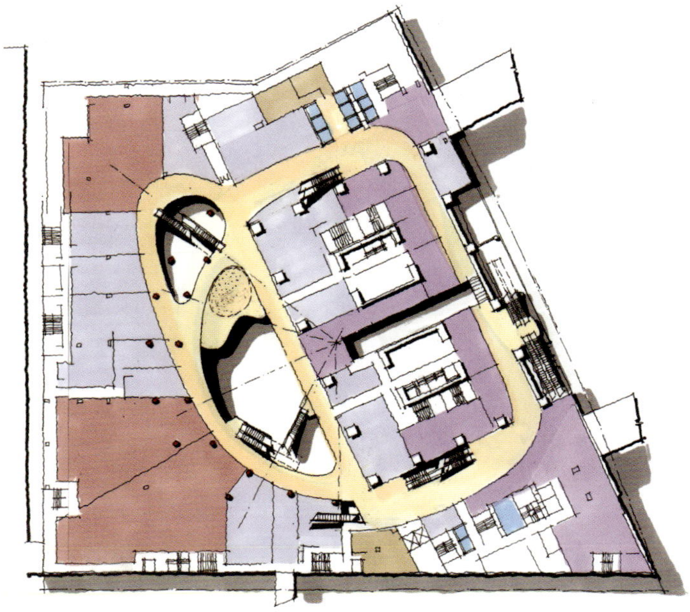

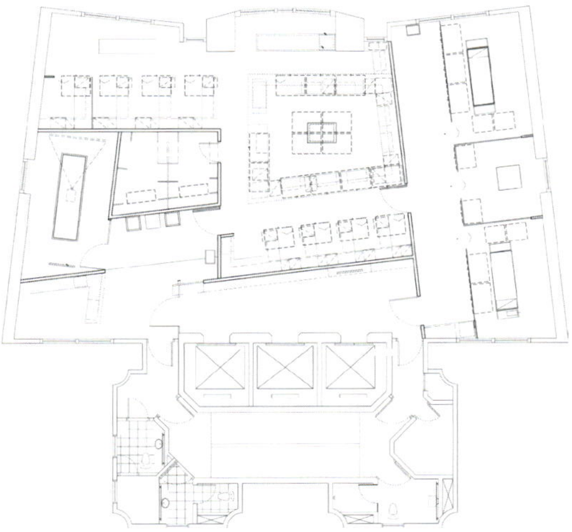

精品店办公室

设计师打造了一间多功能的精品店办公室，可以召开展会和酒会等大型活动。为满足多种需要，办公室中还配备了多层次的照明系统。接待台采用黑色纹理墙砖，等候区以亚洲情调的装饰营造出高雅的氛围。名人堂旁边以玻璃幕墙圈出的房间作为总裁办公室，也可作为存储之用。两间办公室中间是豪华的贵宾休息室，供顾客使用。

澳门新葡京酒店8餐厅

寓意吉祥如意的百宝盒既是“8餐厅”的设计主题，亦代表着设计师送予宾客的一份祝福。将古代神话中带有祥瑞之征的百宝盒融入现代设计之中，以金、红、黑作主调，令“8餐厅”既有雍容瑰丽之姿、复带时尚洒脱之貌，重新演绎了中国文化的精髓，让餐厅内每个角落都渗透着神秘且热闹的东方气息。设计师聚焦于整体的陈设与布局上，落落大方，极具大家气派。

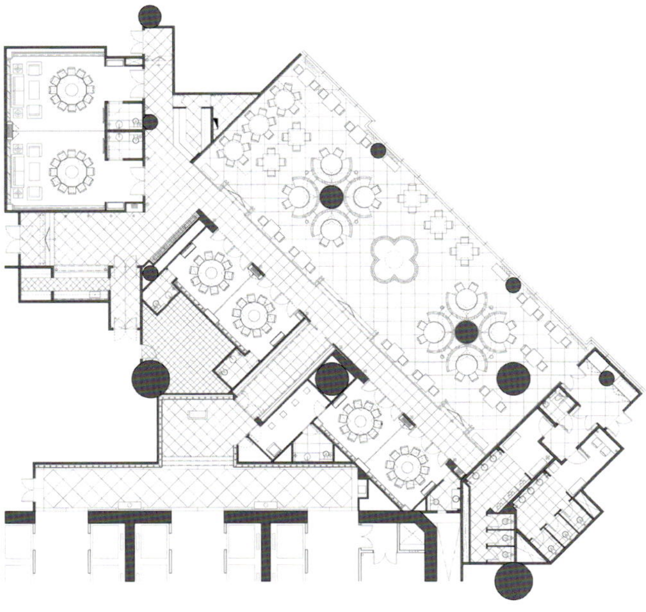

DKNY旗舰店

在旗舰店的入口、地下室和中层楼都使用天然橡木做成的地板，橡木板与一层的灰色大理石地砖形成强烈对比。一楼是女装特卖场，右侧陈列着人体模特。为了充分展示商品，白色石膏墙面上安装了许多手工喷涂的金属杆和橡木杆做成的衣架来悬挂服装，而收银台和男装区都采用白色聚酯漆装饰，营造出大都市的感觉。

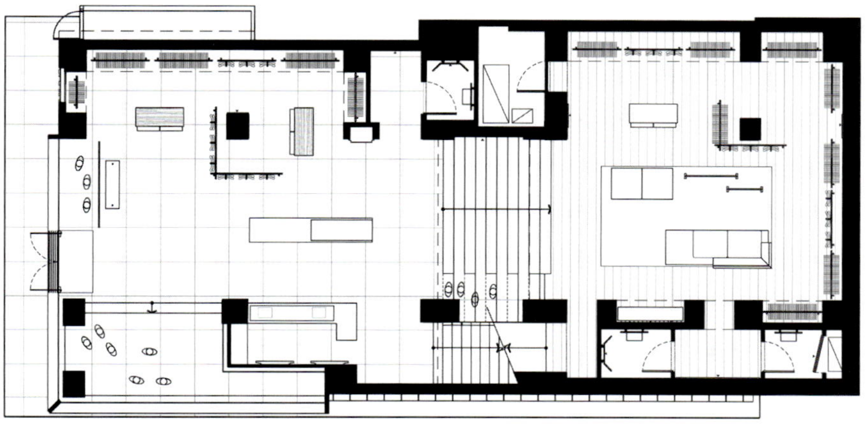

Photo: Andrea Buso

Dominic Kozerski & Enrico Bonetti

天堂酒店

现代经典是釜山天堂酒店总的设计风格。设计中包括一些经典的空间元素和一些现代的GAIA设计风格。古色古香的立柱，将大厅划分为一个垂直区域，大厅内包括配有凹陷座椅的会客厅，以及悬挂在会客厅上方的超大吊灯。酒店每个空间均各具特点。明亮材料、光滑表面、奢华地砖使得大厅的入口酷似当代艺术馆。为了烘托出柔软、温暖的氛围，大厅内多采用间接照明。

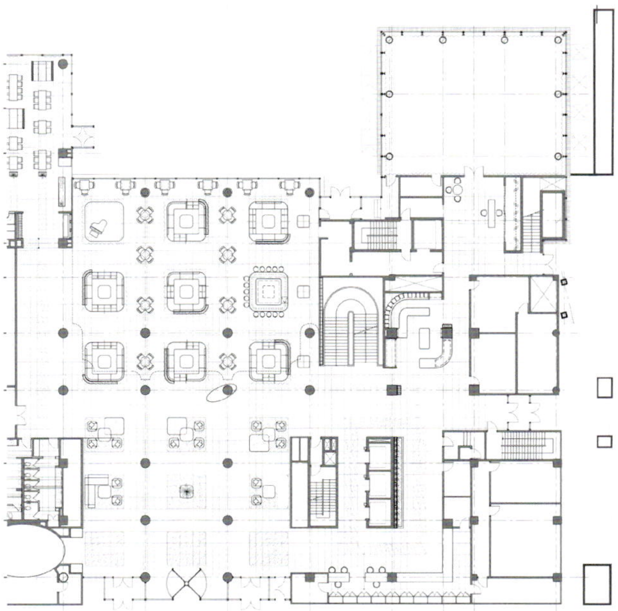

Photo: Studio GAIA, Inc.

Studio GAIA, Inc.

诺布餐厅

诺布餐厅的烹饪风格不仅被认为是日式的料理方式，更把西方元素引了进来。就设计方面讲，国际感是必需的，用日式的设计美学来诠释西方的技术和建筑材料，胜于单单用日式手法来诠释日式的材料。对于该项目，设计师的意图是在东京创造一个具有诺布餐厅自身品牌特点的魅力空间设计，给人一种诺布餐厅具有世界共享氛围的感觉。

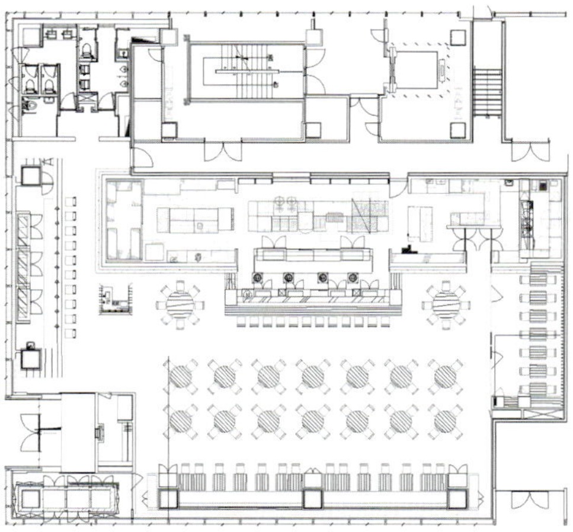

AIP餐厅

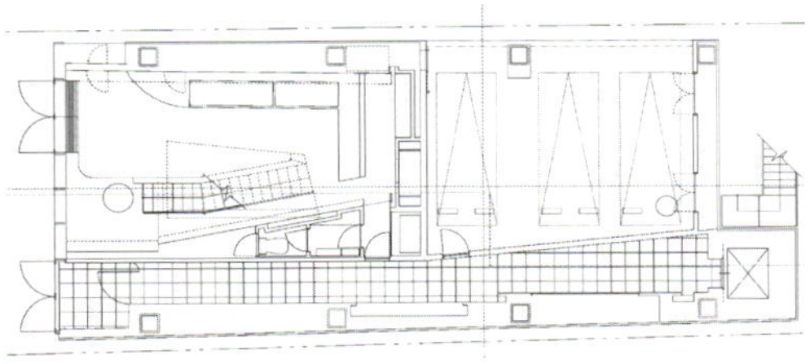

这家法国餐厅位于仙台市的禅寺街，餐厅最大的特色是钢板墙壁。街道两旁栽种的榉树是仙台市的象征，设计师计划以这种树为主题，打造餐厅的内部空间。墙壁采用不同形状的薄钢板制成，利用造船技术焊接在一起。经验丰富的工匠根据钢板的不同特点，决定采用加热还是冷却的加工方法，最终制作出造型复杂，凹凸不平的墙面。

Photo: Atelier Hitoshi Abe

Photo: Shinichi Sato

Akemi Katsuno & Takashi Yagi (Love the Life)

日本工艺品店

此店是一家出售漆器等多种日本工艺品的商店。它坐落在城堡镇传统商业区的中心地带。设计者希望使其能够充分吸引来镇参观者的注意力，并且看起来与周围的街道协调。地面的设计遵循以下原则：中间不摆放过多的物品或家具，以免扰乱视线，而是按照特定排列方式在不同位置安放它们。按照看起来舒服的要求，将物品置于不同的高度，并且使透视效果随着视线的移动而变化。

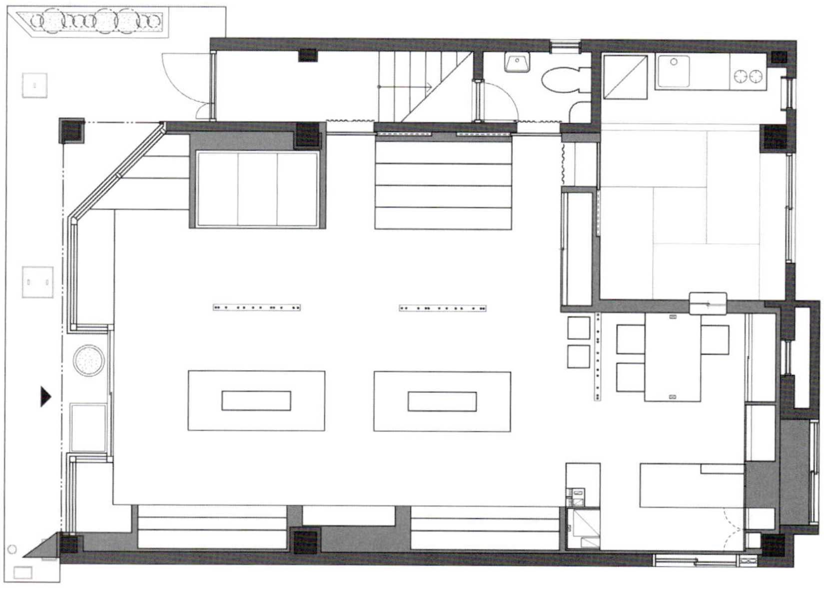

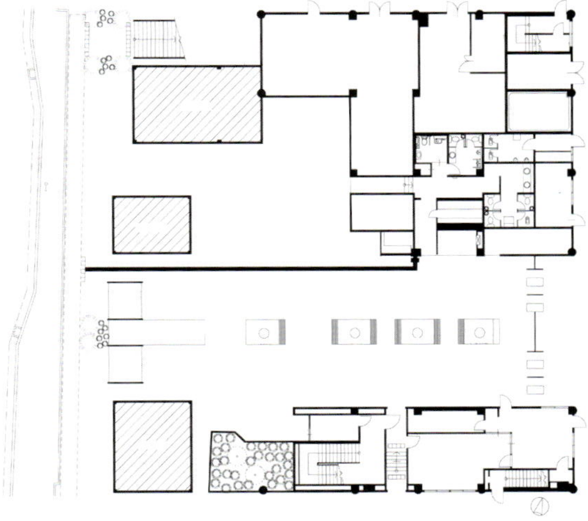

京福岚山车站

竹林般的广场由3万多个野生竹子构成，竹林清风，自然惬意。设计师以岚山当地著名的渡月桥为设计原型，打造了造型独特的桥形设计，使空间格调得以大大提升。设于建筑前端的幕帘，采用传统样式，依据四季的变化而不断更新，每一季的设计都个性鲜明，匠心独运。夜幕来临之时，车站在灯光的映衬下格外妖娆。

Photo: Nacasa & Partners, Inc.

Nacasa & Partners, Inc.

浪凡精品店

“浪凡精品店” 坐落在银座中央大街（在东京市中心其中一个最繁忙的时装区），是一家法国时装品牌旗舰店，有着悠久的历史。该店的设计灵感来自当代法国之家（住宅），它有着非凡的现代和古典的完美结合。包在窗上的是一个打有3000个圆孔的长铁板的门脸，看起来很像浪凡派对上面镶的钻石刺绣。

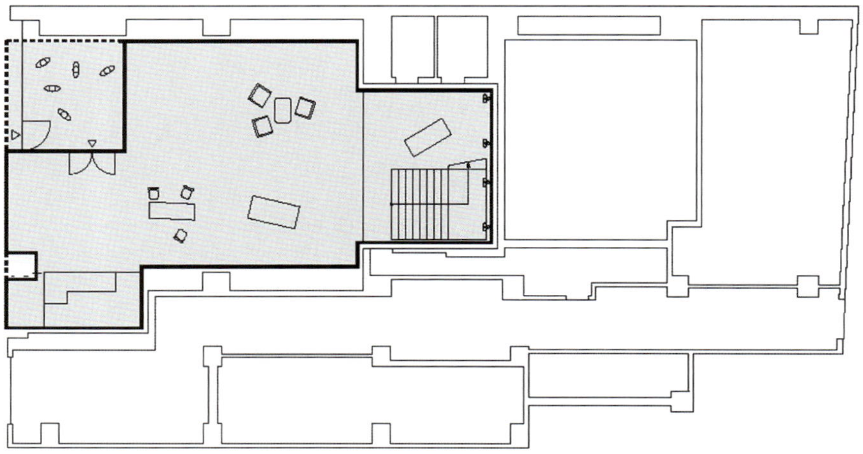

Photo: Takenaka Cop. Space Trusst.CO.LTD

Takenaka Cop. Space Trusst.CO.LTD

伊曼纽尔专卖店

“伊曼纽尔”坐落于神户。这家仅有24平方米的小店，以其小巧精致和丰富的商品吸引着女性顾客的目光！“伊曼纽尔”是一家珠宝和饰品专卖店，顾客主要是20岁左右的女性。因此，店面需要的是时尚、精致。设计师们便设计了一间类似珠宝盒一样的店面。在材料的选择上更是十分细心：黑色的不锈钢材质、黑色的地板，都是为了衬托店内的商品！

Photo: Yoshiro Masuda

Shimizu, Masarru Miyamoto, Masaki

加商店

石工艺术与透明的高光涂料混合应用，增强了表面的色彩对比。强烈的层次设计，给人留下深刻印象，同时营造了朦胧的魅力。墙面和天花板上采用淡化层次感，营造了一种精致典雅的效果。其中的三面墙饰有落地玻璃板。醒目的悬垂围栏是设计的细节所在，同室内的其他设计元素相互衬托，例如电线照明设备以及在玻璃嵌板上的投影。

Photo: Nacasa & Partners INC

Hiroyuki Miyake Design Office

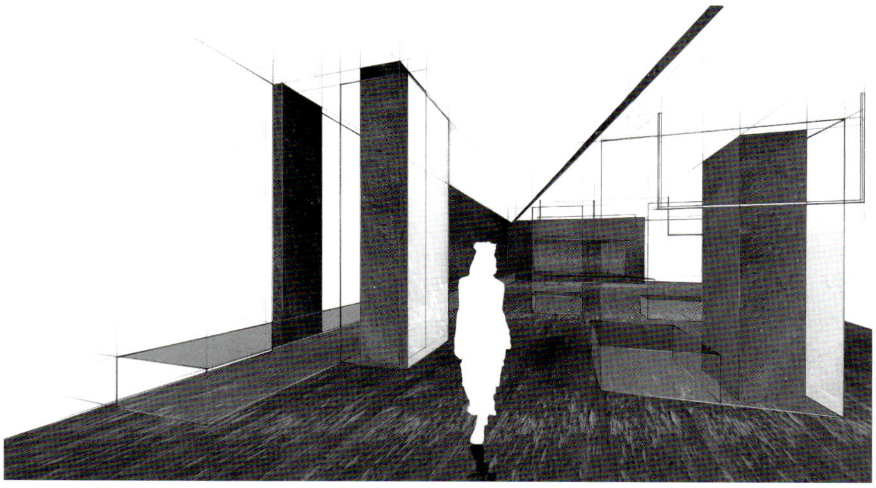

Sunaokuwahara商店

吸取了所有高品质室内设计的精华，可以说不同的材料之间的平衡和融合是设计理念的关键所在。这个项目的设计不仅仅营造了一个粗糙与平滑、淡雅与光泽、深奥与通透、持久永恒与昙花一现的的对比感，而且也令整个流线型空间的分隔与融合清晰的展现出来。对整个环境的栩栩如生与自然简洁的分界的分析，暗示了一种在商业设计中新的建筑设计方式。

Photo: Sunao Kuwahara

Photo: Kozo Takayama
Masaru Ito

阿路可品牌店（涩谷）

该项目与其他项目最明显的区别就是本项目采用数字键盘样式的外观设计。但是，第一层的缺点就是房间正面显得很狭窄，所以设计师将一楼的公开区域设计成足够宽敞的效果，让人们可以更多的看到商店的里面；此外，第二层、第三层和第四层的原始特点都被完好的保存下来。设计师将通往楼上的楼梯设在建筑的中央，这样墙壁两侧的设计都可以吸引顾客的眼球。

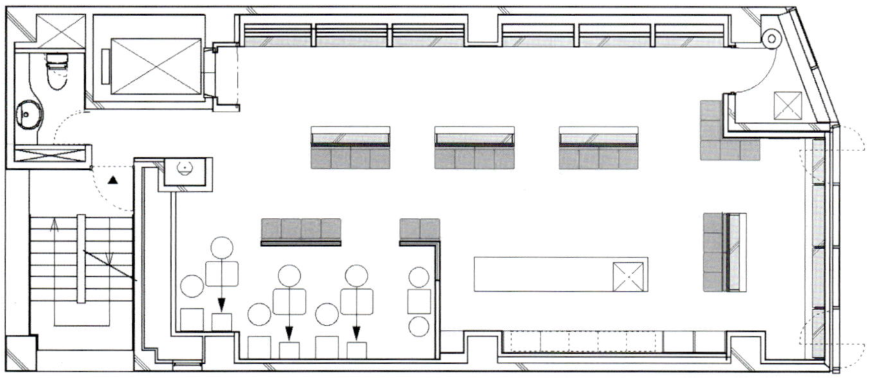

阿路可品牌店（大阪）

创建该商店的实际设计是来自于最近的一机场项目的设计理念。这个过程就像是顾客去眼镜店一样，挑眼镜、验光、等着拿到完整的眼镜是需要一个复杂的操作，就像商店运行的方式一样。设计师认为这个过程和在机场的过程相似，旅客登记、检查行李、等待登机。设计师参考机场外观来创造该设计的原因是机场把上述的复杂过程舒适地提供给人们。

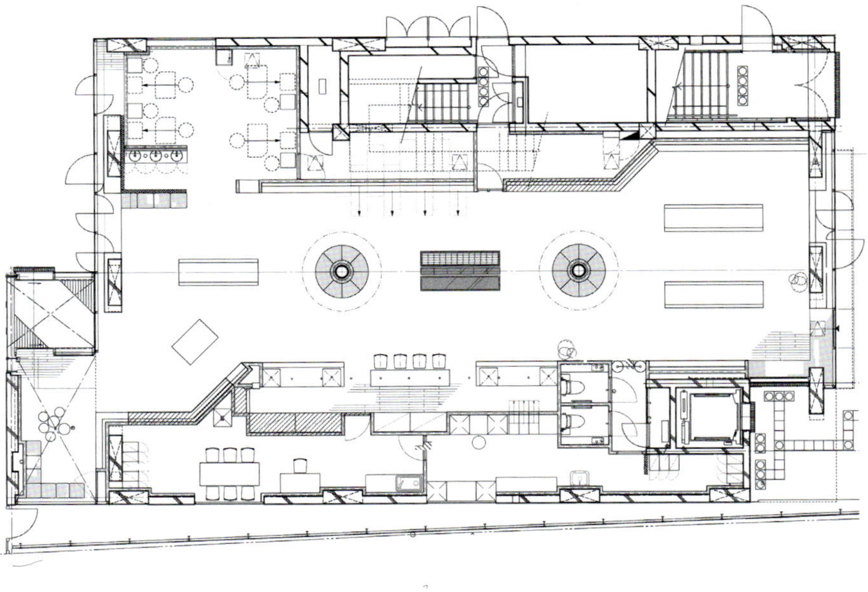

Photo: Kozo Takayama

Masaru Ito

莲花美容美发店

这个完整持续的空间的构成是通过连接一个个圆形的空间构成的，同时保持着空间的私密性，这样可以避免给完全私人空间的那种封闭压抑的感觉。每一个空间墙的高度是随着地板的斜面坡度，空间的功能的变化而变化的，并且墙的高度的变化是循序渐进的、毫无痕迹的，例如一个接待桌、休息沙发、柜台以及显示板。设计师通过弯曲弧线的造型实现了连贯的设计。

生活设计工作室

这个项目是平面设计和展示设计的私人电脑学校。设计师想要创造一个使人舒适放松没有压力的空间，以吸引更多的学生。为了使空间更加开阔流畅，设计师采用了可移动的灵活性高的圆形结构。室内摆放成圆形的办公隔断既是固定的又是可移动的，这些隔断可以轻而易举地增减摆放。只有1.5米高的外墙使用了奶白色丙烯材料，目的是为了创造更大的空间视觉效果。

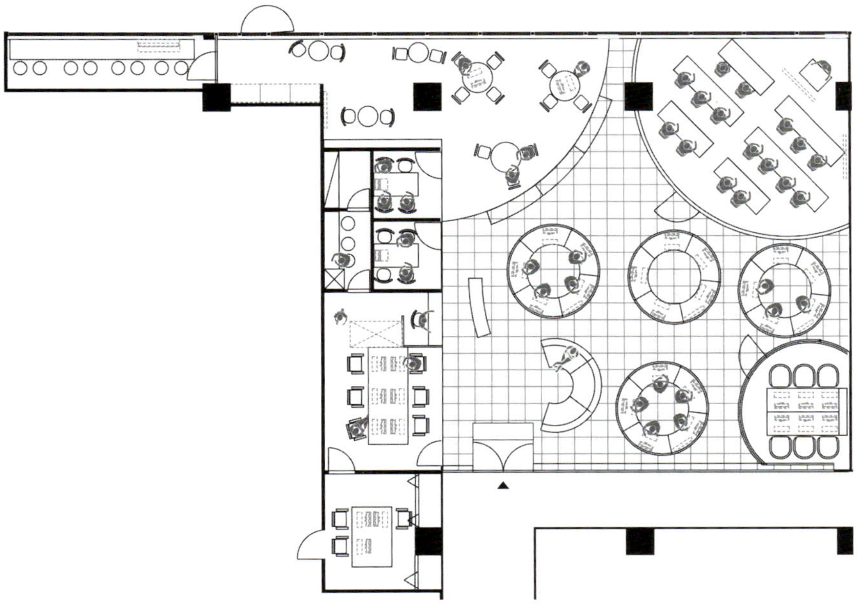

Photo: Kaori Ichikawa

Ryuichi Ashizawa

罗密欧先生的住宅

本住宅位于札幌市（北海道首府）藻岩山南面山坡上。为了让业主在日常生活中能看到爱车、满足业主酷爱汽车的喜好，设计师们并没有简单的将客厅与车库相连，而是设计了一个“光影花园”，从而让北海道美丽的季节景色在客厅和汽车之间穿梭，在“光影花园”里，安装有一面浅浅的水板，用以把雨、雪、阳光及风动等自然的变化带到室内。

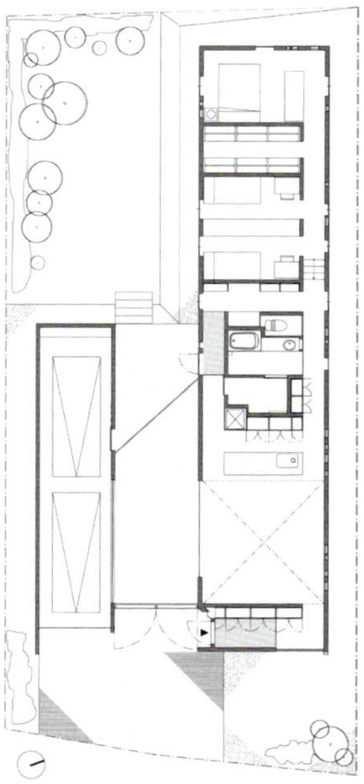

耐克公司总部

因为耐克公司的总部设在东京，它的经销策略是以东京为立足点，向周边乃至全球市场进军。所以在室内设计方面，设计师们试图尽可能展现日本的传统设计元素的同时，将东京以及耐克品牌自身的时尚气息融入其中。特制的卷帘将空间分隔成为功能不同的区域，阳光透过帘子映衬出斑驳的花影，成为设计的亮点所在。

Photo: Concrete Architectural Associates

Photo: Kozo Takayama

Ito Masaru Design

皇家奥德

来自美国东海岸的主流珠宝品牌“皇家奥德”如今进军服装行业。该项目作为该品牌在日本的首家店面，采用全新的设计理念，设计风格与洛杉矶店截然不同，成为日本商界最具特色的品牌店设计。设计师认为其设计的理念是奢侈、华美且极具颠覆性的，所以他们专注于高层消费者的喜好，选用材料的外观类似于砂浆和黑色玻璃，并立足设计的前沿，采用简单得体的欧式设计风格。

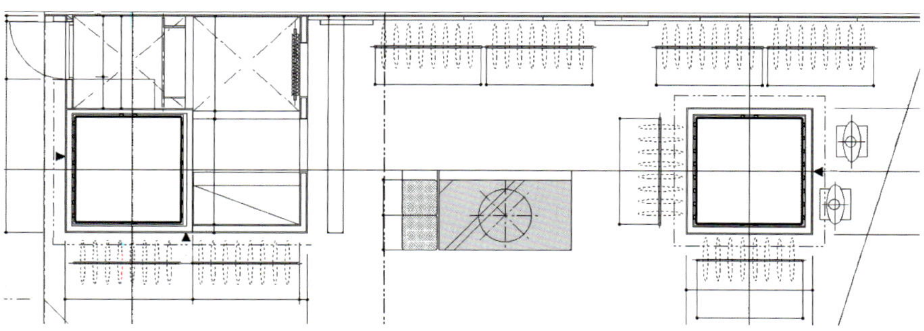

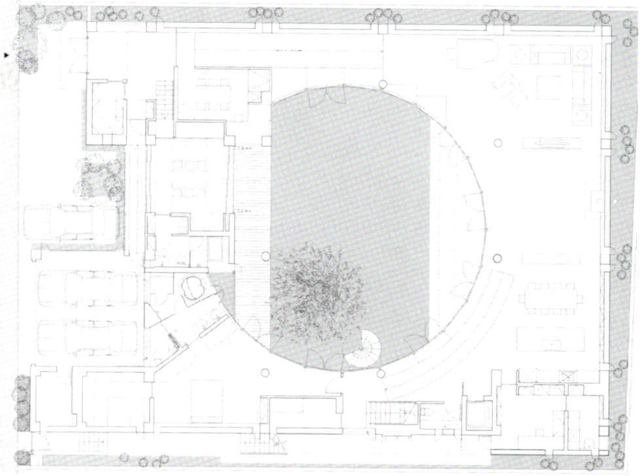

“博物馆”之家

室内中央设计了一个直径为15米的环形露台，不仅可以使每个房间遥相呼应，还可在此欣赏中央花园的美丽景色。绝缘外墙把硅藻土当作最后一道工序的材料；室内选用日式粉刷漆来修饰墙壁和天花板，同时选用竹层压板或石灰岩来装饰地板。设计师采用传统日式住宅的设计样式，选用万年青和落叶木以及屋顶花园作为附加的隔热材料，以充分利用自然资源。

Photo: Edward Suzuki Associates

Edward Suzuki Associates (Edward Suzuki, Toshiharu Nanba)

阁如客住宅

这栋楼包括一楼女主人的画室和停车场，二楼、三楼为出租的房间，四楼、五楼为房主一家。一楼的结构框架鲜明，随着楼层高度的增加，这种框架或表现为墙面结构，或表现为柱形结构。二楼和三楼出租空间的平面图是完全一样的，装饰风格一致，面积相同。但是照进来的阳光是随着外墙的变化而呈现不同的光影效果。

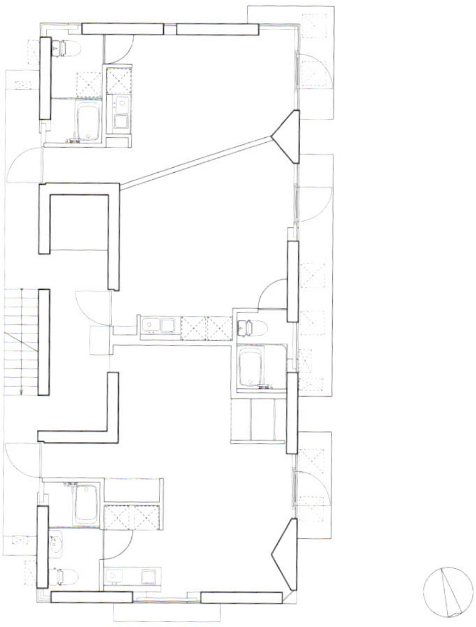

玛格丽特住宅

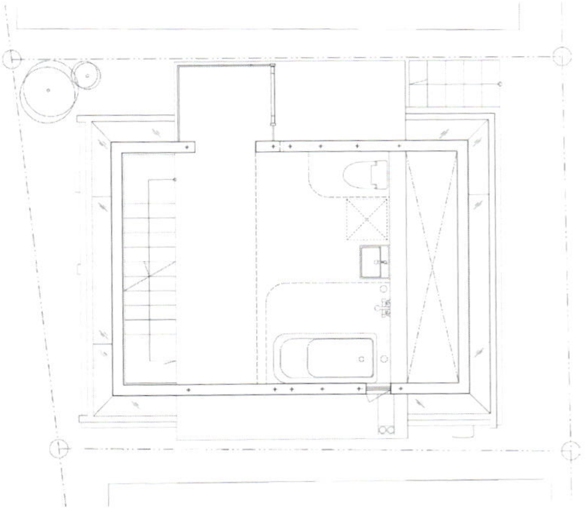

该项目位于东京中部，占地面积仅为45.61平方米。街道狭窄，限制了大型工程机械的使用。客户是一对年轻的已婚夫妇，他们要求很简单，就是房子里的每一部分包括地面、墙壁、桌子等都用混凝土浇筑。为了达到这一要求，客户甚至不顾贮藏空间。设计师选择预制预应力混凝土和钢筋结构，把一楼和地下室分开。

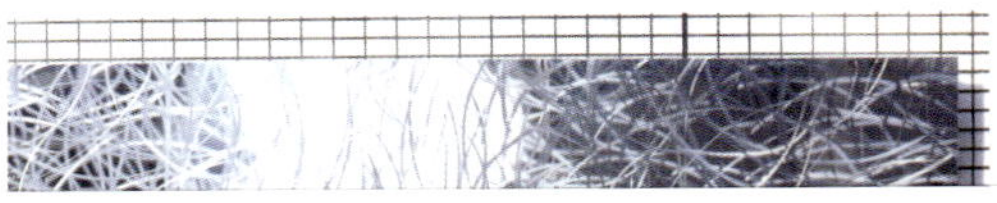

Citrus Notes品牌店

传统CITRUS NOTES品牌店的设计是雍容华贵的，与其高品质且魅力无限的主题相一致。然而，为了使位于表参道的CITRUS NOTES旗舰店更具独创性，此次力求打造一个极具创意的设计，给人无穷的想象空间。空间设计处处充满创意，地面铺设特制的玫瑰印花地毯。入店的不单是CITRUS NOTES品牌已有的拥护者，该设计迎合了更多客人的口味。

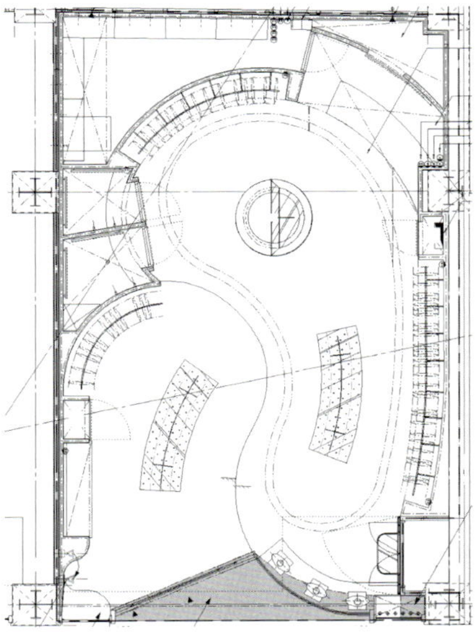

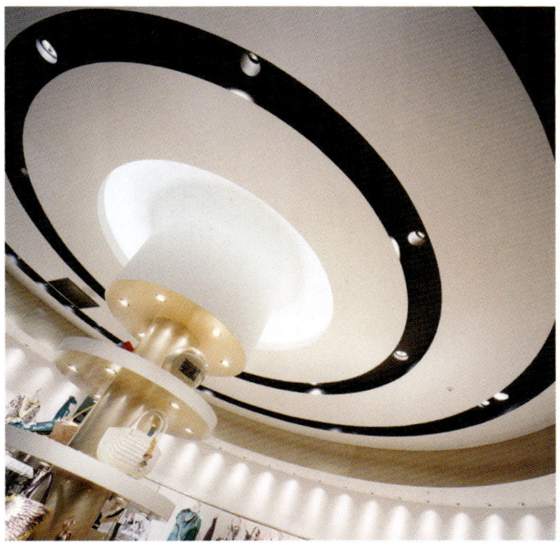

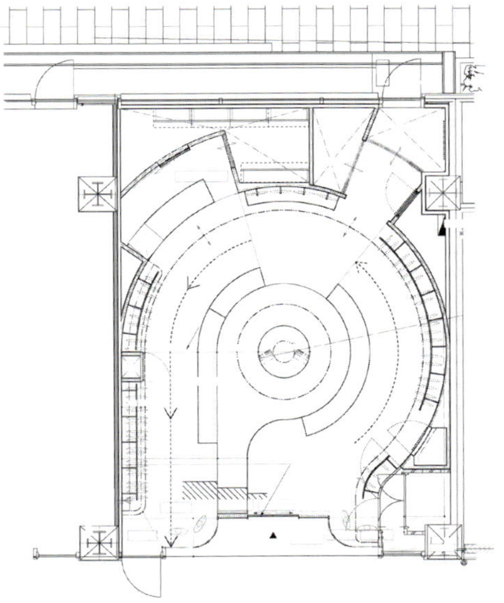

相伴艾丽

项目最诱人之处在于，设计师可以不考虑本土的设计而大胆创新。整体设计忽略当代日式潮流，打造更具国际化风格的另类空间，实际上意味着放下旧式的日式潮流来挑战未来主义的设计。 设计师可以创造多变式的有机空间模式，这是近来在日本很长一段时间都很少有人用到的设计形式，通过螺旋形设计方案，打造一个完整的坡道。

Photo: Nacása & Partners

Ito Masaru Design

中国之家

受到充满活力的1930年的上海装饰艺术时期的启发，曼谷的中国之家餐厅被重新设计成为了一个前卫的餐饮服务场所——在优雅的氛围中，提供经典，却非常具有现代气息的菜肴。设计的概念一直在这个方向上徘徊，即如何传达出时代的精神，同时又不会过分夸大其词。设计师思考的结果是重新诠释这段文化时期，并混合了现代装饰艺术风格，目的是制造出就餐的愉悦感和怀旧之情。

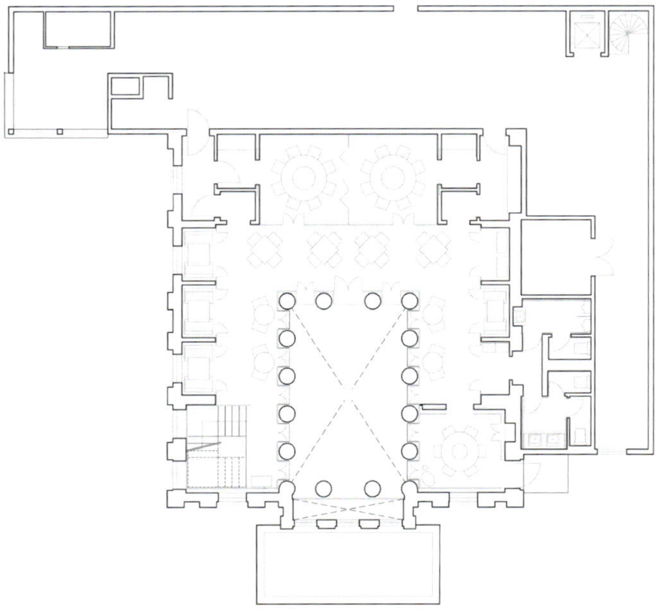

顶级大厦阁楼

这座房屋是由三层结构组成，一层比一层大，小层套在大层里。最外层覆盖了整座房屋，创造出一个半室内的、有遮挡的花园。第二层结构在有遮挡的室外空间内部包含了一个有限的空间。第三层结构创造出一个更小一些的室内空间。居住者就生活在这一层层的渐变中。这就是为什么这座房屋中的生活好像活在云彩中一样。这里没有明确的界线，只有逐渐的变化。设计师旨在构筑这样一座建筑：它既不是关于空间，也不是关于形态，而只是关于表达房屋和街道“之间”的丰富内涵。

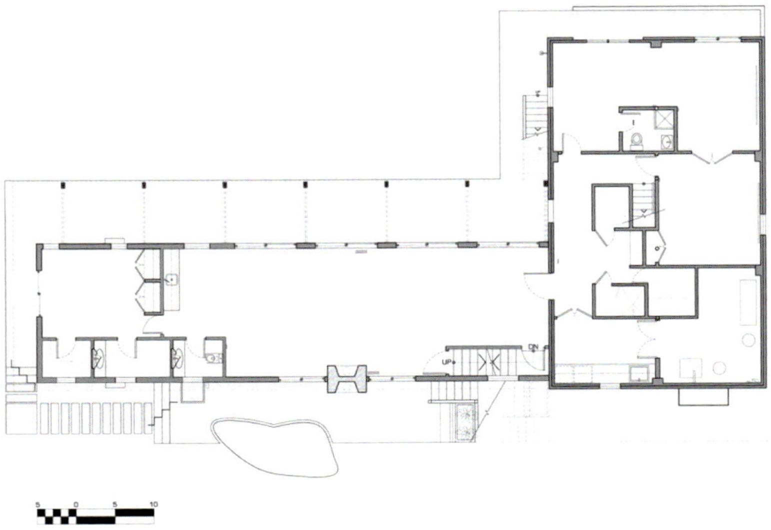

Photo: Duangrit Bunnag Architect Limited
Duangrit Bunnag Architect Limited

X2 Kui Buri度假村

度假村坐落在泰国湾海滨，距曼谷约3个小时的车程。迷人的海滨景致令人赏心悦目，而当地材料和现代风格的线条相融合的设计风格更令人沉醉其中——这一设计无愧于“遵循风水理念的乌托邦”的称号。在设计师Duangrit Bunnag看来，简约即为空间经济学，摒弃纷繁复杂。度假村内共有23间别墅，风格大体一致——简约的装饰，高大的玻璃门朝向海滨开放，客人可以在此尽情放松。

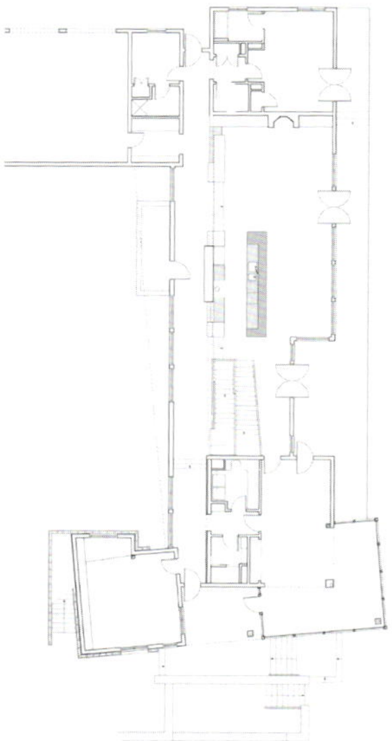

SM M.O.A保龄球俱乐部

这家34道的保龄球馆由娱乐中心改建而成。里面还有台球室、专卖店、咖啡厅、练歌房。保龄球馆将来要举行大型比赛，因此空间的灵活性十分重要。球馆位于马尼拉最大的购物中心——亚洲购物中心。保龄球馆的入口设在购物中心的露天区域，容易受到强台风的侵袭。因此，所有的户外设计都必须保证安全。

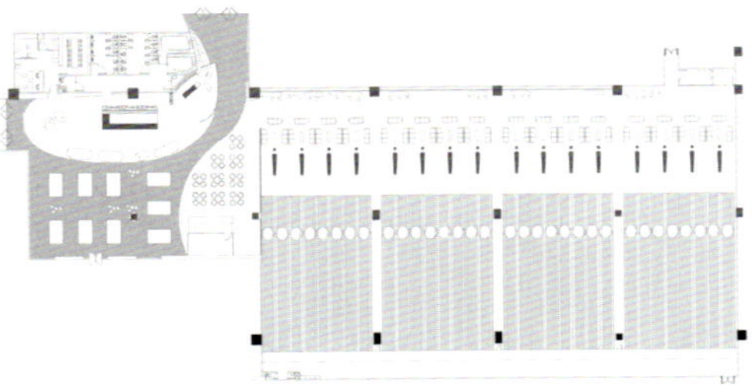

Photo: Lito Lopez

Architects EAT

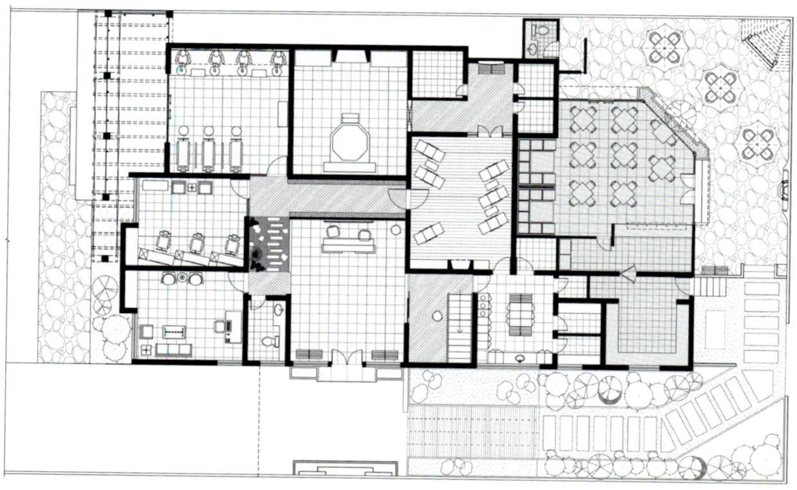

尼尔瓦斯水疗馆

设计师运用自然元素、融合丰富的纹理，使用朴实的色彩，打造了笔触流畅、和谐贯通的空间。室内装饰的镜子与其他设计元素搭配得十分和谐，同时每个元素又各自展示着其固有的风采。馆内采用纹理丰富的墙面和木质装饰，部分地面镶着瓷砖，部分刷着油漆，有的铺着地毯，营造出质朴的氛围。白砂、石材、鹅卵石和植物等天然材料与人工元素融为一体。

Photo: IDS Design Team

Impact Design Studio (IDS)

IBM公司办公室

空间的主要特点是开放性设计，弧形走廊从接待处延伸到会议室，两侧的蓝色LED灯指引着方向。设计师需要为科技公司设计办公区、等候区、咖啡室、会议室等独特空间格局。董事长室豪华气派，配备最先进的多媒体设备、高科技视听系统和液晶监视器，还有调光器和预设式照明系统等。室内的地面铺着地毯或地砖。

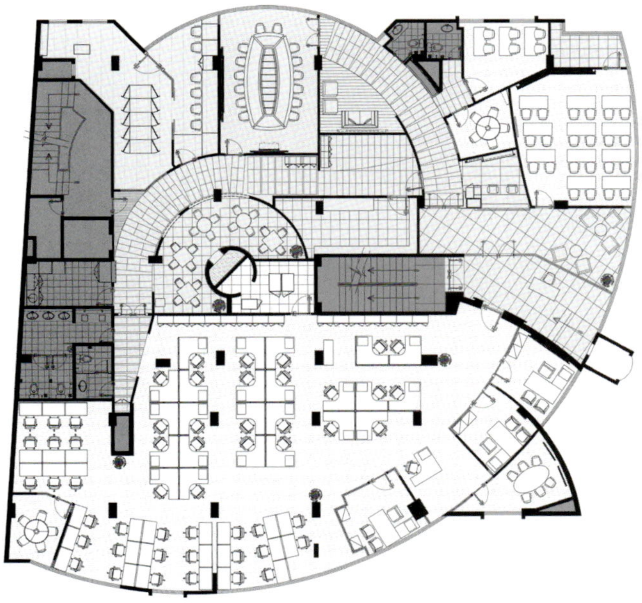

Photo: IDS Design Team

大华酒店

在新加坡中国城的中心，在大华酒店里，热情的亚洲新风格得到了最纯粹的表达。新旧思想的结合，传承与发扬的概念在这开放，在灵感充溢的大堂里被充分地表达。单独设计的客房，一共30间，房间里老式设计家具和传统卫浴结合在一起，并且包括了私密的花园空间和6米高的阁楼套间。

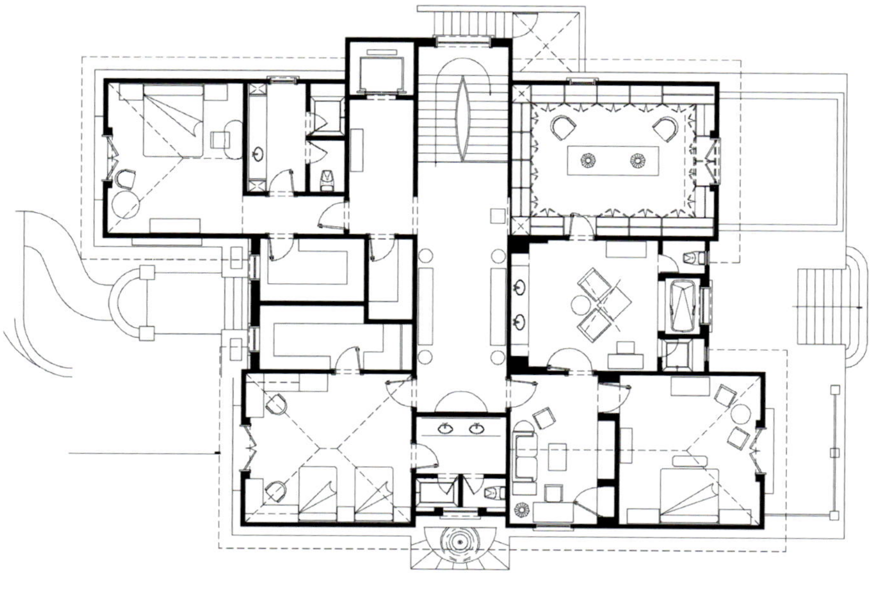

Photo: DP Architects Pte Ltd

DP Architects Pte Ltd

布莱路59号

该住宅坐落在一块梯形区域上，因而显得比较宽阔。泳池及甲板被翠绿的竹子包围。从远处望去，会看到一个现代风格与东方神韵相结合的设计。所有景物倒映在泳池中反射到玻璃门上。当灯光照射水面时，使人感到这是一个平静的、私人的圣地，使人们联想到沙滩。二楼阳台的设计承继了光影主题。甲板很有特色，由三块独立木板组成，而自动滑轮和绞车系统使每块都能独立控制。

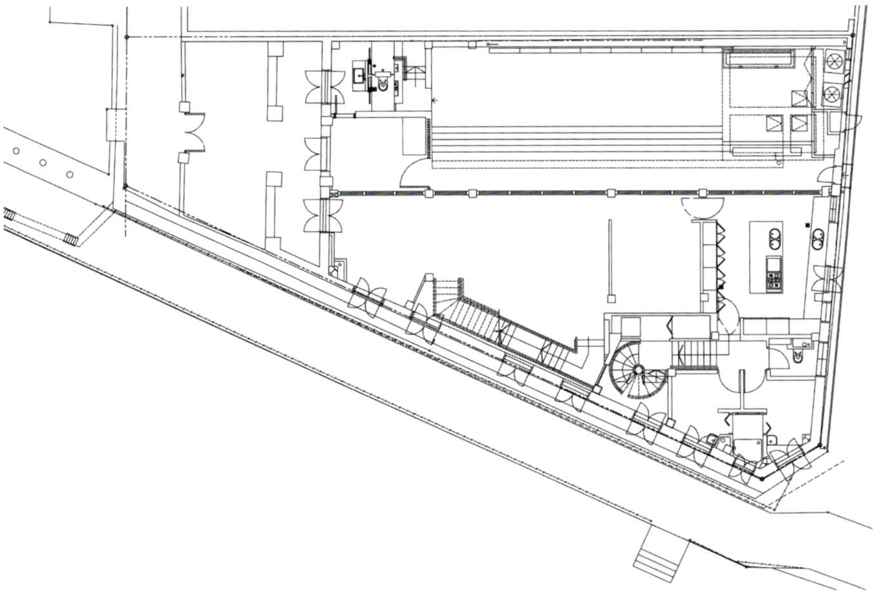

Photo: Ong & Ong

世界首个水下水疗中心

这个水下疗养地也是马尔代夫芙花芬豪华度假胜地的一部分。它由两个双层表皮的房间和一个休闲区组成，在这儿，人们可以看到印度洋水下令人兴奋的景色。客人通过通道进入水下疗养中心。从入口到内部的通道顶棚是色彩不断变换的彩灯，给人以全新的感官体验。走入里面，可重构的滑动墙可以让空间展开，让游客看到最壮观的景色，也可分隔出更私密的空间。

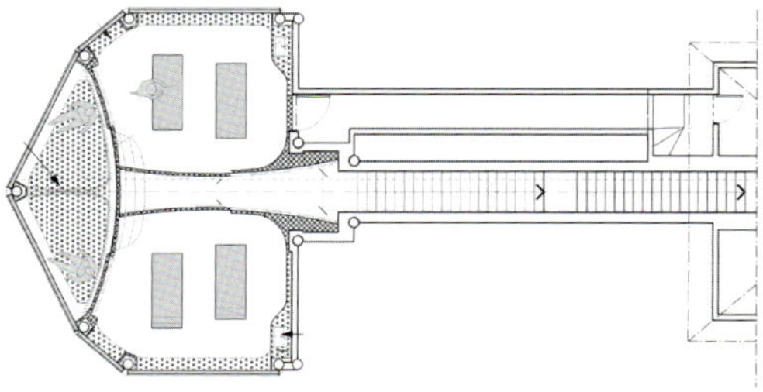

Photo: Richard Hywel Evans Architecture & Design Ltd

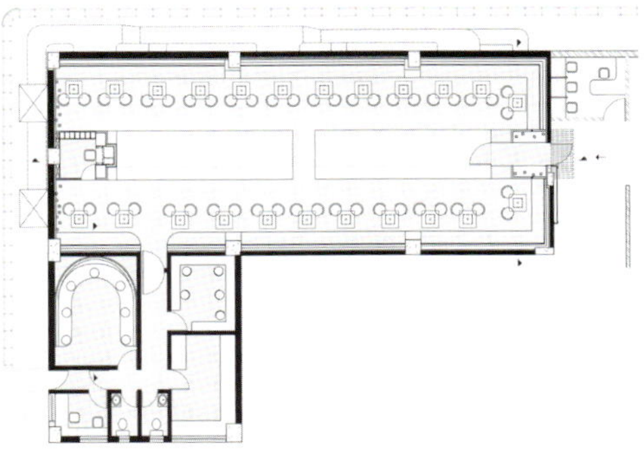

情人之夜休闲酒吧

酒吧正中间是如走廊般笔直的多功能通道，它的两侧排放着桌椅。DJ室和入口分别在通道的两端，酒吧中央像脊骨一样凸起，通道是进入室内唯一的通道。设计师在长长的通道下面和两侧的桌子安装了LED灯，灯光的颜色可以随时变换多种色彩，并与天花板安装的顶灯串连，由DJ直接控制。通道和桌子全部由磨砂钢化玻璃制成，上面覆有防碎膜，符合安全标准。

Photo: Santha Gour Mattoo, Planet 3 Studios

Planet 3 Studio Architecture Pvt.Ltd

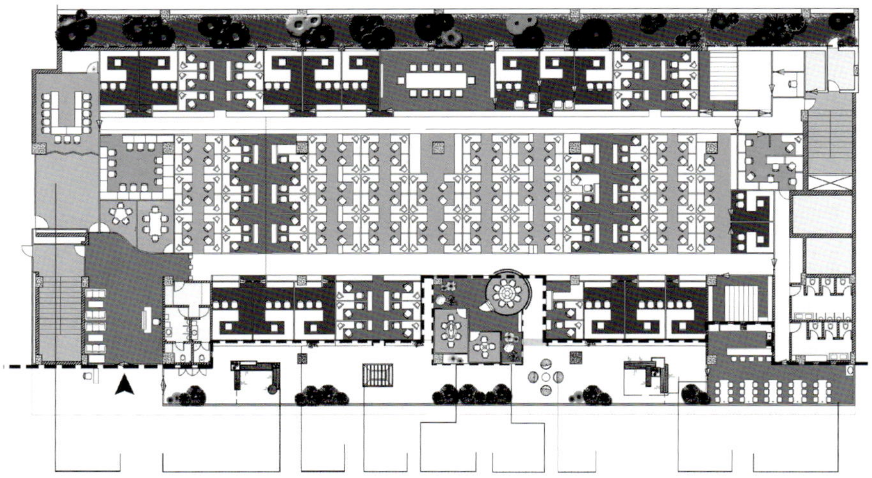

固力保办公

设计师们惊讶的发现，一些销售人员平均每天花15分钟时间待在办公室内，而其余的时间可以灵活的活动在任何地方，只要可以将他们的笔记型电脑连接到服务器上。空间在利用上实现节能化设计，腾出大片的办公空间，色彩艳丽，格调高雅。设计打破整体的办公格局，空间交叉利用，通过一组会议室作为正式办公空间向非正式办公空间的过渡。

拉朱里“客婷”购物中心

印度商店产业被进一步提高了一个新商店形式，由JHP开发。在印度有着顾问工作的Arvind Brands，在印度清奈刚开了一家折扣时尚店——Mega Mart'。Arvind有着278平方米的新策略，为顾客提供了一个现代的百货商店环境风格的品牌。商店分散在两层楼，男装、女装和儿童的休闲装及时髦的服装，以及一个超市和一个咖啡厅。

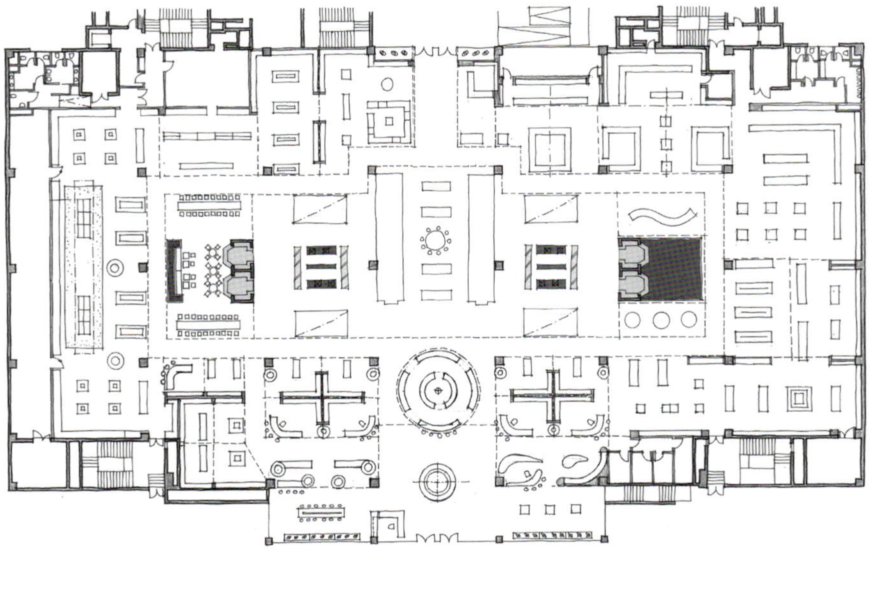

爱莱克丝多功能影院

该项目是贾坎德邦第一个也是唯一一个有两个电影屏幕的多功能影院。影院大厅突出了抽象的梯形板，它们好像褶皱纸覆盖在不同高度的天花板上一样折折叠叠。向下折的天花板使水平面和垂直面的柱子合并一体，以此来塑造整体感。镜子朝向一边，反射到另一边的玻璃上，加强了小厅的纵深感。影院虽然不是很大，但由于对室内和室外空间的合理安排使它拥有与众不同的身份。

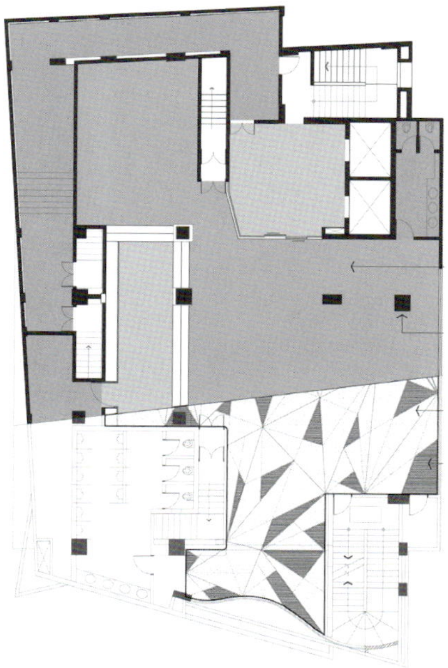

Photo: Planet 3 Studios Architecture Pvt. Ltd

银色通道俱乐部

本项目展示在一家酒店内四种截然不同的就餐体验。餐厅分为两层，一层是开放式厨房及提供各种素食菜肴的餐厅；二层是提供西餐和户外烧烤美食的高级酒吧。作为设计师所面临的挑战，首先是在特定的空间内满足顾客的需求；其次，建筑的修建符合当地的规章制度，设有可拆卸的露台式顶棚；第三，在这个固定的空间内，创造出符合不同客户风格的就餐环境。

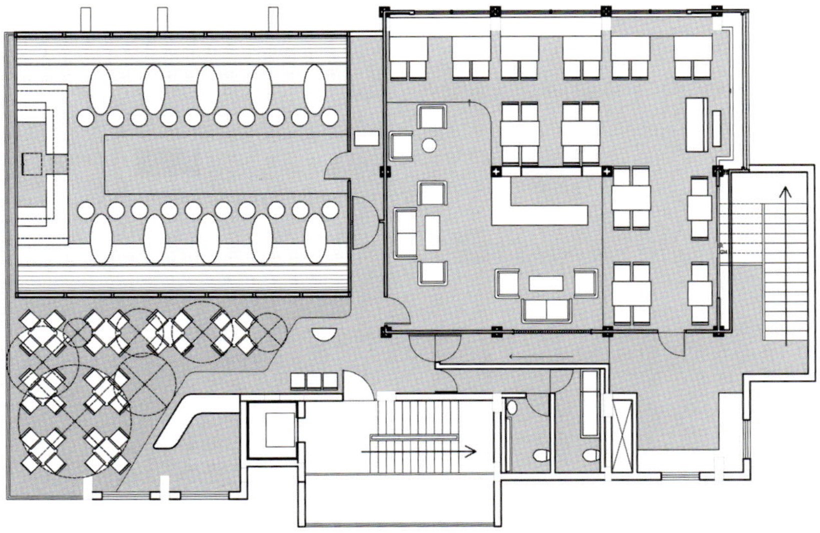

Photo: Planet 3 Studio Architecture Pvt.Ltd.

Planet 3 Studios Architecture Pvt Ltd

Photo: Mrigank Sharma, India Sutra

Kalhan Mattoo, Santha Gour Mattoo, Dimple Toraskar, Gauri Argade.

道乃戴印度公司

办公空间中的天花板采用特殊的设计手法避免直接照明。公共空间及个人空间中全部采用弧形灯具，美观精致。白色的陈设与暗色的地板交相辉映。灰黑色花纹地毯与简洁时尚的家具相映成趣。椅子的设计与工作区的设计风格保持一致。

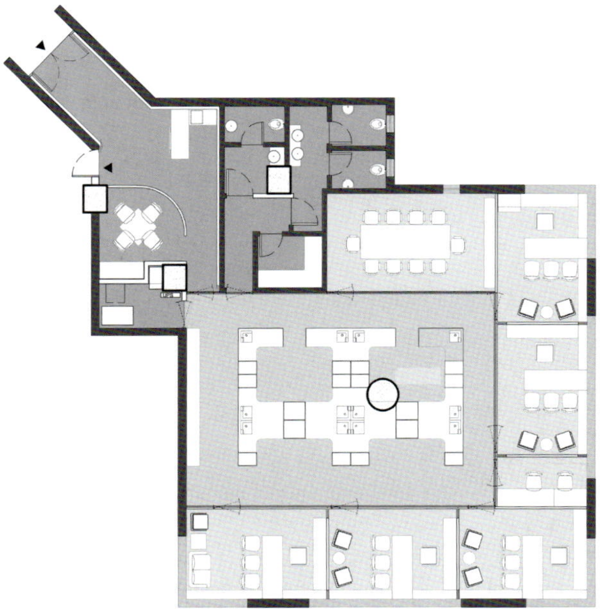

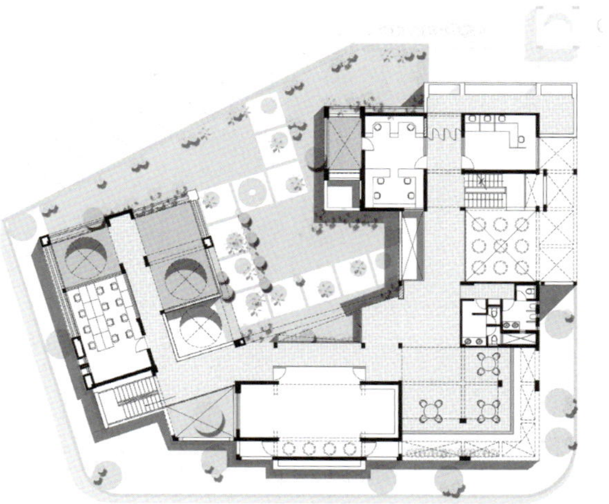

ITM管理学院

该建筑的设计理念以印度庭院生活空间设计为基础，崇尚庭院“半阴影式”设计风格，追求光影交叠，妙趣横生的美感，为学生营造温馨优雅的学习空间，暗示学生能够从建筑本身获取更多启示，建筑风格独特，构思精巧，匠心独运。

花园酒店

设计书要求酒店的公共区域要达到四星级酒店的标准，同时能灵活转变用途，即从日常的商旅转换为周末的旅游度假之用。在一层设计了两个自由形状的区域，包括酒吧的休闲区和后部办公区。接待台处的手工饰面——贴面和钉，一直延伸至大堂和咖啡店。客房里，竹木地板、柚木家具和鲜艳色调的织物让这里颇具特色。

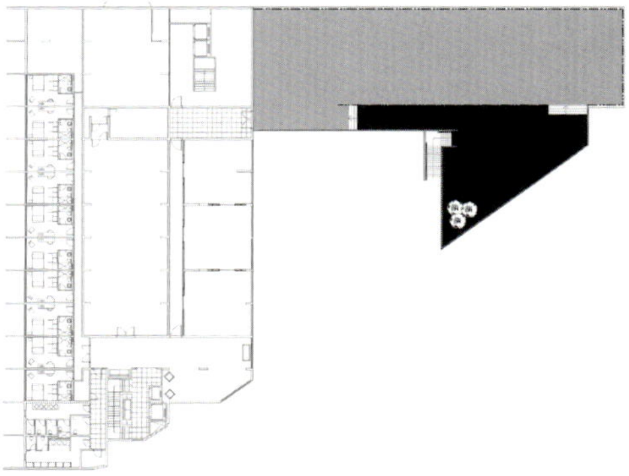

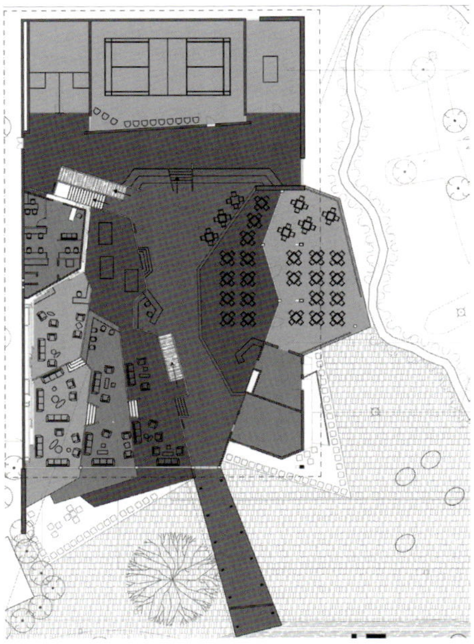

安比谷休闲中心

整个设计传递出一种平静宽敞的感觉。长条状或是梯状的板子悬浮在天花板的不同高度上，从而增强了低层木质隔断的迂回运动感。台阶的设计保证了空间内开阔的视野同时又保护了隐私。使用AC管的屋顶构造系统、黑色电缆盘、悬浮木质梯形板、白色阴影共同创造出雕刻感。合理的布局使得人们在室内可以充分享受到迷人的室外景色。

孟买电影院

波状石膏天花板将空间的高低部分完美结合在一起，自然无瑕，使空间富于变化，匠心独运。影院大厅的地板采用黄色瓷砖与黑色花岗岩相结合设计，营造强烈的视觉冲击效果，为室内增添了高雅现代气息。

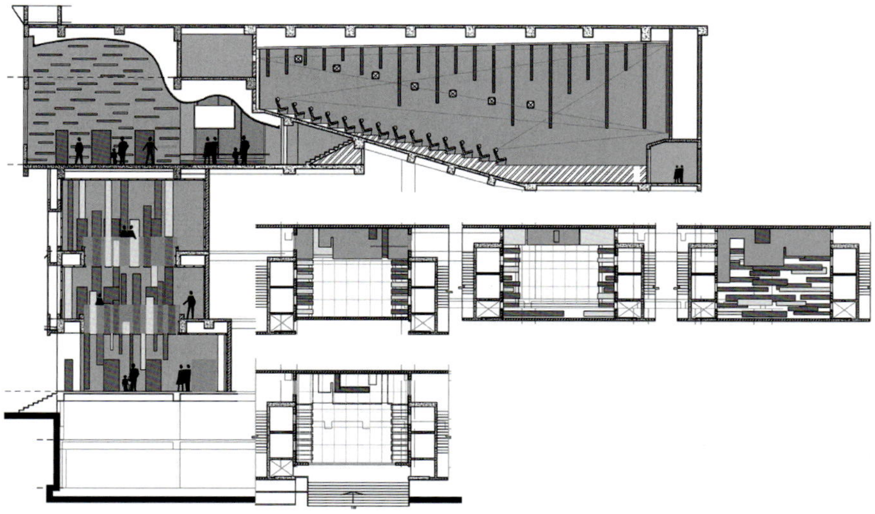

Photo: Vinesh Gandhi

Sanjay Puri Architects Pvt. Ltd

孟买珠宝大世界

珠宝大世界是孟买最有名的珠宝购物区，位于钻石、金饰买卖市场——扎韦里集市——的中心。Pahlajani发展公司在传奇的棉花贸易大厦（这是孟买Art Deco风格最好的例子）中一举中标之后，他们希望将这座建筑独特的地点资本化，在停止了棉花期货贸易四年之后，把它转变成一个繁华的商业区。爱瑞斯建筑事务所接到这个设计项目之后非常兴奋，认为这里将成为未来的标志性珠宝集散地。这个设计不光要在十分紧密的结构里把零售区最大化，还要让顾客能够享受他们从未体验过的视觉盛宴。

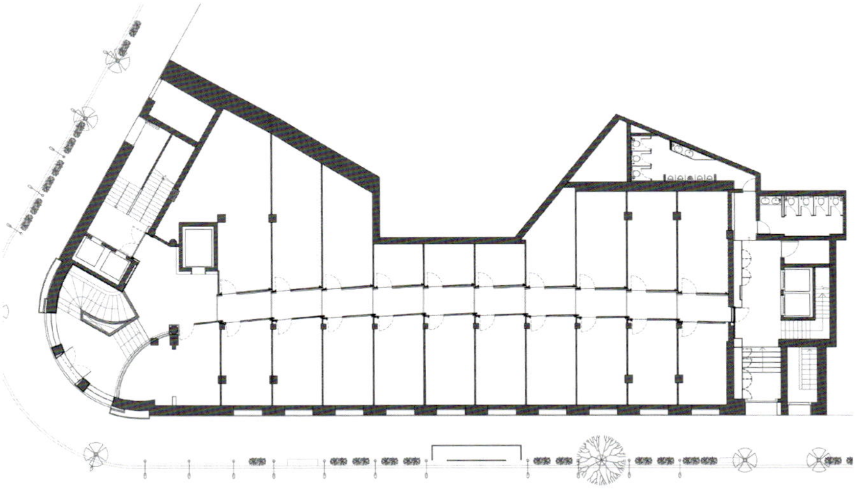

Photo: Amit Bhandary

Arris Architects Pvt. Ltd

Photo: Nagehan Acimuz

Nagehan Acimuz

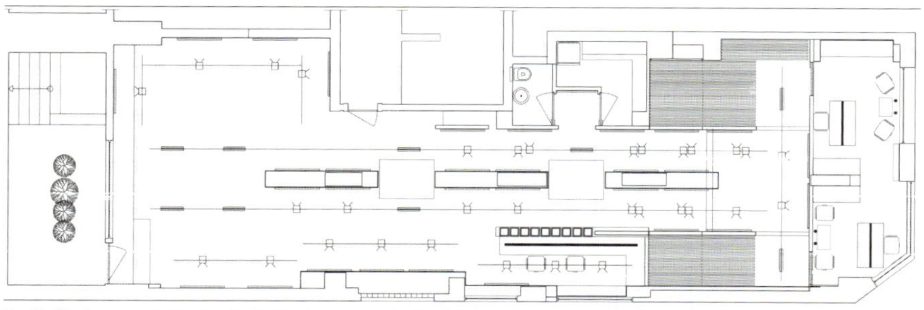

X–IST 画廊

X–IST画廊位于尼桑塔希，是由一间公寓的地下室改造而成，其中包括五间卧室和一间客厅。根据画廊的设计要求，设计师旨在打造一个宽敞开阔的空间，而且将墙壁粉刷成白色，使油画的内容更显突出。因此，室内的五间卧室和一间客厅被改成了一间宽敞的主展厅和一间封闭式的办公室。环氧材料营造出的冷色调与油画的色彩对比鲜明。

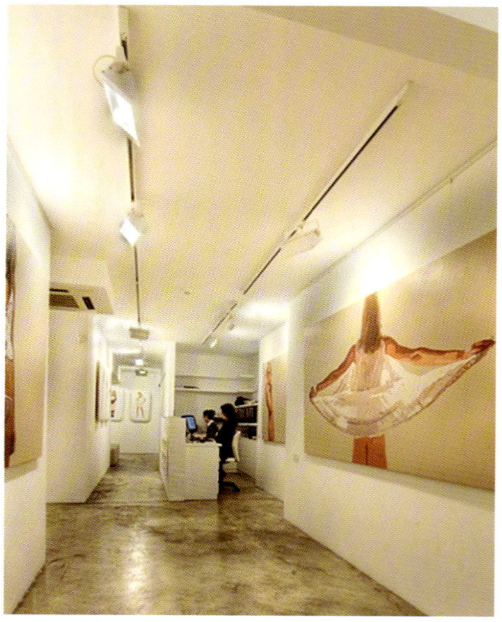

“NYLO”酒店

NYLO酒店是目前最为流行的生活时尚类酒店，其特征概括为“充满艺术气质与设计原动力，富有社交氛围，洋溢惊喜与乐趣的个性化平民式豪华酒店”。酒店采用年轻人热捧的LOFY空间设计风格，墙体由粗朴的石砖或水泥墙体砌垒而成，落地玻璃窗式结构淡化了室内功能空间的区域感，明亮、开阔、通畅。设计师删减了常用的石、砖、木地板装饰层，地面直接为抛光的水泥饰面。

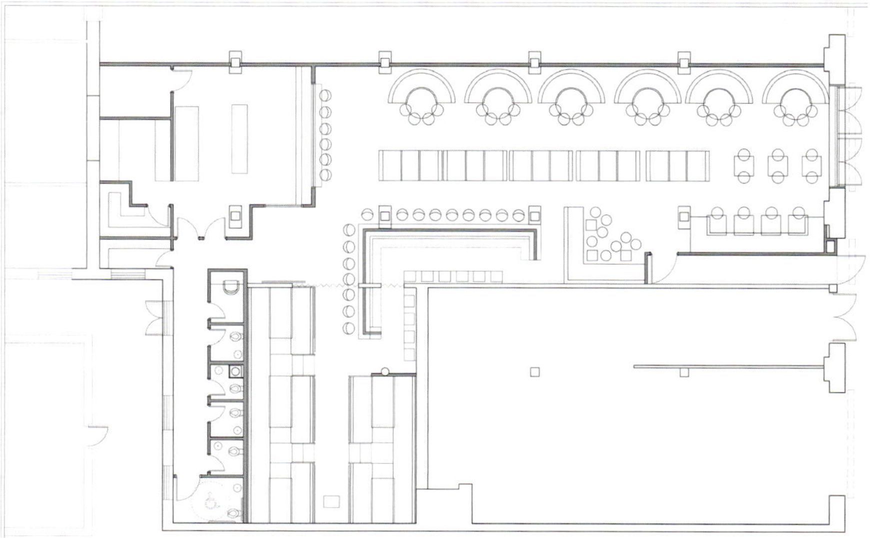

Office 办公

Turkey 土耳其

Kemerburgaz
凯梅尔布尔加兹

Photo: Gurkan Akay

Habif Mimarlik

哈比夫办公

作为哈比夫建筑团队，如何创建一个合理有效的办公环境是他们一直探索的目标。因此，空间采用大型木质结构，摆脱传统隔断的束缚，令整个空间宽敞、舒适；同时低调的建筑材料，为空间增添宁静、温馨的气息。

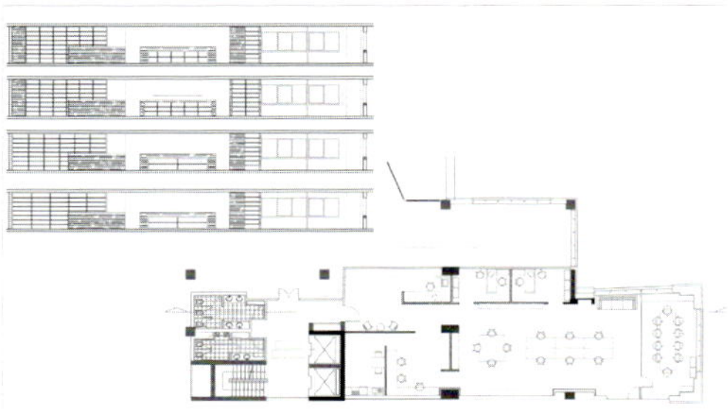

左恩俱乐部

这是Garanti银行的私人机场休闲室。休闲室的最主要目的是为游客在冗长、沉闷的长途航班到来之前，提供一个舒适优雅、丰富多彩的休憩环境。是游客在登机之前尽情地品尝美味佳肴、品味美酒软饮的安逸休闲场所。休闲室还为游客提供商务中心、电视区、桌球游戏区和专门为孩子准备的特殊嬉戏空间。

里兹卡尔顿沙克温泉疗养馆

在里兹卡尔顿沙克温泉疗养馆可以让人感受到现代风格和传统元素的完美结合。该项目以卡塔尔传统华丽的乡村风格为基础，用漂亮的家具和藏品为装饰，强调细节之处的设计感以营造传统风格。大厅和休息室巧妙的过渡、相连，一旁留有座位区，另外一旁有一道环形走廊。所有方面的细节设计都源于纯正的卡塔尔主题，石雕和镶嵌艺术营造的幽雅氛围仿佛在演绎一段动人的故事。

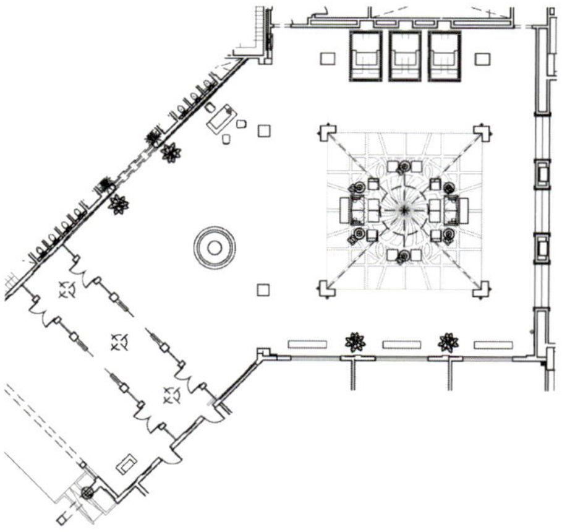

雅尔蜜拉酒店

20世纪70年代的大胆手法运用——例如白革沙发和长软椅——被自然与人工灯光的放大。酒店如好的设计一样还很重视家居的体验，因此设计理念也很注重实效。酒店的客房和套房面积很大，为家庭提供了宽敞的空间，并且欣赏用意大利石板铺成的两个淡水池。为了创造一种沉稳的效果，Auer和Pleot找了包括玻璃和卡拉拉大理石在内的许多自然材料。

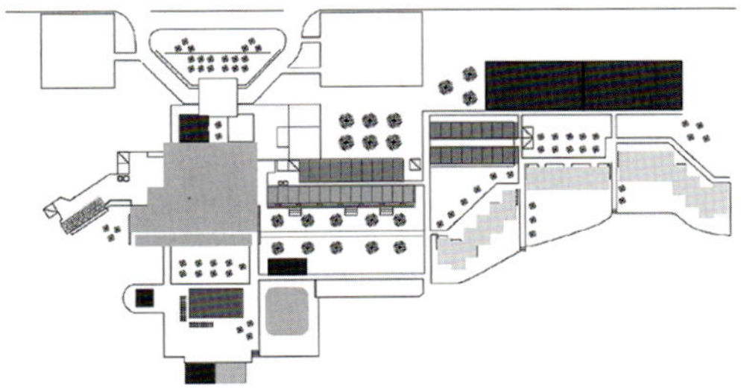

Traffic 交通

Saudi Arabia
沙特阿拉伯

Riyadh 利雅得

Photo: Crea International

Crea International

沙特阿拉伯航空公司售票处

这个项目的设计理念是"发现月球的另一面，沙特阿拉伯航空公司的月球之旅"。设计师的设计使这座三层建筑与其周围的环境及建筑材料浑然一体。项目标识的颜色，与沙特国王文化有着紧密联系，这种文化气息通过空间的设计传递出来。独一无二、高品质的"旅行体验"从乘客们步入航空公司的一瞬间就开始了，并且将一直持续到飞机降落的一刻。

梅纳赫姆儿童癌症日间护理中心

建筑的中心设有入口、长廊，与建筑的其他部分相通。外部运用的耶路撒冷天然石巧妙地延伸至室内，令室内外空间浑然一体。室内设计要素纵横交错，“小桥”、楼梯和玻璃电梯井错落有致，为空间增添情趣。

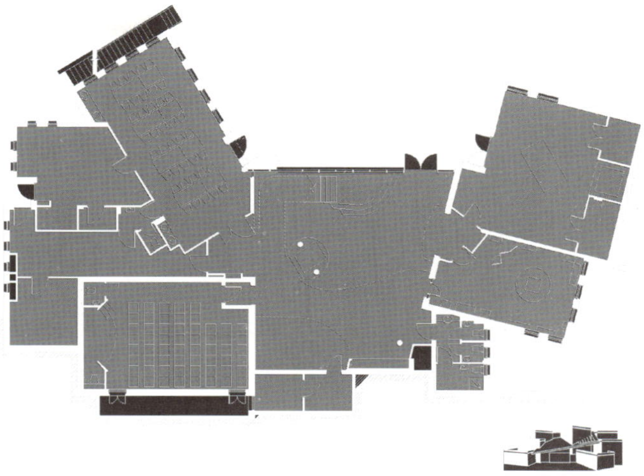

Photo: Chaim Ehrental

Oster, Lang, Architects, Jerusalem, Israel

子宫儿童收容所

"子宫"是为有特殊需要的儿童设计的收容所，这些孩子们也参加了设计的过程。设计师的灵感来源于胎儿在母亲子宫中成长发育，由此设计出孩子们的卧室和客厅。在这个客厅中，孩子仿佛胚胎，而周围环境就如同子宫，这样的环境可以促进孩子的成长。这样的设计能够激发孩子们的创造性，让他们一遍遍自己定义自己的私人空间。

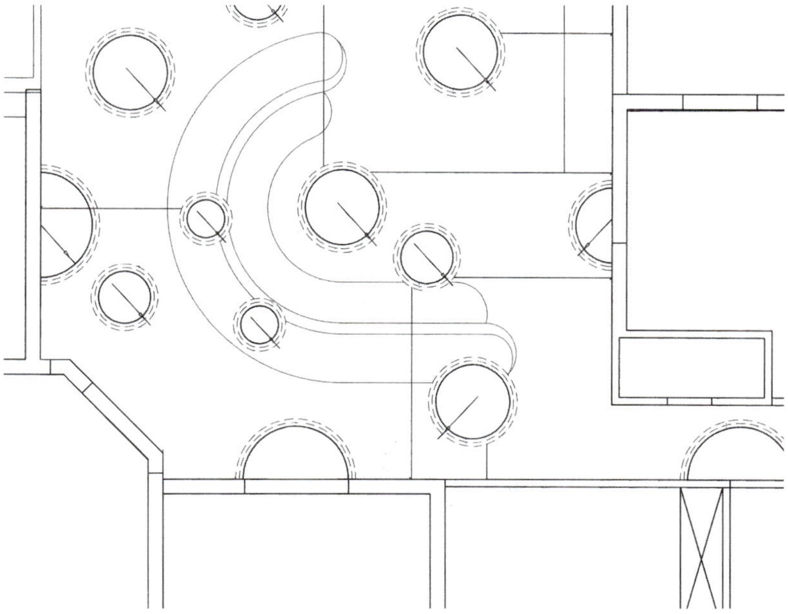

佩雷斯和平中心

和平是一种精神状态，一种愿望：张力与乌托邦。将意愿投射到未来也是一种希望的表达：希望我们的孩子和子子孙孙能够生活在一个更美好的世界里。设计师想到了一系列的层面，这座建筑在材料的交互使用层面上要能够代表“时间”和“耐心”，选择那些能代表深受苦难的地方的材料。石质地下室托起整座建筑，两条长长的楼梯在这个休息的地方相连，大小和高度能够让人们忘记外面世界的困扰。

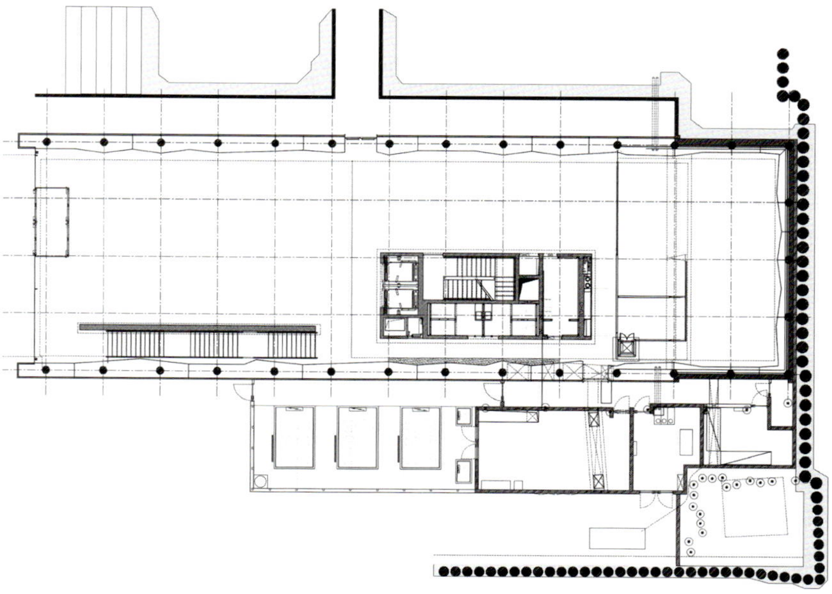

Leisure 休闲

South Africa 南非

Makuleke Region
玛酷乐克湿地保护区

Photo: Daffonchio & Associates

Daffonchio & Associates

克鲁格国家公园

该项目的设计由12个单独的建筑体和一个主体建筑构成，主体建筑容纳了接待、餐厅、休闲空间和一个游泳池，并且与周围环境相连。12个小木屋由一条长长的柚木通道相连。通道抬升于场地之上，其中隐秘地安装了水、电及电话线。为了不干扰环境，所有建筑都抬升于地面。可选择的材料有限，有当地的木材（柚木和梅兰蒂木）、混凝土、钢和预先上油漆的波纹钢板。

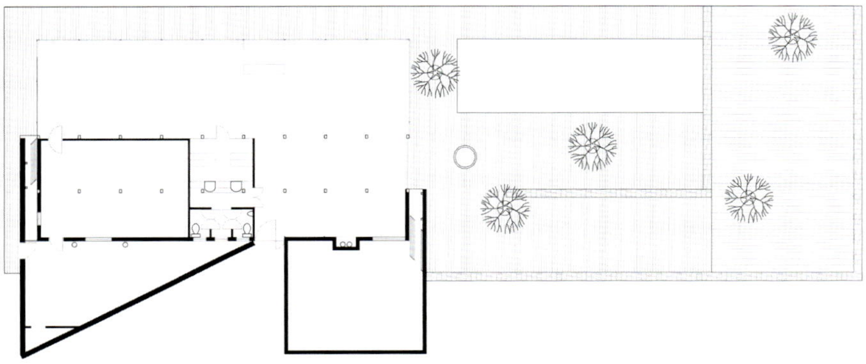

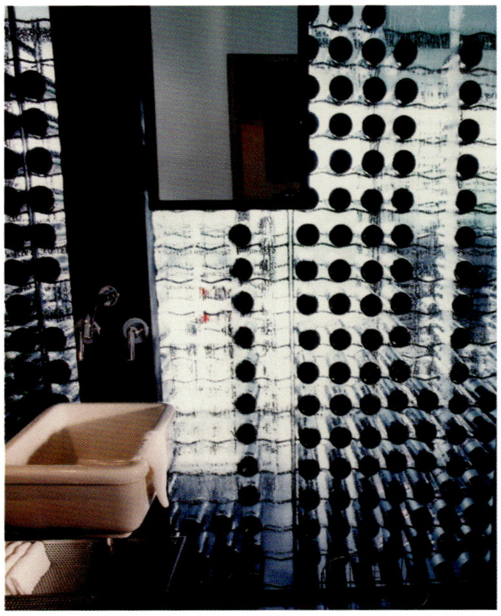

Ksar Char-Bagh酒店

该项目外表看像一个堡垒，内部有许多复杂的细节，每扇大门里都是一个建筑作品。庭院的设计表达了对爱尔罕布拉宫的敬意：雕刻的石膏像、大理石、潺潺的流水以及满室的飘香，此外由巨大的棕榈树环抱的壮观的游泳池像一个大水盆。材料和灯光、迷宫似的沙龙、走廊、楼梯、高高的拱形着色的天花板、露台、通向花园的大扇窗户，这里的一切都涵盖在建筑中。

Photo: P de Grandry, M Zublena, J Silveira Ramos

Patrick & Nicole Grandsire-Levillair

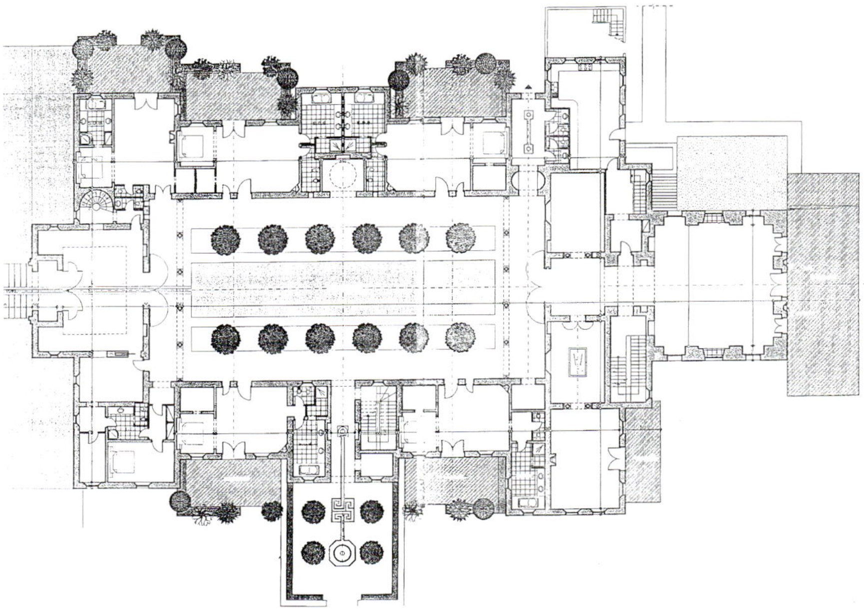

尼罗河畔公寓

设计师的设计理念是使这个传统的居住空间变得独一无二。这个项目的客户具有独特的生活方式，是一个经常在外奔波忙碌的人。这个项目的设计在继承了传统建筑的文化内涵的同时，兼顾了现代欧洲人的生活习惯。设计师在设计中融入了文化元素，创造出一种全新的设计语言，使这个公寓的功能性与美学完美结合。

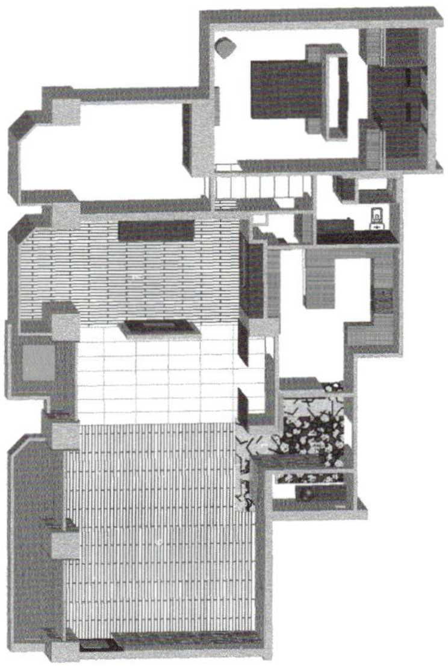

Photo: Emad Abd El Hadi
Shahira H. Fahmy

School 学校

Cape Verde Islands
佛得角

Mindelo
明德卢

Photo: Posto9 Arquitectos

Posto9 Arquitectos; Saint Vicente City Council Fiscalization and
Construction Technician Cabinet

纳巴尔塔萨佩斯达席尔瓦大学

July 5酒店作为明德卢的市政遗产，将变成纳巴尔塔萨佩斯达席尔瓦大学的校区。第一阶段，集中反映内部的通道和建筑物的正视图，试图体现这座建筑的规模感和庄严。为了寻找一种最小的调整达到最大的成效的办法，设计师把房间做了适当调整，加宽了走廊，并在正面安装新的透光口和空气循环系统。

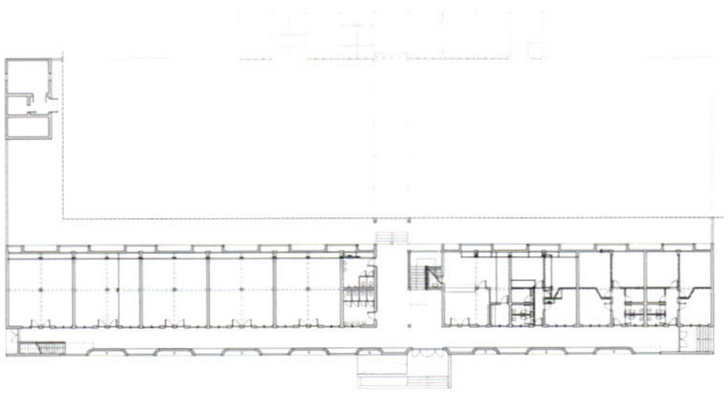

Photo: Jensen & Skodvin Architects

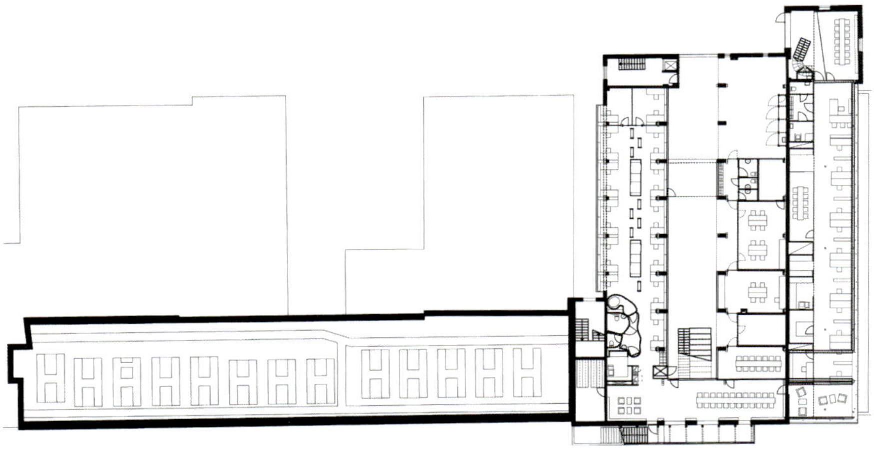

挪威设计与建筑中心新公司总部和展示间

挪威设计与建筑中心决定搬到这座陈旧的转换站中。规划和建造总共花了大约15个月，过程非常繁忙。设计师认为表现出这座建筑的历史进程的变化会很有趣，所以尽量不去遮盖过去的痕迹。这一点通过设计师在建造过程中发展出来的许多不同的技术手段得以实现，比如只移除损坏了的灰泥，暴露出来的一切地方都不去覆盖。设计师的设想是：通过展现如此大量的原始建筑信息，他们可以走近那复杂的自然品质，能够把所有展示的物体都清楚的表现出来。

奥斯陆国际学校

项目的主要目标是对原有建筑进行升级改造，取缔临时结构，建立新型教学区。项目分成3个阶段以确保施工期间学校能够正常运行。项目的设计理念是打造一个温馨幽雅的学习空间，同时与原有建筑自然衔接，完美融合。圆形屋顶与地板巧妙搭配，来自室外的自然光线令整个空间充满阳光。

Photo: Ivan Brodey

Jarmund/Vigsnæs AS Architects MNAL

克非姆百货商场

如果建筑的立面被看作是红外衣、白饰带的话，其室内则展示了让人喜爱的内衣。半透明的主题在这里延续。悬挑的顶棚透过了一种漫射的自然光，栏杆上白色的图案犹如早晨的轻雾。建筑中心大面积的开阔地带向上延展，迎接光的漫洒。向上的空间是光的空间，就好像飞机穿过云彩。新城的主题是简单而直接的。在大型平坦的直角小区内设有商店，并有环形的铺石和喷泉。

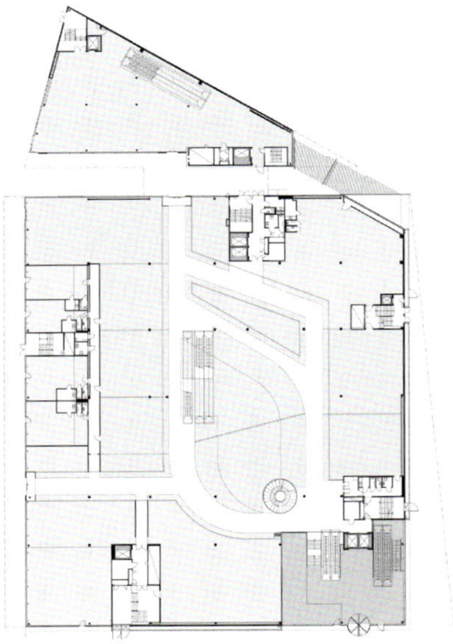

Photo: Wingårdh Arkitektkontor AB

Wingårdh Arkitektkontor AB

迪伦展示

为了达到竞赛所要求的必须在17立方米的阅读空间内设计10米的书架 ，设计师们通过在木质长椅上方打制书架的方式来填充空间。得益于独特的建筑，整个系统的组合没有需要任何的五金器具。这同时也给了设计师最大的自由——将每一个格子进行多样化的组装和连接。阅读的空间基于不同的需求而变化。材料不仅仅胜于适宜的设计，也优于书架上生动鲜明的摆放物。

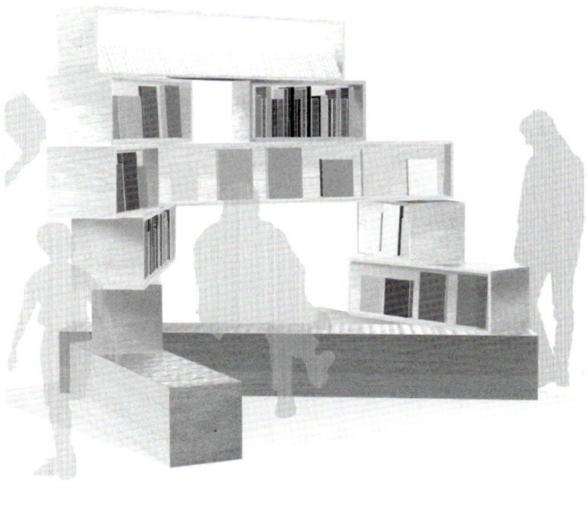

Photo: Dylan Kwok + Yuko Takagi

Vogaskoli 中学

建筑以一个两层高的大厅为中心，一层为低年级和中年级孩子的图书馆、音乐厅、教学带。区域间的界限被最小化——使用了玻璃或者可移动的隔断。一组巨大的楼梯（还可作为观众席或舞台）连接了建筑的顶层。入口处坐落于现存建筑与新建部分的交汇处；它同时也连接了操场南面凹下去的部分，为师生的教学与游戏提供了一个外部空间，用以躲避恶劣天气的影响。

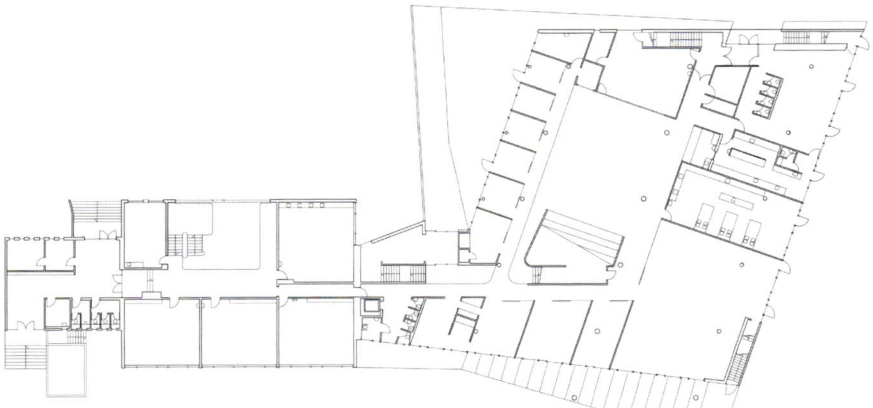

思科达斯住宅

住宅坐落于冰岛北岸一处新开发地区，可欣赏到首都地区及大西洋全景。其房屋面向花园，相互间用拉门连通。住宅的入口朝南，与中层的车库、家庭活动室平行；卧室在底层，能观赏到美丽的海滨景色；厨房、餐厅、起居室在顶层。住宅的室内以白色为主：采用黑胡桃木、不锈钢以及石灰石装饰。

House 住宅

Iceland 冰岛

Stjarnan Gardabaer 斯塔尔南
斯诺尔南

Photo: Studio Granda

Studio Granda

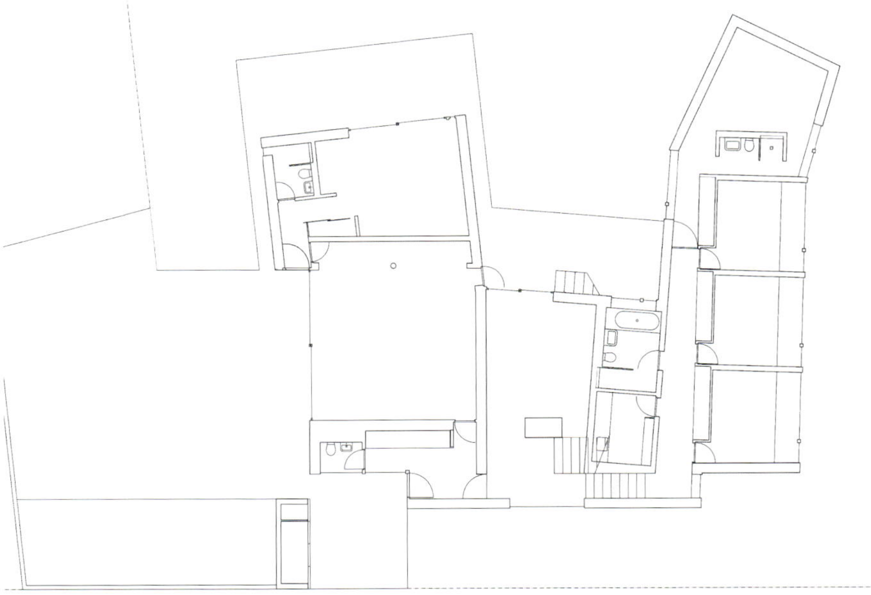

莫杜勒照明展示厅

里查德·海威尔·埃文斯根据客户特立独行的偏好来设计这间展示厅。原展厅的开放空间被6堵特别的墙划分成小部分，墙壁的高度和形式各不相同，由特制的带发光胶套的玻璃纤维制成。这些墙壁把空间围绕、分割、监闭起来，创造了一个故事的发展过程，建立在莫杜勒灯光和调光系统的高科技平台之上。然后，里查德用真正的动物抓痕，把这些墙壁抓穿。

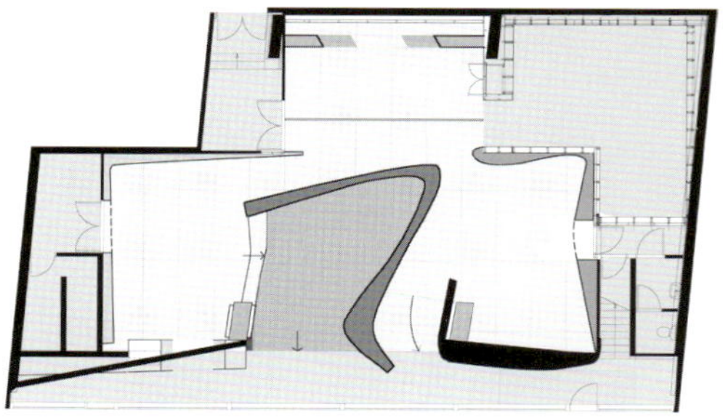

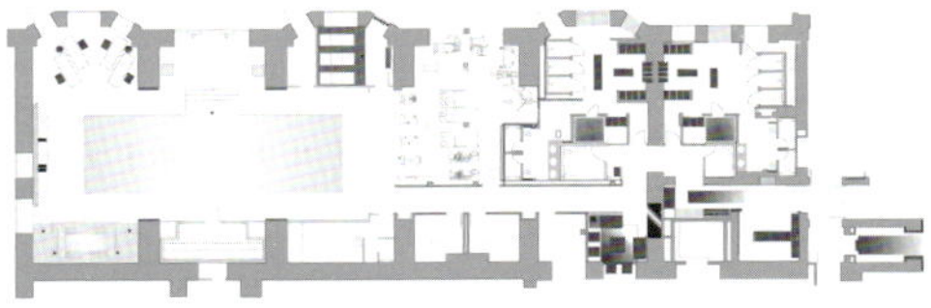

富苑水疗馆

最大的挑战和创新在于设计中的计划：确保空间恰当地连接，并可以在面积不变的情况下提供更多的功能。设计师们压缩全部的计划用来保证可能的空间，并尽最大努力完善了SPA内的空间实用性和艺术性。设计师临时在水池和健身室之间设计了一个用玻璃封闭的走廊。这样的设计可以保证当顾客走过走廊的时候会看到SPA的中心游泳池并创造了与众不同的现代空间感。

Photo: Paul Robinson

Kevin W Singh, Tony Kerby, Jo Rayner, John Carrabin and Lauren Crilly

伯明翰建筑学校

学校的“中心区”是供学生补习、开讨论会和自习的场所，也是这个项目设计的亮点。“中心区”的四周摆着长长的电脑桌，桌上的橙色有机玻璃隔出一个个操作区。曲线型的书桌长达15米，桌面为橡木材质，下面是带锁的学生储物柜。设计师运用大量的现代家具，并注重色彩的搭配，比如，用或高或低橙色折叠座椅搭配曲线型的长桌。

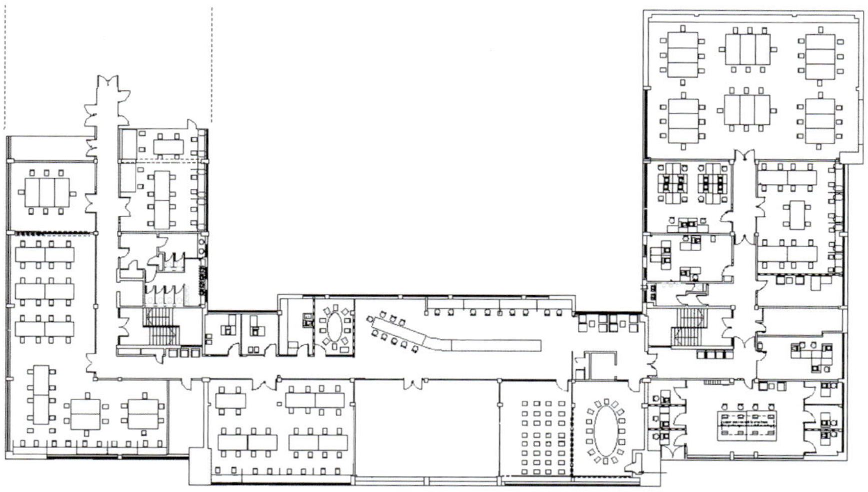

Lexmark展示

这个项目入围了2010伦敦设计周的候选获奖名单。项目的设计理念是打造独特的视觉魅力空间，彰显Lexmark品牌从一个中档技术品牌发展成高级生活产品的演变过程。精致巧妙的室内设计令Lexmark在高楼林立的氛围中独占鳌头。单一的建筑材料能够彰显展品的无缝和雕刻特征。白色丽耐曲边基座与LED背光丙烯酸缎面巧妙地融合到防滑地板之中，匠心独运。整个空间采用了节能模式，经济环保。

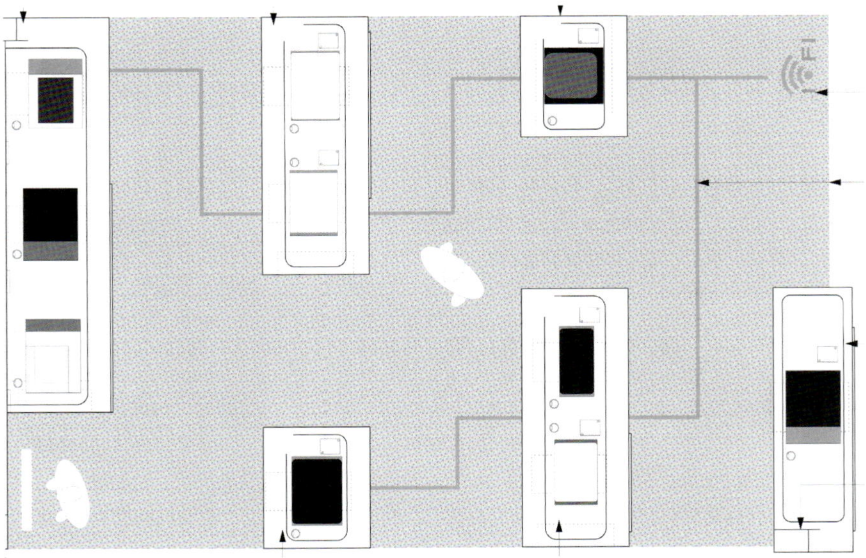

玛丽女王大学

伦敦玛丽女王大学是世界上首屈一指的医学院，其研究院在设施研发上享有盛誉。旨在为学院设计建设一个风格迥异的建筑，依照当地社区的教育资源背景，设计小组从两个角度设计本项目：第一，通过提供一个开放的空间环境，促进科学间的融合统一；第二，建筑的主要目的是传播信息，创造一个透明的建筑结构。

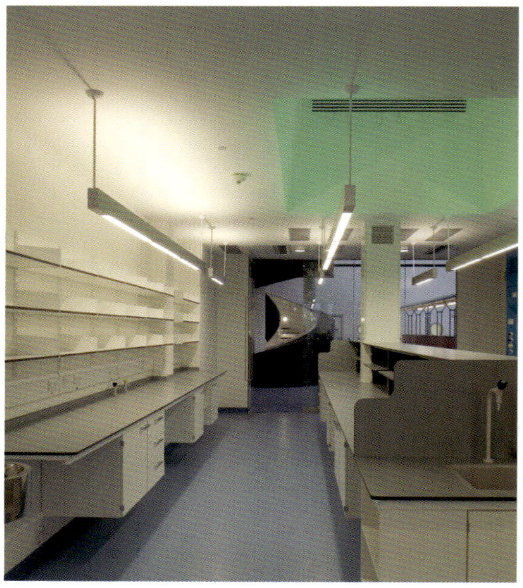

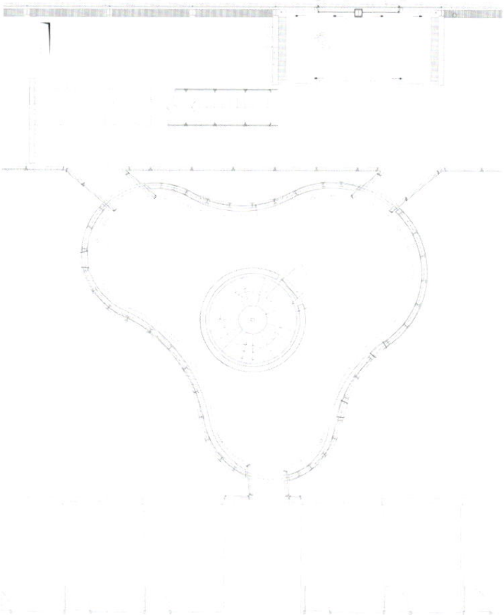

Photo: Morely von Sternberg

Alsop Design Ltd/AMEC

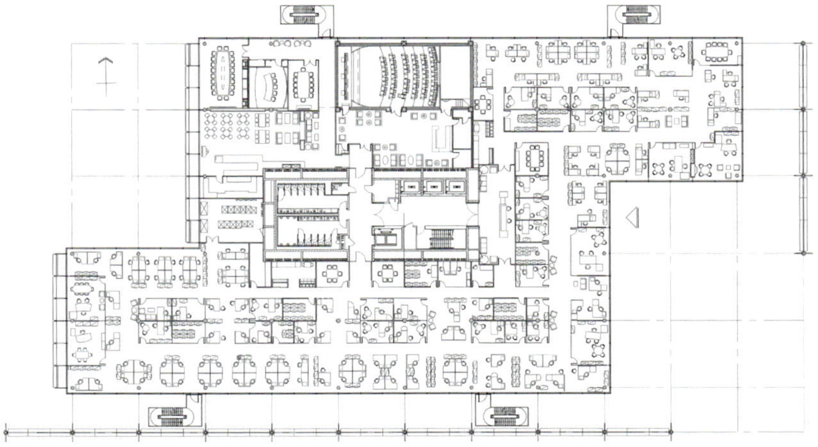

派拉蒙影业公司

设计师试图使整个建筑和内部格局更具机动性，为集团未来的扩建和调整提供更多便利。该计划包括一个能容纳45~55人的顶尖科技预览室，还有接待厅、室内咖啡屋和非正式会议室。正式会议室用作市场介绍、电影首映仪式，同时还具有全套的视频会议功能。该项目还包括一个新的ITC系统、最新式的音频视频安装系统和M&E服务。

Photo: McFarlane Latter Architects

马尔曼森酒店

酒店位于市中心的一幢现代建筑中，集商场与客房于一身。精美的理石楼梯是以现代手法演绎传统法式风格的杰作。它连接着一楼的接待处和温泉区与双倍挑空的酒吧和二楼餐厅。酒店是繁忙都市中宁静的港湾。天鹅绒靠垫和壁挂、鲜艳的地毯、真皮家具和木质嵌板营造出安宁的氛围，高雅的彩色玻璃、抛光镀铬和石灰石更点亮了空间。

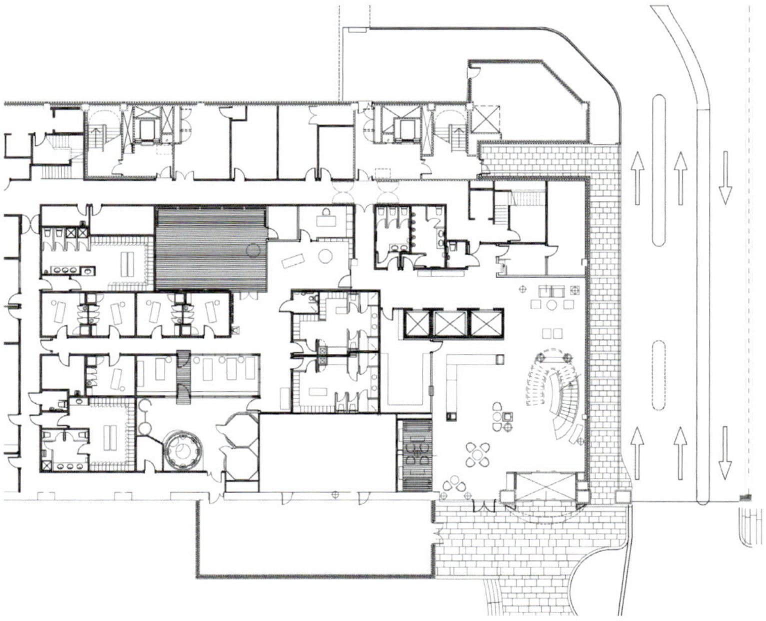

Photo: Jestico+Whiles

美酒冷餐店Olivino

Olivino是附属于Olivomare餐厅的一家美酒冷餐店，紫红色的店面以及为室内设计增添美感的平面设计元素，都很吸引人。左侧的服务区仅占很小的比例，服务区的左边便是出口，通往地下储藏室的楼梯设置在与屋顶相连的无框架式的玻璃后面，楼梯旁边是由双层（白色和黑色）不透明的塑料薄板制成的墙面，上面用瓶子图案进行装饰，正强调了该商店的特色商品——葡萄酒。

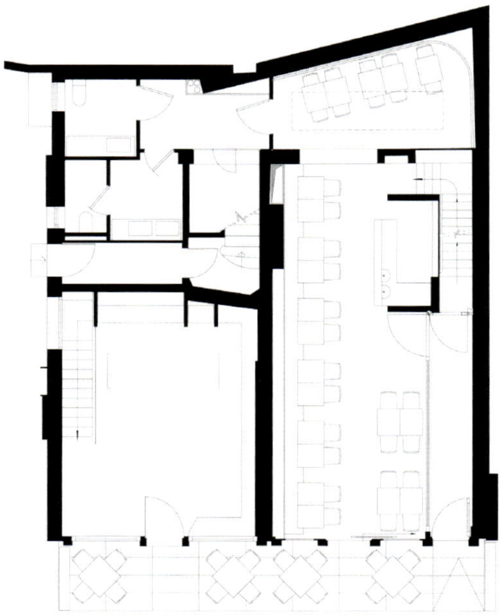

Photo: Pierluigi Piu

Architetto Pierluigi Piu

洲际酒店

一楼全部重新规划，并对内部实施重建，装上了巨大的窗户，让伦敦的街景也成为这里的装饰品。酒吧旁边增设了一个休息区，能从这里俯视皮卡迪利大街，同时将商务中心搬到了会议室的楼层，布局更加合理。七楼是豪华的总统套房，八楼是俱乐部酒廊，二者互不影响，都能欣赏到窗外美丽的景致。下面的客房保留了酒店原有的数量，却将一定比例的单间转变成套房。

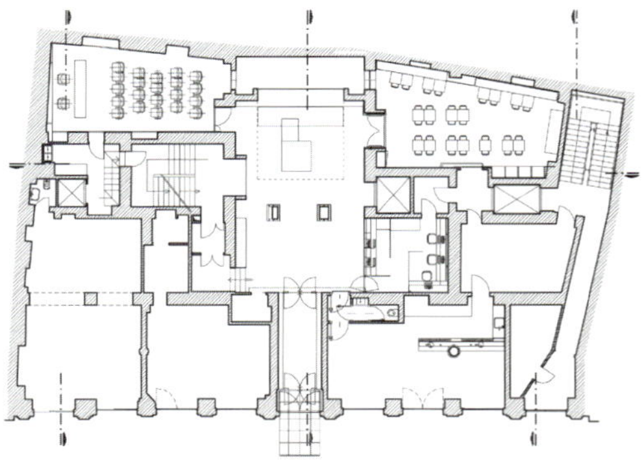

DFGW 办公

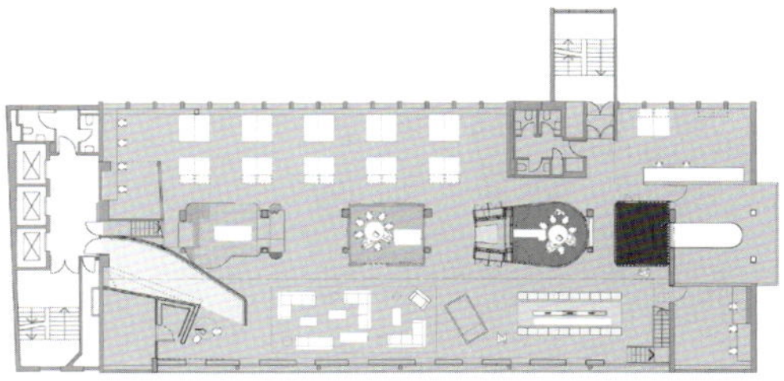

整个项目由许多部分组成。“鸟笼”由铝管围成的开放式的橱柜构成；“售货亭”由白蜡木餐桌和带红色拉窗的石膏料板厨房构成；“森林”由从天花板悬浮下来的原生态松木和外露的不锈钢拱顶支撑结构组成。石膏建材为主的会议室装饰着铝条封边的彩色塑胶镶板，以及办公室、餐桌和接待处。

Photo: Rory Carnegie & Tom Foster

Richard Hywel Evans Architecture & Design Limited

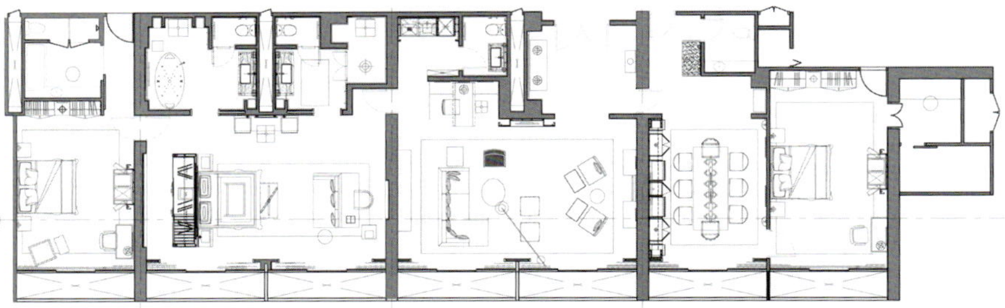

西雅酒吧

西雅集酒吧和餐厅于一体，这里既可主办大型酒会又可提供私人晚宴。竹制屏风将大厅分割成多个私人区域，在此用餐的客人既免受打扰，又不会感到压抑。镶有镜子的长方形吧台，在竹制屏风和木制天花板的衬托下更加的引人注目。吧台对面是个较高的区域。这里视野极好，可以看到酒吧和餐区的其他地方。此外，这还有另一张小吧台，晚上为客人提供鸡尾酒。

Photo: Julian Taylor Design Associates

Fullcircle品牌旗舰店

站在店口，客人们就可以看到一个直径为12米宽的圆环。地板上耀眼的环行灯围绕在模特周围，设计中暗含了该品牌名字。店内右侧墙壁为男装展示区，设置了大型的衣柜样式的展示架，其位置与入口所成的角度恰好营造一种建筑美感，吸引顾客走入店内。商店左侧墙壁为女装展示区，给人一种更加柔和、温暖的感觉。灰石和沙石垒成类似砖墙的效果，砖块排成的线条引领顾客的视线。

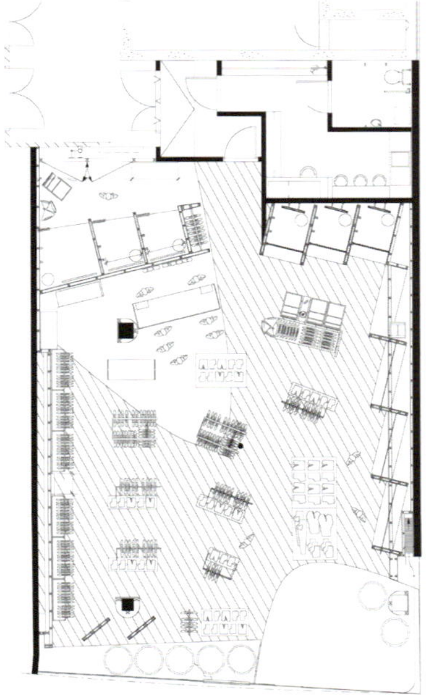

Photo: Alex Franklin

Brinkworth

Photo: Alonso-Balaguery Arquitectos Asociados
Alonso-Balaguery Arquitectos Asociados

二重奏运动中心

二重奏运动中心是一个典型的运动俱乐部项目，室内设计的核心就是以人为本。中心已经具备了能够反映活动类型的单一色调和图像模式，加上新设计中的视觉和直觉信息，构成一道多彩的、平静的视觉盛宴。为了产生同样的视觉冲击，所有的连锁中心都使用同一种颜色搭配：根据客人的性别将中心分为两种颜色，男性为蓝色，女性为橙色，更衣室和活动室分别使用绿色和紫红色。

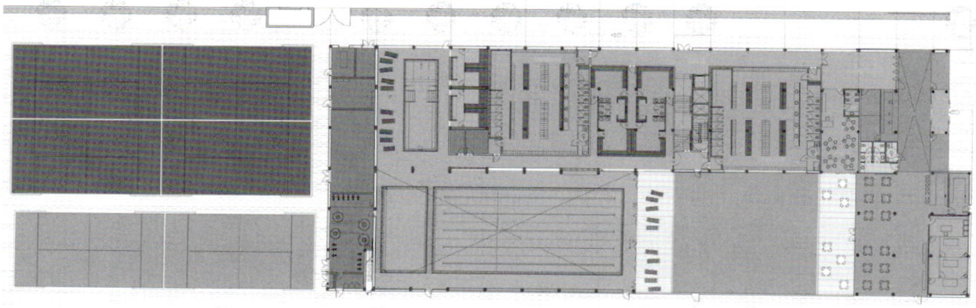

青少年活动中心

这个项目计划在狭长的空间中通过对天井自然光线的利用而划分不同的分支区域。为了实现这一想法，在材料的运用上无论是天井还是室内的分隔都采用彩色的玻璃。光线通过天井的天窗射入，可以为展览厅以及不同的办公室提供照明。天井由一个举办大型活动的大厅、一个图书阅览室、一间教室、会议室、展厅、青少年服务部以及其他小的房间围绕而成，并组成了一道彩色的波浪。

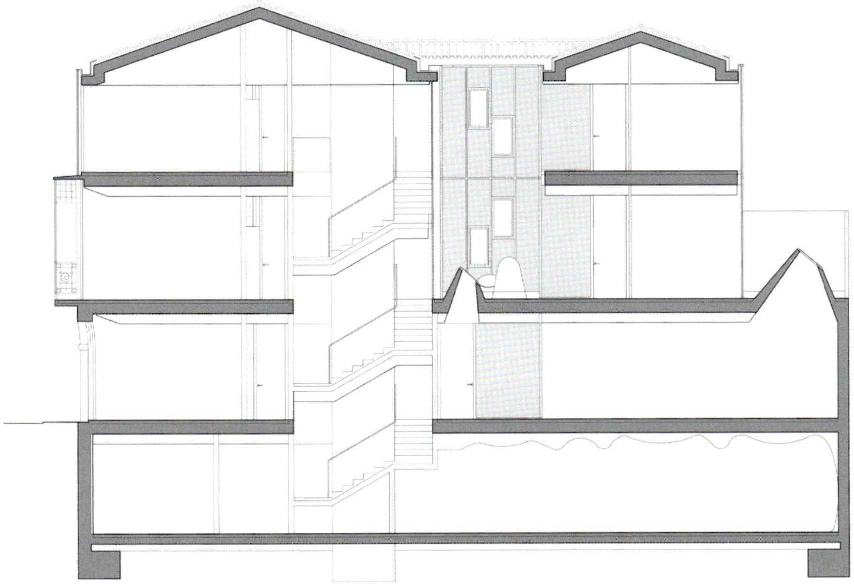

Photo: Miguel de Guzman

BmasC Arquitectos

Photo: Alonso-Balaguery

加氧健康中心

运动俱乐部让会员们享受世界级的待遇，这里为客人提供一种前所未有的健身和理疗的结合方法。重量器械再也不是俱乐部中的主角，取而代之的是水下运动，这种运动提供了更为丰富有趣的治疗方法，让客人远离单调、乏味的器械运动。所有这些设计概念和功能概念在设计之前就已经深思熟虑。虽然每个区域的风格各异，但是会员们可以共享这里所有的设施。

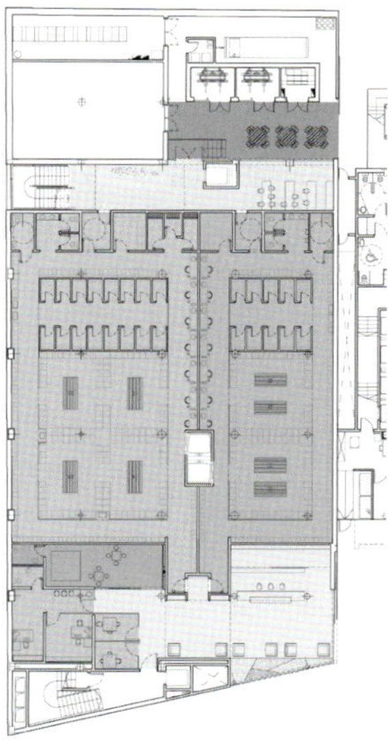

奇克&鲍恩酒店

奇克&鲍恩酒店设计的宗旨是要给客人一种宽敞、豁达的感觉，仿佛置身于田园绿洲一般。每个房间的淋浴、盥洗室和卫生间都有一个明确的设计理念，使每个房间都独一无二、与众不同。结合之前的建筑特点和设计色调，房间的墙壁要与新设计和谐统一，但并非要勉强遵循以前的设计。檐口和墙裙重新定义了一个新区域，使客人感觉十分宽阔。

Equip (Xavier Claramunt, Marc Zaballa, Martín Ezquerro)

Photo: Adrian Goula, Rafael Vargas

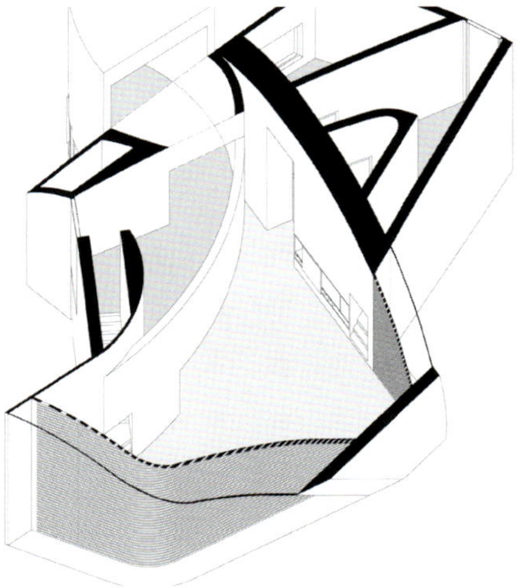

凸面别墅

别墅按照地中海设计风格，整面墙壁设计成如百叶窗一样的石墙，倾斜的光线，透过无数狭长的缝隙如水一样的倾泻下来。墙壁上跳动的光线，日复一日的讲述着不一样的故事。圆弧形的墙壁扭曲了光线的照射，但光照的时间和位置却都超出弧线墙的掌控，光线斜切进来，是明是暗都由它自己决定，变化无常，难以捉摸。

Puro酒店

酒店所有者提出的理念激发了全球的设计灵感，它是基于“旅行艺术”或是“懂得如何旅行”这一主题。建筑师和室内设计师团队诠释了这一好的提议，吸收了世界主要文化的精髓，使其达到和谐统一。墙壁、屋顶及地面装饰所体现出的东方人的宁静与豪放的地中海式建筑相得益彰。现代化的材料和家具陈列在印度– 阿拉伯的魔幻世界和异国风情中。放眼一望，随处可见光、水、火和风景。

贡萨洛卡梅拉商店

贡萨洛卡梅拉商店位于戴安格尼与古斯塔街的拐角处。它的设计理念是希望使内外环境融合的更加紧密，同时室内的高度高于地面高度。商店的大型橱窗在室内外的衔接上起到了辅助作用，并且可以使日光能够充分投射进店内。设计缩减了楼梯的规格以突出各楼层的内容，这样也为层与层之间提供了一条亮眼的纽带。

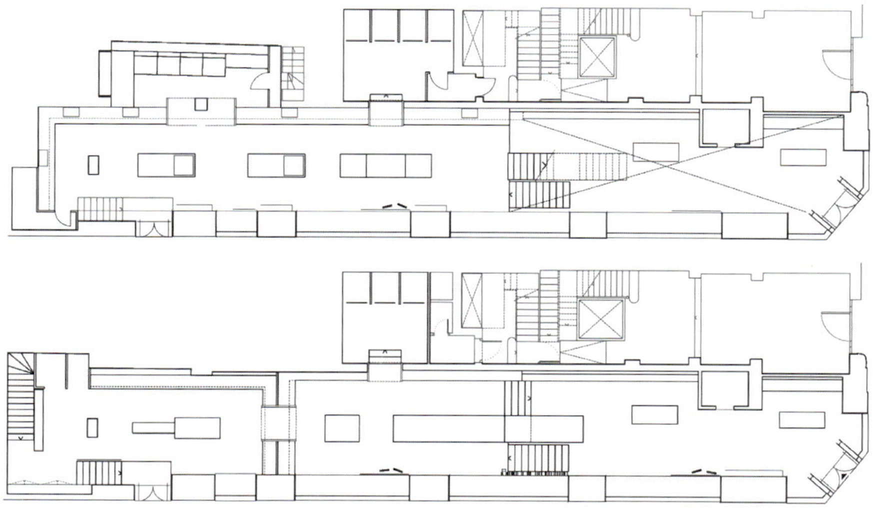

想象空间

店中许多商品和包装都采用原色，因此设计师以选择彩虹般的色彩装饰空间，营造了愉快的氛围同时突出了商品。6层高的货架呈曲线姿态，像绵延的山丘一样在空间中起伏。有些货架像舌头一样突出来，用来展示促销商品，也用作注册台、桌椅、柜台、书架，并起到分区的作用。这些突出的部分是商店中一道独特的风景，可以围绕着它们大做文章。每层货架的形状和作用各不相同。

Photo: Marta Pons Miralbell

Sako Architects

UME展厅

展厅的用途是展示 “发光物体”，公司的主旨是在展厅中“没有光线照不到的角落”。设计师拆除了天花板，提升了空间高度并且形成明暗对比。墙壁的窗户上安装着红白相间的百叶窗帘，发光的图案在墙壁上流动，自动发光的人造卫星式的灯具，这一切无可争议地成为空间内的设计亮点。公司的标志性图案经过美杜莎设计的重新演绎，贯穿在整个设计之中。

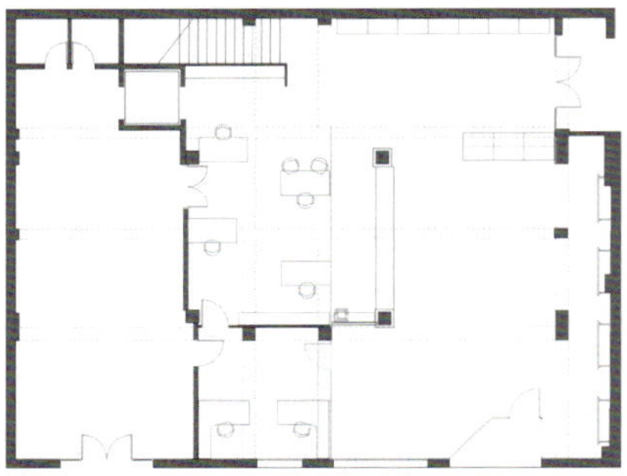

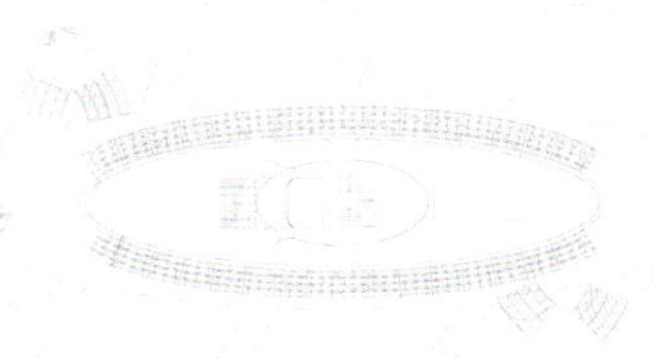

观影空间电影院

本项目展示了奇妙的梦幻世界。电影院中最引人注目的是在每个放映厅的墙壁上，由聚碳酸酯材料制成的巨大电影明星照片。随着背景灯光的变换，如同信号灯一样，指示人们电影厅内正在放映哪个国家的电影。为了统一电影院各具特色的放映厅，使其相互产生共鸣，所有的顶棚都采用半透明的材料。电影院大厅前方的像素分解屏幕象征着数字影院的新时代。

Photo: Innova::designers
Diego & Pedro Serrano (innova::designers studio)

郊外亭榭

这是对一栋原有的郊外住宅（50平方米）进行翻新改造的项目。项目因其独一无二的室内和室外设计（小石块的利用）而著称。设计师的目标是：建造一个真正的“郊外亭榭”，让业主觉得像是置身大自然一样。房屋的内部包括：简易的木质地板、墙壁和家具；玻璃门；四面通风的厨房；以及虽简易却功能齐全的洗浴间，这一切都让人觉得好似远离了都市的喧嚣，舒适轻松的生活着。

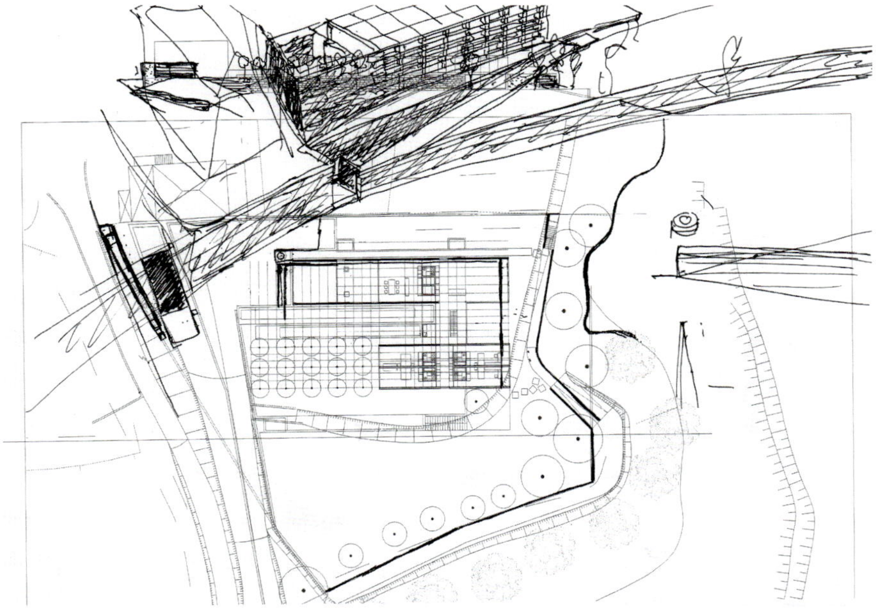

Photo: Sebastián Sepúlveda

Francisco Portugal E Gomes, Architect

Pharmacy 药店

Portugal 葡萄牙

Esposende
埃斯波森迪

Photo: Jacques Simon, Laurette Valleix

Plaren

蒙泰罗医药商店

项目位于葡萄牙埃斯波森迪的一座小宫殿内，建于1882年。项目是两个相邻的空间，它们有着不同的特征、架构和装饰。较小的房间内没有自然光，内饰也比较简陋，而大房间里有雕刻的天花板，平滑的花岗岩墙壁，实木地板，还有很多道门通往户外。后勤空间包括研究室、订货室、仓库及浴室，设在小房间里。

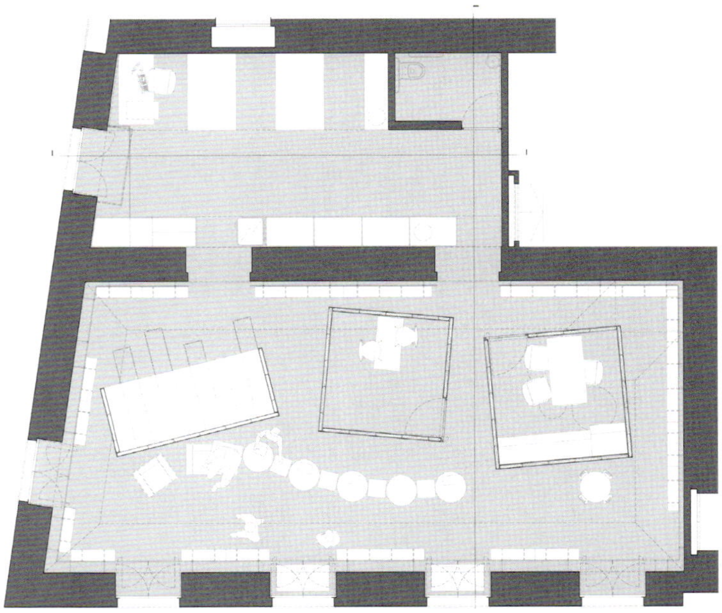

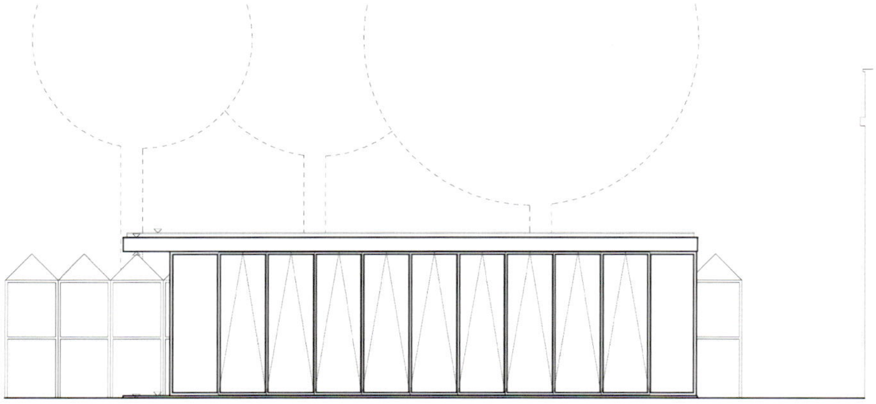

里斯本大学活动馆

学院是葡萄牙著名的综合性学院之一。该项目包括两个部分：主室和配室。空间环境优雅，成片的绿树为空间增添无限诗意，不免令人心旷神怡。建筑结构简单不失新意，设计风格崇尚自由、灵活，强调与周围环境的互动。

乌瓦之家

在一楼有书房、起居室、餐厅和厨房。在外面，有一个像似起居室延伸出去的带顶的区域，沿着混凝土墙，增强了房子的亲密感，也提供了与众不同的休息场所。服务区、车库和洗衣间（朝向院子），通过一个沿着北面混凝土墙的走廊与房子连接。轴线标出了房子的整体分布情况，一个开放的楼梯连接街道。

House 住宅

Portugal 葡萄牙

Ovar 奥瓦尔

Photo: Manuel Aguiar

Atelier D'Arquitectura J. A. Lopes da Costa, Lda.

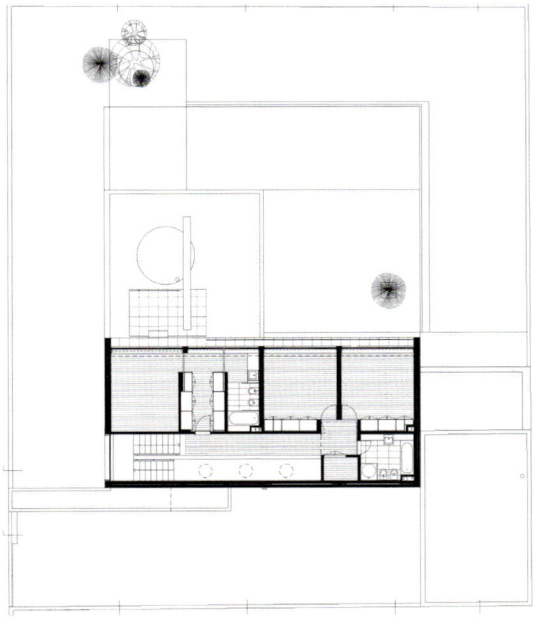

Shop 商店

Portugal 葡萄牙

Porto 波尔图

Photo: Plaren

Plaren

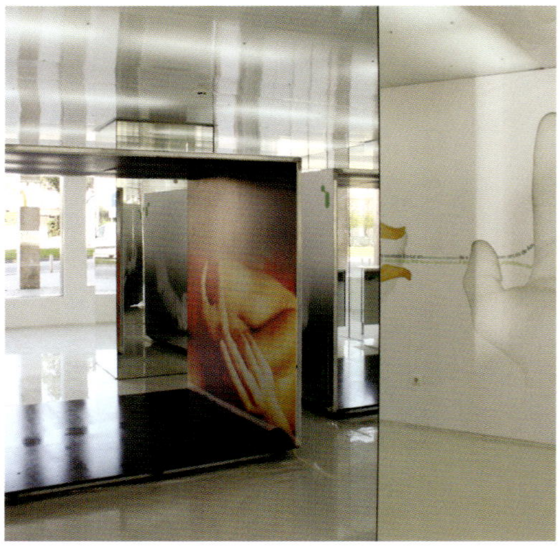

维态奥瑟斯

这是一家整形外科产品专营店。店内天花板为齿槽聚碳酸酯板，板下安装的荧光灯具将其光线均匀扩散，使得天花板外观看来既明亮又柔和。设计师针对店内两面对立墙壁做了不同处理：一面覆盖着乙烯基塑料薄膜，膜内印有寓言故事的图像；而另一面连同商店后部均用统一的镜面包裹，在视觉上扩大了商店的空间，固定镜面板的部件都被巧妙地隐藏起来，货架用来展示小型的整形产品。

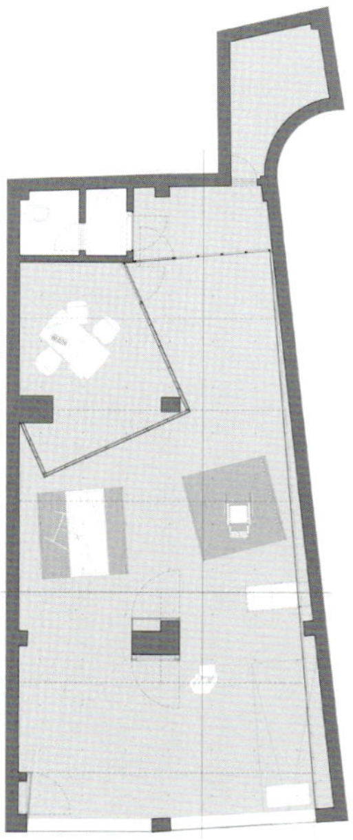

奥利韦拉图书馆

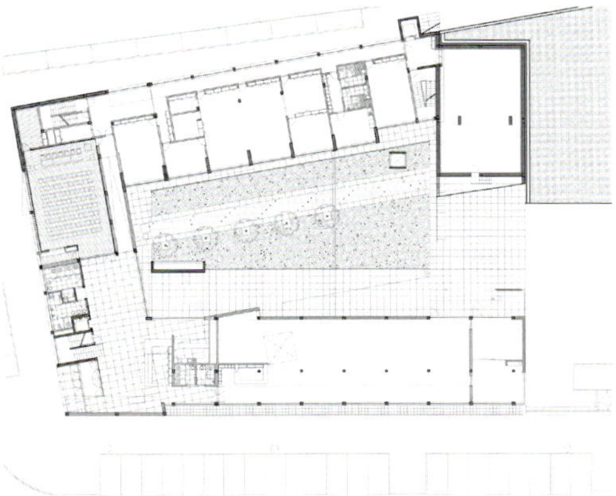

图书馆分为两层，服务区设在一层。主入口、大厅和多功能室设在北面，在此可以欣赏到中庭和室内花园的景色。儿童读书区位于西部，与室内花园相连。成人读书区是整个图书馆内最大的区域，位于图书馆的二层的东北部，朝向室内花园。此外，设计师通过一个完全开阔的空间，将其入口与中庭连接。

Photo: J. A. Lopes Da Costa

Atelier D'Arquitectura/J. A. Lopes Da Costa

三宅一生精品服饰

设计师Aeds与Issey Miyake合作了5年的时间去创作褶皱空间的Me连锁服饰店。这个店惯用简约的风格。店中全部用白色墙板，特色是以光亮的漆面作板面的材料，所以可在地板和天花板反射出隐约的灯光。这种独特的照明方法，解决了不用灯光的直接照射而创造出衬托周围环境的光感。即将装修的房间的数码和三维打印技术将是一个观赏的安装架构和美感纯我的精品空间。

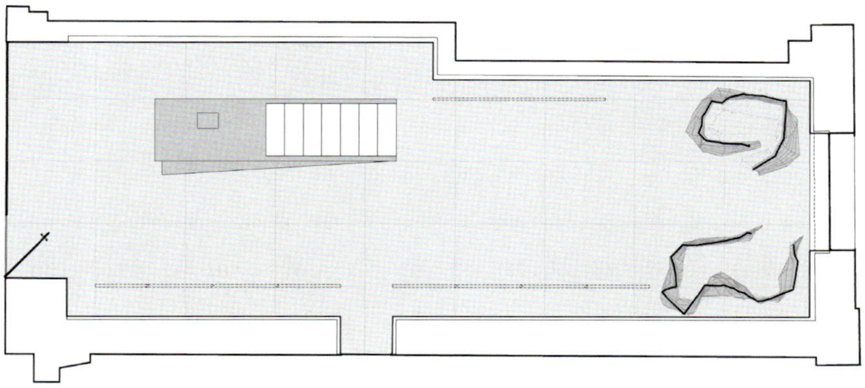

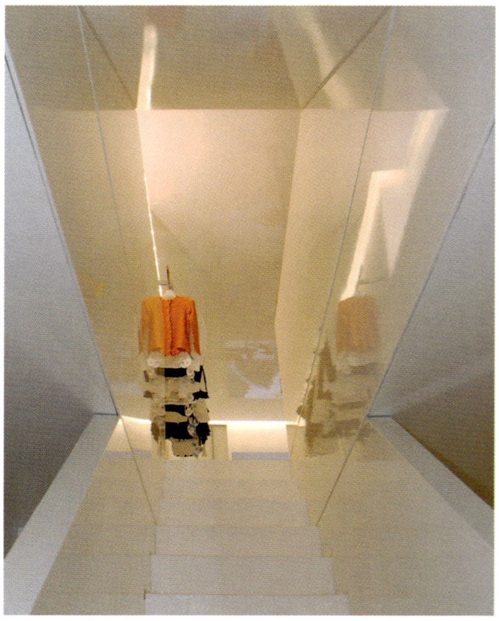

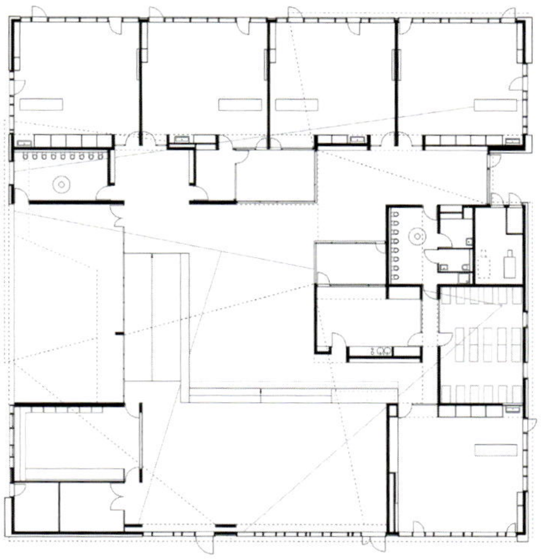

Marmoutier学校

与北部教室相比，南部教室较大，因此作为活动室。 天花板采用坡度设计，巧妙地形成折叠飞机形状，匠心独运。立面与顶部巧妙地将铜元素引入到设计之中，橡木的窗户和推拉门、着色的混凝土地板等将整个空间打造得分外生动。

Photo: Jean Marie Monthiers

Dominique Coulon, architect

Photog: Light Architecture Ltd

Gianni Ranaulo, Light Architecture Ltd

贵宾室俱乐部

现实与虚拟叠加、融会、反衬，玻璃绘画墙壁模糊了现实与虚拟的界限。跳跃的绘画墙壁活跃在夜幕的黑色之中，如同幻影般变换着信息和影像，浮动的画面和人工照明的光环在黑暗的环境中闪闪发光。暧昧模糊是这个项目的主要设计理念，项目被划分成多个不同的个性创意空间，各具特色，创造设计了“俱乐部中俱乐部”的理念。

鲁佩斯俱乐部

这里无疑是巴黎节日聚会的胜地，它作为建筑界的壮举兼容高科技的因素，反映了当代社会的潮流和风尚。项目的设计理念摒弃了常规俱乐部设计方案，推陈出新，展现俱乐部风貌，设计创造了一个前所未有、空前绝后的项目。巨大的幻影墙壁，变换着图像，将你引进另一番天地，前一秒仿佛身处凡尔赛城堡，下一秒就变化到尼亚加拉大瀑布。

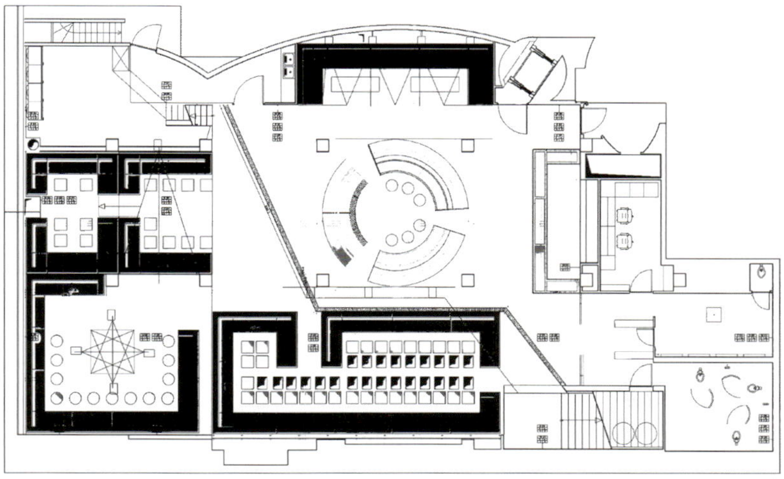

Photo: Light Architecture Ltd.

Gianni Ranaulo, Light Architecture Ltd.

索尼–阿里发克斯展厅

在Sony成功的25年后，Alifax在不断地成长。它于2006年10月在9 rue Lafayette开设了新一代概念型展示厅。这个展示厅结合了高端技术商店和商业展示于一身。Alifax选择了设计师 Christophe Pillet 来设计这个对最高端音像及计算机自动化技术永久性的展示厅。设计师在设计过程中又注重了让顾客有宾至如归的感觉。

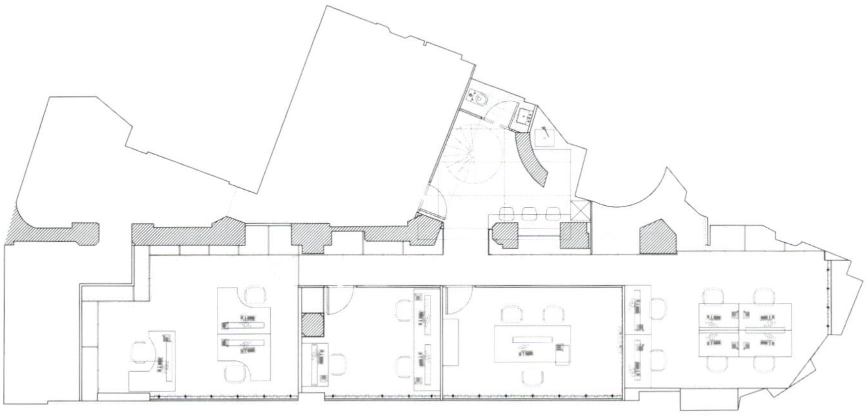

多莫斯家具中心

设计的挑战点在于用现代的建筑来设计室内62000平方米的家具中心。该中心将是构建、补充家具零售需求的场所。中心延展200米，有三层精致的零售空间。设计书中还包含室内外空间的照明方案：白天，8400平方米的玻璃屋顶是中庭的主要自然光源。家具中心的室内空间不只是纯商业性的设计。中庭的一些空间也涵盖了非商业的功用：人们可以在这里休闲、小憩一会，喝喝饮料。

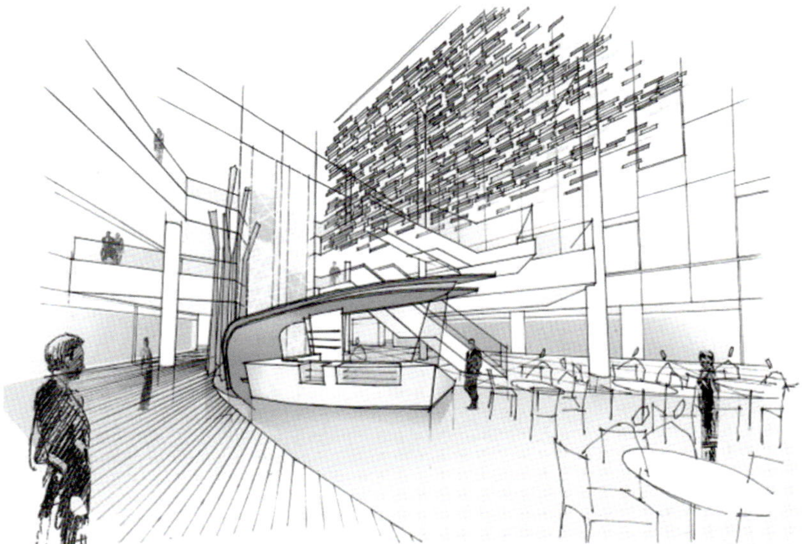

Photo: Virgile and Stone Associates Ltd

Virgile and Stone Associates Ltd

高品质家居店

此店在原有店面空间的基础上扩建到145平方米。作为高品质家具的代名词——Maxalto 店，一直致力于运用传统及现代的家居技术、优质的原材料、制造出费时少、品质高的家具。暗色的木质地板、柔和的气氛，与这个空间完美统一，Maxalto 店近期将在这个特别的空间内营造出一种闺中密房的特有氛围。

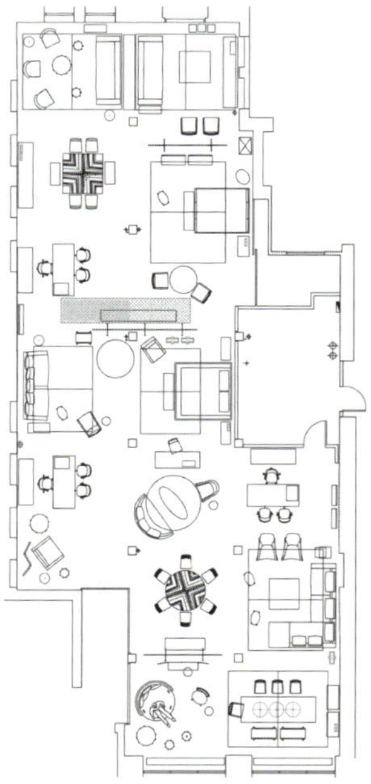

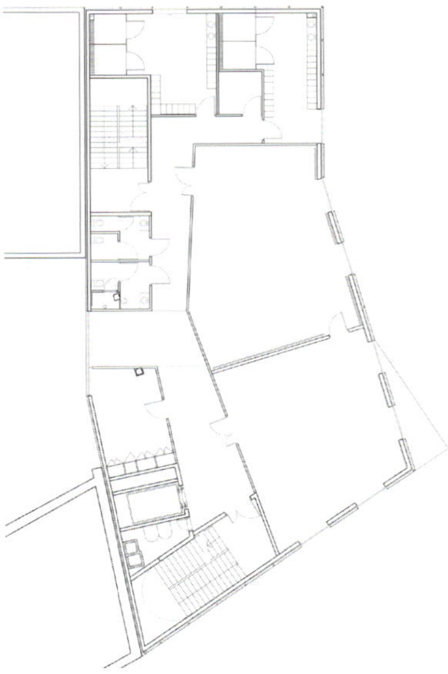

节日活动中心

适应文化、体育和社会活动的需求而设计了文化中心的新楼。大楼表面由黑色、银色和白色的几何形状构成。当其他居民俯视这个建筑的时候，会被楼顶的肌理所吸引。地下室有个可以容纳150个座位的剧场，一层有舞蹈和运动活动室，二层是视觉艺术工作室。室内装饰的色彩选择和搭配绚丽多姿，使整个空间充满着活力和朝气。

Photo: Christian Biecher, Architect

Christian Biecher, Architect; With Bruno Etienne, Architect

Photo: Arthur Ppéquin

Atelier D'architecture King Kong

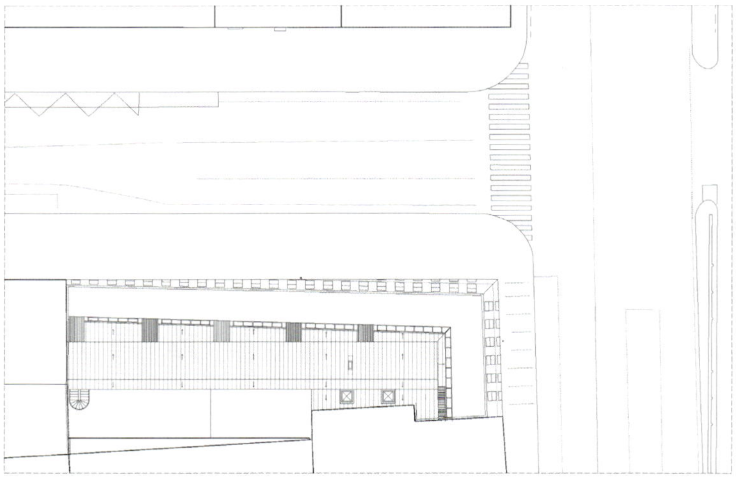

西科酒店

西科酒店位于波尔多市的河边。酒店一层的大堂，宽敞明亮。酒店有些窗户上装着丝印镶板，让人联想起加龙河过去举办的活动。这些宽大的落地窗，让人可以欣然窗外的海滨景致。在二层，有酒吧、餐厅、土耳其式澡堂和桑拿房面向客人开放。客房大小不一，从28平方米到55平方米不等，却都为客人提供静谧的休憩空间。所有的客房都面向街区，中间走廊为客房提供充足的自然光线。

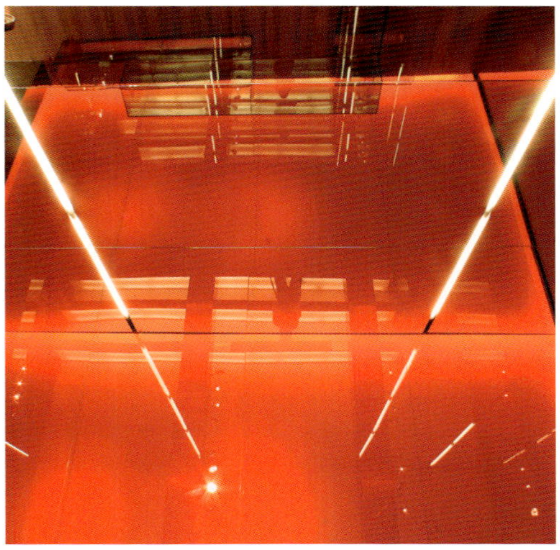

拉马尔欧帕拉商店

设计师在材料的运用和设计方案的构思方面采用了传统与现代相结合的新理念。考虑到商店位于一条满是流动的车辆和行人的街边，设计师便选用统一的窗体和材料加上醒目的颜色来吸人眼球。原有的琥珀色被鲜艳的红色和橙色所取代。天花板则选用一种具有反射功能的薄膜作材料，既在视觉上增加了商店的高度，又对整个商店内的光线和颜色起到协调作用。

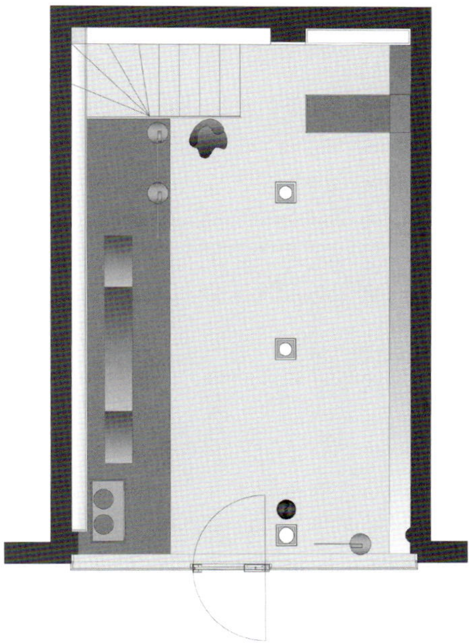

Photo: Lens°ass architects

沃布罗•卡斯特斯公司办公室

空间内先铺上了灰色的地板，作为新设计的基调。设计师制定了四个部分的方案，包括三间黑色调的房间和一个壁柜。进入办公室，映入眼帘的是和地面一样用灰色橡木制成的接待台。接待台呈双V造型，里面存放着出租或出售的图书。后面是黑色纤维板装饰的办公室，传真机和咖啡机都放在这里。

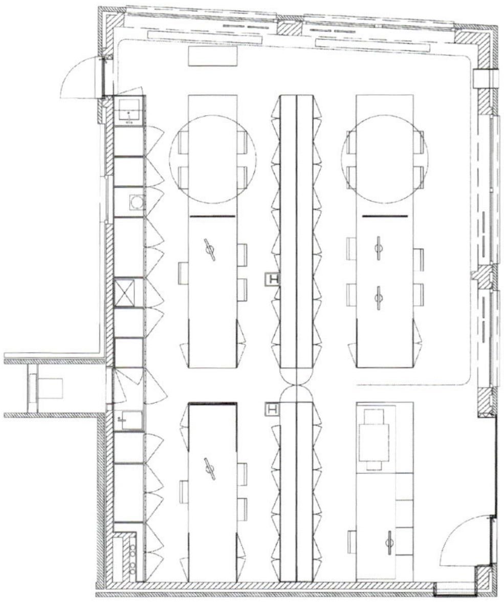

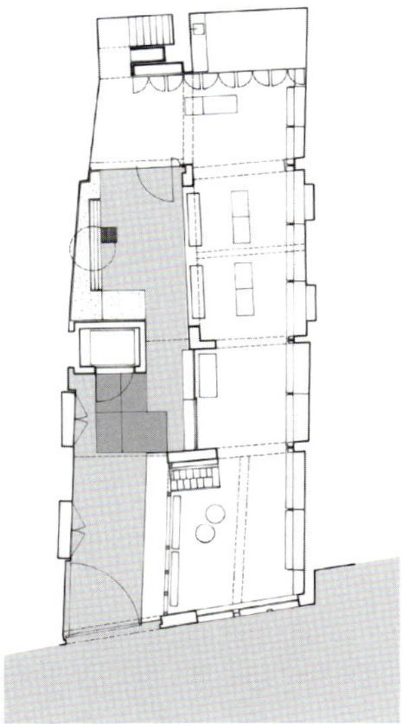

泰肯眼镜店

设计师修复了天花板、地板、木结构的墙壁和屋顶，并增加了现代风格的装饰细节。电梯周围是一些技术和卫生设施。原来的房间中只保留了极少数适应目前生活方式的需求又不会破坏整体效果的空间。最突出的设计是玻璃展柜，它横跨整个商店，却没有与地板或墙壁有任何连接。展柜中展示着眼镜和镜架，采用背光式照明。

Photo: Lens°ass architects

Culture 文化

The Netherland 荷兰

Amsterdam
阿姆斯特丹

Photo: Harry Kerssen and Winny Dijkstra

Harry Kerssen & Arie Graafland, Kerssen Graafland Architects

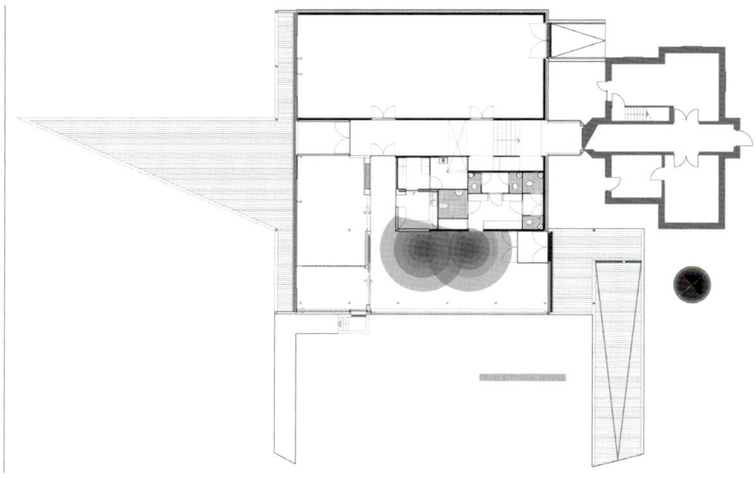

葬礼博物馆

博物馆毗邻一个已经被翻新改造为展览厅和办公室的挖掘室。博物馆的入口处是一个斜坡，长长的通道直通大厅和接待室。使人们感受仿佛已经"入土"的感觉。入口处没有阶梯。博物馆内部结构设计灵活，可以开关的滑动墙壁营造不同的空间格局。巨大的展示厅是一个开放的展示空间，内部的展台可以移动。展示厅内的玻璃墙壁面向墓地花园。

鹿特丹酒店餐厅&酒吧

设计师已经设法去用视线穿透空间使顾客能够看到酒吧和餐厅，反之亦然。已经把不同的区域利用不同的颜色区分开来，主要通过建筑材料：绿色或橙色来限定招待区，橙色或淡红色来限定酒吧，用淡红色或酒红色来限定餐厅。招待处重新改造以便客人可以更接近吧台。允许员工对酒吧提出改良见解，形成了新的经营模式。

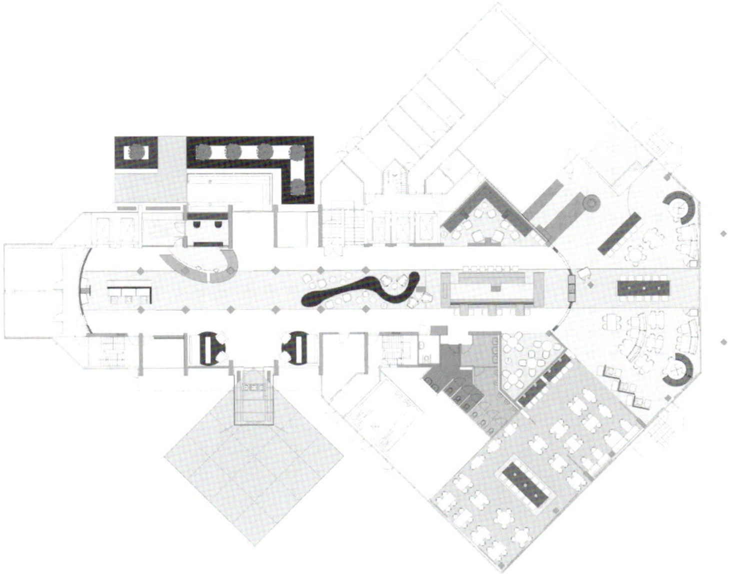

Office 办公

The Netherlands 荷兰

Amsterdam
阿姆斯特丹

Photo: i29 | interior architects

I29 Interior Architects

办公室03

设计师运用"节约、再用、回收"的理念设计了一个最大程度上节约建材和金钱的时尚办公室。设计反映了客户的个性和设计哲学——简单、不复杂、实际和幽默。办公室中所有物品都是白色和灰色的。所有家居都是从荷兰本土的EBAY网上订购的。所有的摆件都喷涂了环保涂料。旧的家居和摆设在涂上新涂料后重新展现了魅力。这是用最少的花费完成一个时尚空间设计的完美案例。

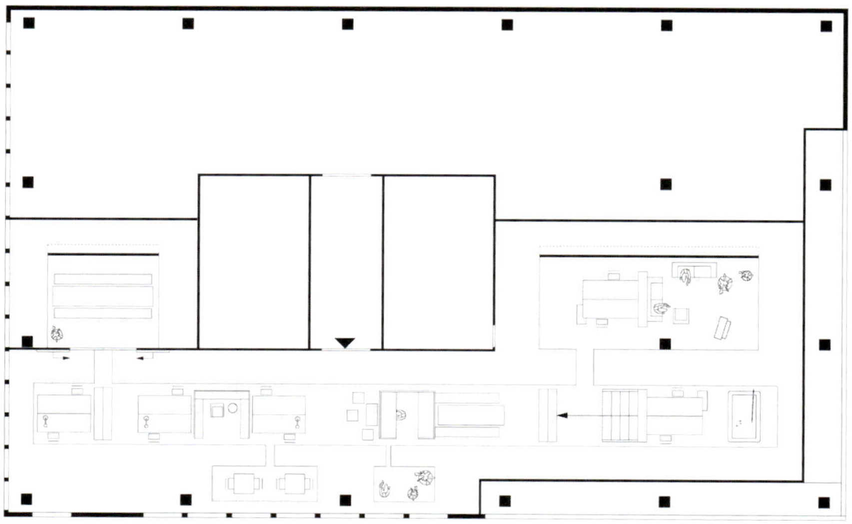

远洋游艇俱乐部

泽弗设计事务所采用了老式手工打磨的柚木材料，它与传统的橡胶材料相融，用于维克拉姆·查特瓦尔酒店的游艇甲板及相关部位。我们可以从远洋游艇上看出泽弗对游艇出租体验的理解。它是一艘45米长的钢结构摩托游艇，可搭载8人。该项目由泽弗设计公司专门为维克拉姆·查特瓦尔酒店设计。“远洋”整齐的大厅与查特瓦尔的陆地精品店之间的相似之处，很像是故意之所为。

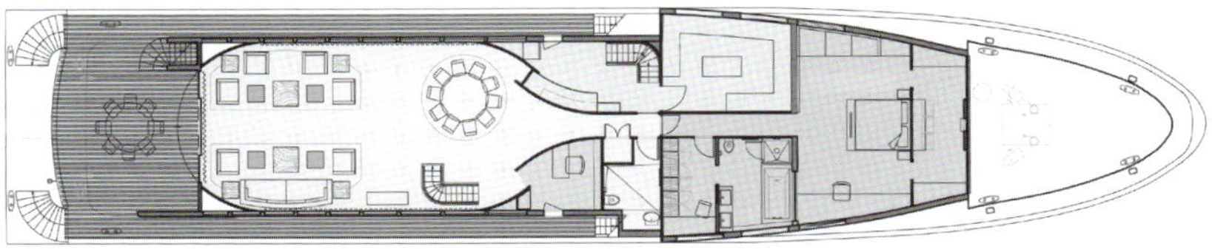

荷兰公共传媒学院

尽管预算有限，但打造创意设计理念也并非没有可能。在荷兰公共传媒学院设计中，COEN!运用丰富的色彩创造了经典的空间。他们重新设计国家广播频道的测试画面，并将其改造成彩色的艺术图形，装饰到墙板以及窗饰上。此外，从测试画面提取的16色画面经签名和编号之后装裱在铝制框架内，吸引力十足!

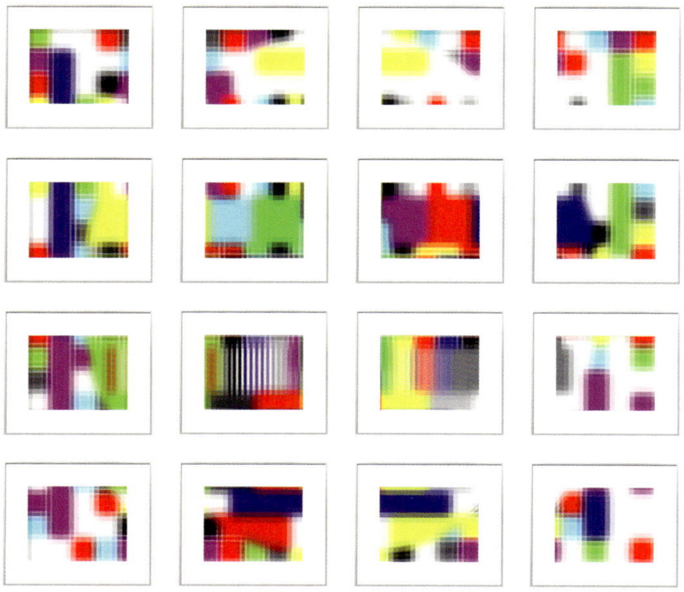

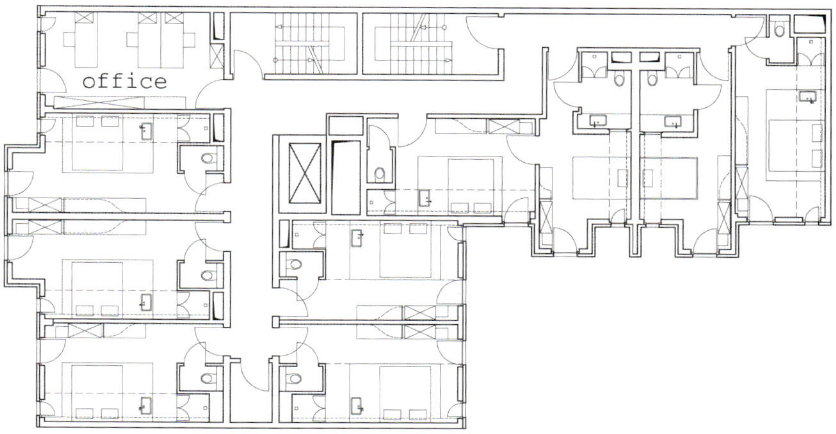

传媒学院

传媒学院位于希尔沃叙姆媒体公园的一栋别墅内，是传媒教育的主要机构。建筑原有的特色被保留下来，室内和谐统一。所有的墙壁和窗框饰以白色，让人不禁想到建筑的原始用途。彩色的数字控制地面镶有植物图案，展示了空间的功能。暖色的木材以及布告板环绕在四周，格外吸引眼球。

都市办公

Marcel Wanders工作室设计的"俱乐部之家"被大家称为"石头空间"。Interpolis保险公司坐落在荷兰蒂尔堡，"石头空间"是公司的主要办公区域，员工会在轻松愉悦的环境下灵活运用办公空间。办公室就好像一个小型的城市：正方形的面积划分出不同的功能区域，文化区、交流区和餐厅等区域各自为政，发挥各自的功能效应。

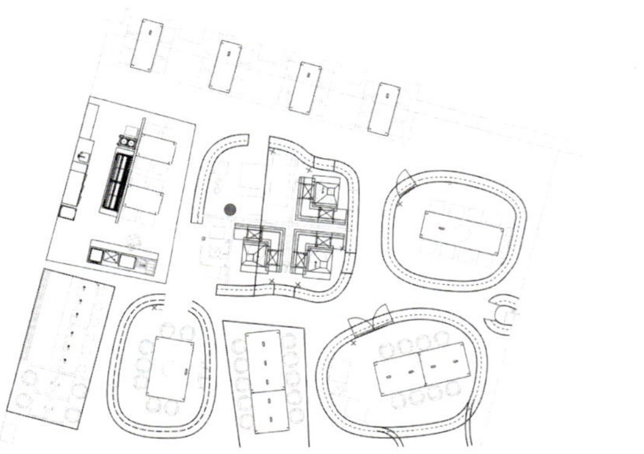

菲博利卡餐厅

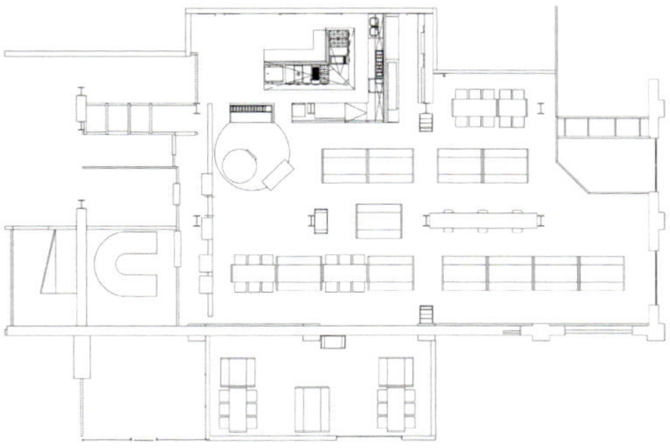

烤炉置放在巨大的水泥槽之上，上面有意大利镶嵌图案。一面墙装饰有类似起重机的元素，它用来存储为炉子加热的木材。每个细节都将强硬的工业元素和柔和的装饰元素结合在一起。为了不破坏这个19世纪大仓库原汁原味的工业感，设计师保留了它的原始结构。比如说墙壁是完整无缺的，有几处被镶上了玻璃嵌板，并饰有意大利墙纸图案。

Photo: Daniel Nicolas

Tjep.

Museum 博物馆

Germany 德国

Bremen 不来梅

Photo: Tobias Wille

ATELIER TELIER BRÜCKNER GmbH

亚洲博物馆

整个设计可以说是文化的世界地图。在博物馆的第一个室内展厅中，广泛的大洋洲岛屿的陈列展现了一个步行者探险的地图。三位立体的绿色岛屿的设计容纳了19个不同种族的、经济的和自然的历史主题。以大洋洲独特的标记性建筑为主线，这个岛屿世界的设计理念同样应用于第二个室内展厅，用以讲述亚洲的故事。整体的设计以地理学的构造为基础。

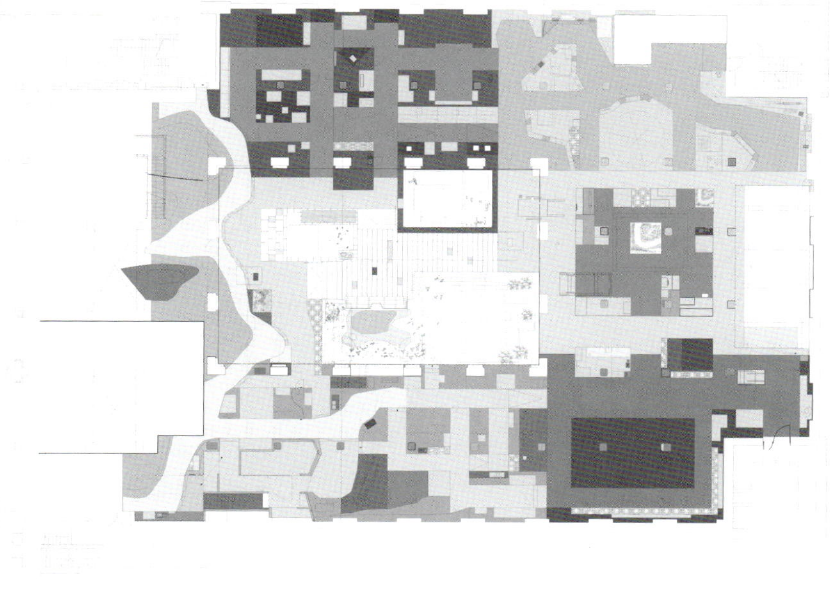

“人与气候”展厅

展厅的设计理念是唤起公众对祖先的敬仰——他们在极端恶劣的气候条件下生存的能力。沿着气候曲线图前进，穿越整个展厅如同经历一次时空探险之旅。展示的主题为：动植物的发展过程、气候的变化以及人类的进化。设计师通过运用不同的信息，如图片、文字、背景画等区分空间，打造了一个多层次的虚幻景观，将人类发展的历史形象地展现。

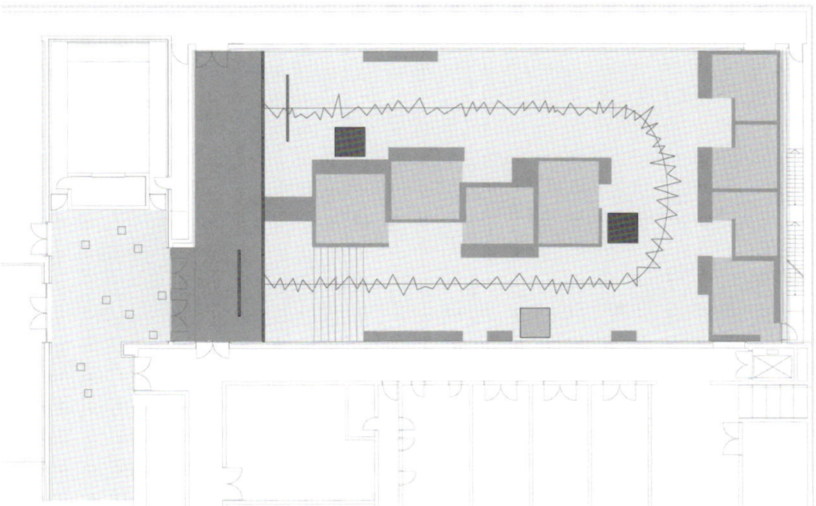

Photo: ATELIER TELIER BRÜCKNER GmbH

Cyberhelvetia展厅

Cyberhelvetia展厅内，过去与未来共存、现实与虚幻交替、自然与科技融合，营造了新颖迷人的空间体验。展厅中央的玻璃泳池取代了现实的游泳池，里面充满了仿造水物质，令人耳目一新。真实存在的游客和人工打造的生物交相呼应，在泳池表面的映射下，仿若一个真实的小生态系统。

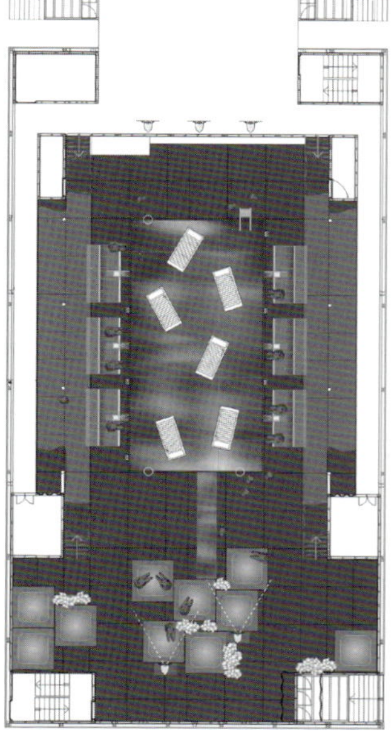

座椅景观

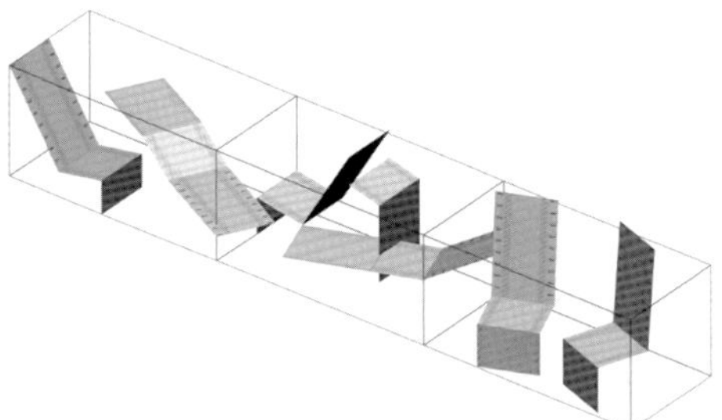

座椅景观是一套沙发，可根据摆放位置和使用需求自行调节造型。作为一种定制产品，它可以满足客户的不同需求，但设计理念不需改变。第一套是专为柏林的客户打造，长约6米。当然，座椅景观不仅仅具备沙发的功能，还可以为使用者提供各种休闲可能。

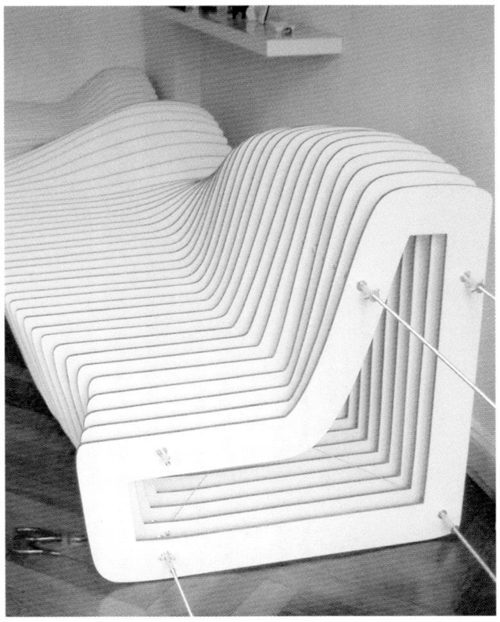

巴莉哈休闲俱乐部

德国巴莉哈休闲俱乐部以音乐为特点，到处充满着亚洲风格。最现代的大都市设计潮流，亚洲风格的家具、附件和摆设，加之建筑师Olaf Kitzig的灵感，构成了一个梦幻组合。巴莉哈的设计理念源自设计师理·巴莉哈，以远东的设计风格、家具特点和配色习惯为基础，休息室、舞池和酒吧与远东风格产生一种既和谐又令人激动的结合，从而演绎出现代的城市风格。

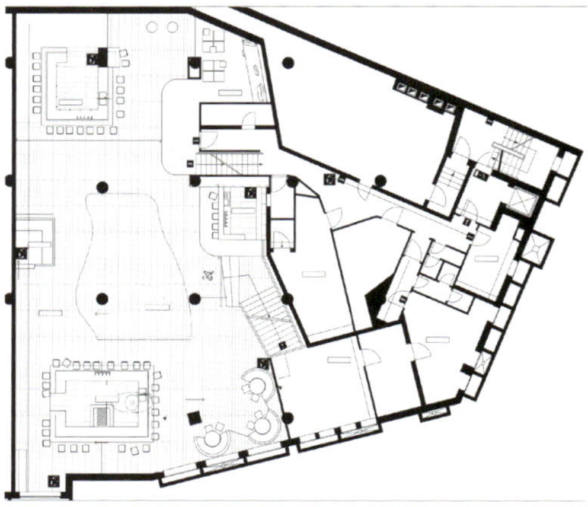

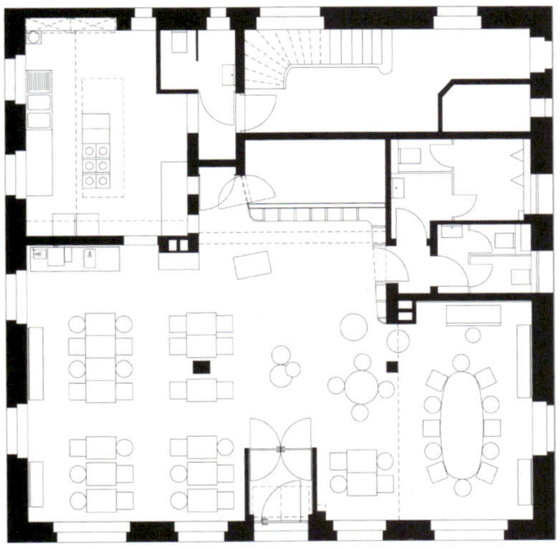

意大利贝拉

意大利贝拉是一家红酒商店同时也是一家餐厅。它的女主人是典型热情的西西里岛女郎。在销售来自家乡产品的同时也提供高级创意私房菜，并且店家把意大利精神传承到了德国。意大利贝拉在这样一个极富私人气氛，类似小起居室的地方经营了好多年。为了扩大经营主人决定在新地点开设新餐厅。新餐厅处于城区非常受欢迎的区域，这块创意园区是办公写字间的集中地。

Photo: Zooey Braun

Ippolito Fleitz Group - Identity Architects

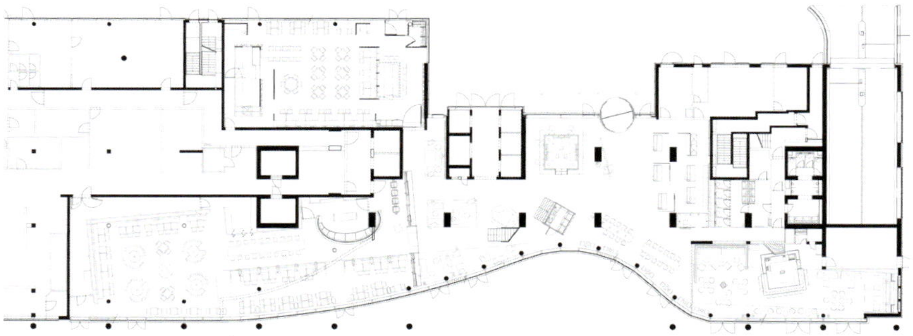

蓝色天堂

2005年，在法兰克福开业的、拥有428间客房的蓝色天堂酒店是兰生连锁酒店的一个最新的分支。Tihany设计了坐落于这个新的原型建筑的摩天大楼内部2500平方米的公共空间，包括大堂、休息室、酒吧和全天候的餐厅和啤酒店。阁楼式的由混凝土、玻璃和钢铁构成的商业中心内部，根据建筑特点和内部的设备区分，而不是由分割墙加以区分。

巴哈·爱森纳赫展示

整个展会的设计亮点是建筑内部中心位置被称为 “音乐捷径”的展示空间，在这个椭圆形并附有灯饰的建筑外墙上，赋格曲被解释成为一种音乐的形式。在建筑内侧，游客们可以看到巴赫时期三部作品的大型表演，之所以涉及三部表演是因为：第一种版本是“Kunst der Fuge”，第二种是原文的版本“Tonet ihr Pauken”，第三种是由巴赫个人自1702年以来亲自表演的钢琴版本。

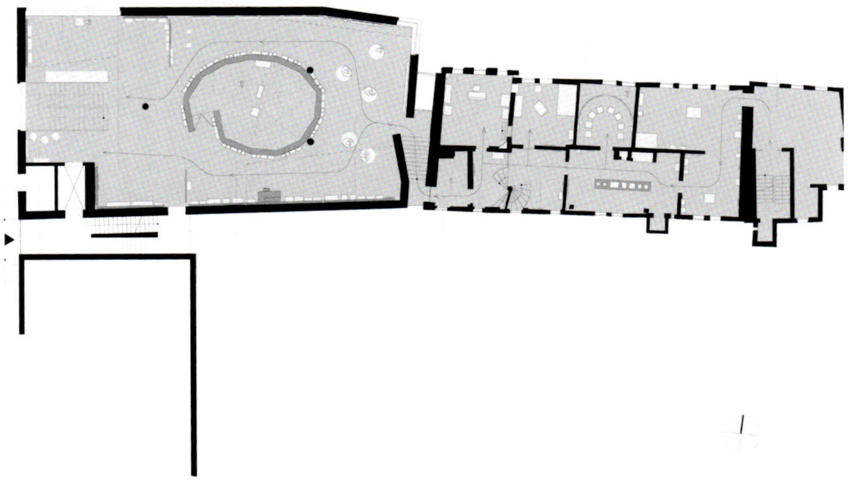

Photos: Heiner Orth, Marschacht
Yes Architecture

尤利•施耐德旗舰店

店内有一面长达27米可以变换各种颜色的背光墙。营业时间里，灯光被设定为白色；到了晚上，零售空间则笼罩在蓝色的灯光中。弯曲的背光墙十分引人注目，同时营造出开放的感觉。另一侧是白色的长柜台，作销售、展示和储物之用。商店的整体设计平易近人，让顾客将注意力放在服装和配饰上。

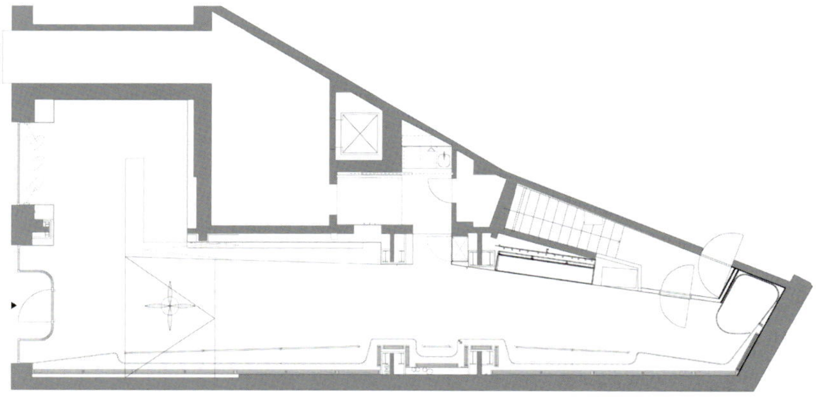

矩阵技术公司AG总部

设计理念结合了公司的企业形象和价值观。墙壁分隔了空间。落地玻璃门和背光玻璃板构成了透明的办公室。空间设计十分简单，以精美的细部装饰、高品质的材料和精心挑选的颜色营造出积极的办公环境。贴着木板的墙面与明亮的玻璃和彩色墙面形成对比。造型简洁的智能照明系统和黑色木质装饰为空间带来大气、现代和高档的感觉。

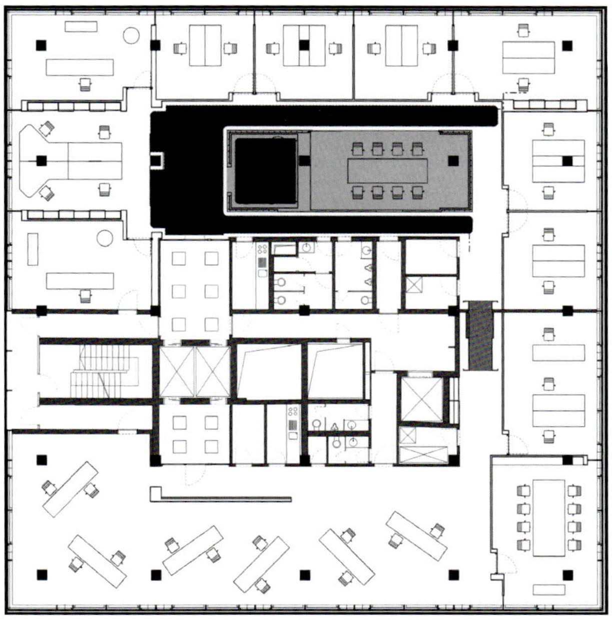

Photo: Plan2Plus Design

Plan2Plus Design

劳雷尔服装旗舰店

服装店共有两个楼层，总面积330平方米。室内先前的结构被完全拆除。商店正面临街，背面能看到阿尔斯特河的船队。宽大的天窗使空间显得格外明亮，营造出宽敞大气的氛围。由于品牌定位于女性，敞开的楼板边沿安装了曲线优雅的玻璃栏杆。空间内装有落地窗帘，还有装饰着紫葳木的互不相连的墙壁。饰有背光壁龛的彩色背景墙让店面看上去更有格调。

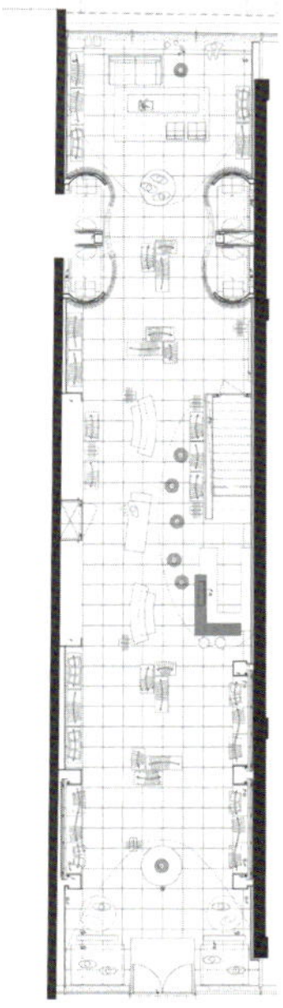

法兰克福证券交易所

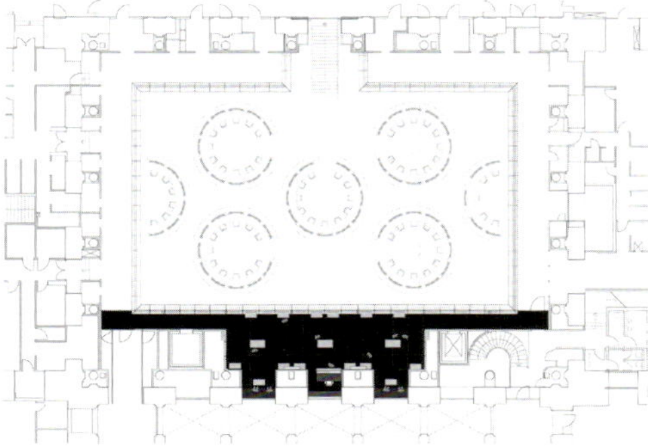

该设计的一个重要特色是发光二极管带状显示区域展示有关国际交易的信息。这一全新的设计可以从交易市场大楼的入口空间观得整个贸易大厅的全景。这是由一个不连贯的连接两个空间的玻璃门廊达成的，这一门廊维持了自然的距离但又带来了视觉上的开阔。为了适应会议或者首次公开募股的庆典，这里的玻璃能够从透明转换为不透明状态。

Photo: Uwe Dettmar

ATELIER TELIER BRÜCKNER GmbH

Photo: Diephotodesigner.de

2005年国际汽车展宝马展厅

国际汽车展中宝马的格言是"动力"，设计师计划创造一个令人印象深刻的临时展厅，项目包括展厅外观及内部的设计。设计师的目标是采用全新的设计理念，打造一间宝马的专属展厅。设计和材料反映了宝马集团高品质的审美特征。设计师对墙和天花板的特殊设计营造了一个生动感性的氛围。每个系列的产品都展示出各自特色。

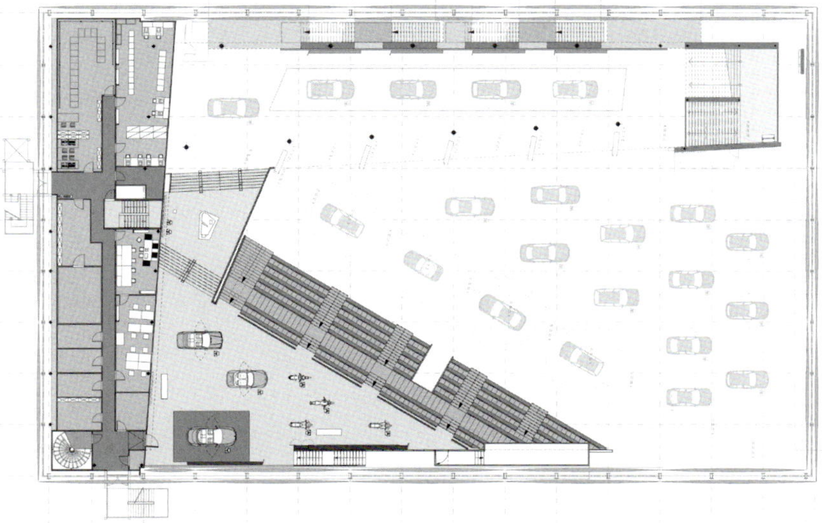

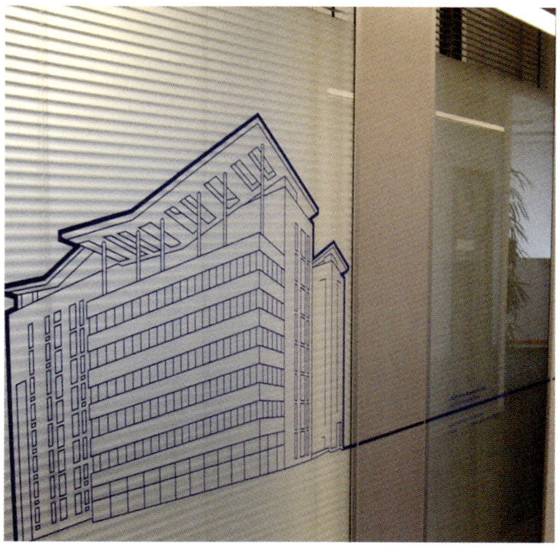

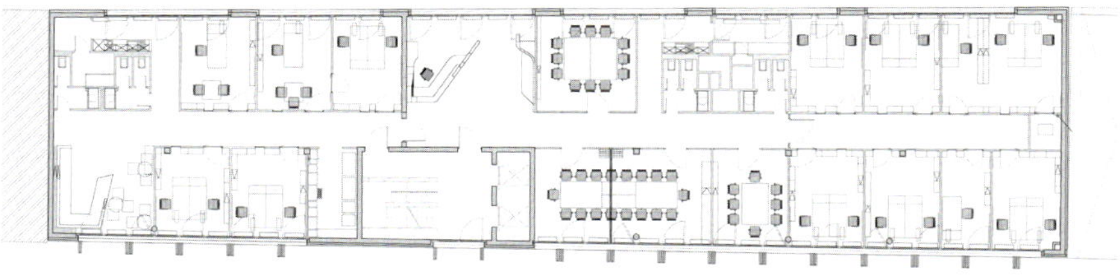

豪赫蒂夫公司办公室

该项目是豪赫蒂夫慕尼黑分公司的室内设计工程，具体包括整体设计、家具和接待区的设计，以及会议室、休息室等特殊区域的设计。空间内各式家具的过渡十分流畅。入口大厅的接待处由书架、液晶显示屏和双人式办公桌组成。对面设有隐藏式衣架和楼层分布表，方便客人的使用。整个空间从墙面到家具全部装饰着复杂的图案。

Photo: Bernd Eidenmüller

ATELIER BRÜCKNER GmbH

葡萄酒世界

空间的设计理念源于葡萄园的结构。495次实验品存放在玻璃杯中，同最终的产品——整瓶葡萄酒，有秩序地排列在一起，形成了一道独特的景观：不同产地的特性、不同地区的葡萄种植者、不同的栽培方式一一体现。设计的目标是打造一个艺术品，在形式和内容上达到完美融合。

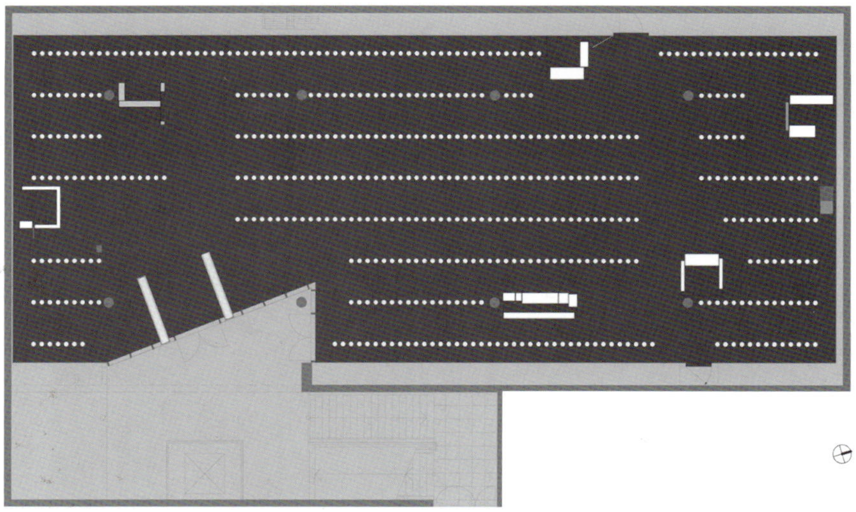

慕尼黑发廊

这家高档的发廊位于慕尼黑一个豪华的购物中心内，与珠宝店和时装店相邻。发廊采用豪华舒适的现代风格，天花板和地面由水泥制成，异国情调的墙壁上镶着茶色玻璃。中部的天花板向地面延伸，间接照明灯营造出光影交织的效果，贵宾区宽大的滑动门直接通向商店。

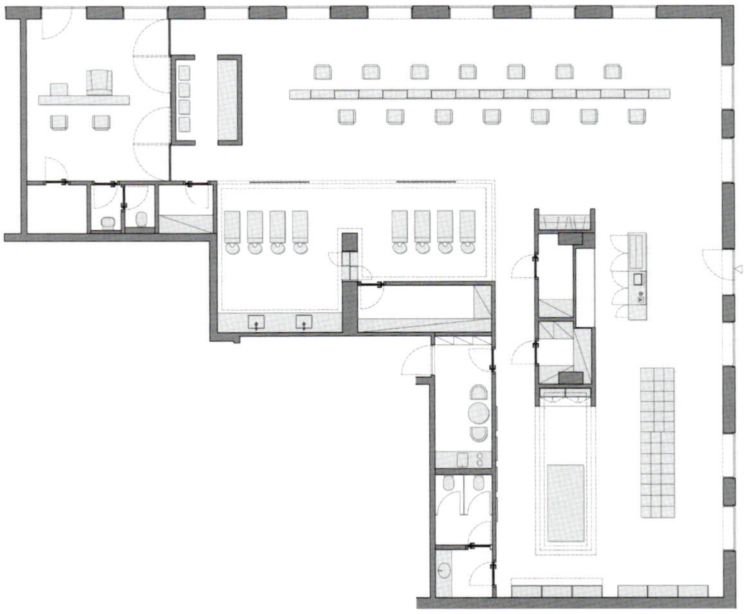

Photo: Zooey Braun

Ippolito Fleitz Group - Identity Architects

S公寓

创造一个连续的开放的空间是这个住宅设计的焦点所在，通过材料、灯光和天花板元素的搭配营造这种连续开放的氛围。一旦将墙移开，整个空间就会通透。有棱纹的构架设计贯穿整个空间，同时兼饰两角，还具备照明固定设备的功能，穿过每一个空间后最终汇合在壁炉上方的天花板上。主要空间的连接是通过地板上的小径设计实现的，同木头的类型形成鲜明对比。

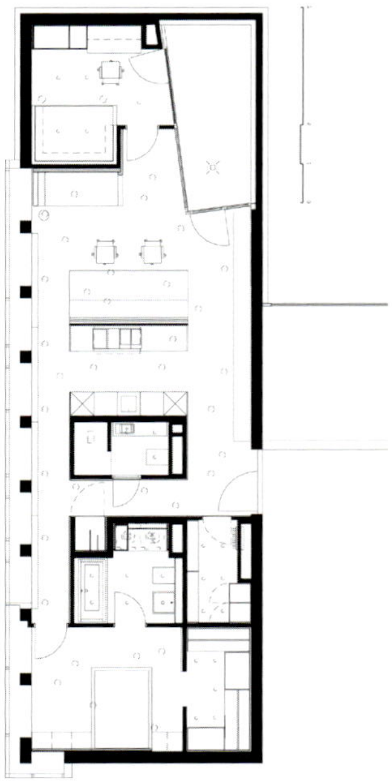

梅塞德斯·奔驰博物馆

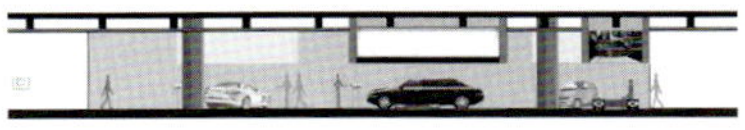

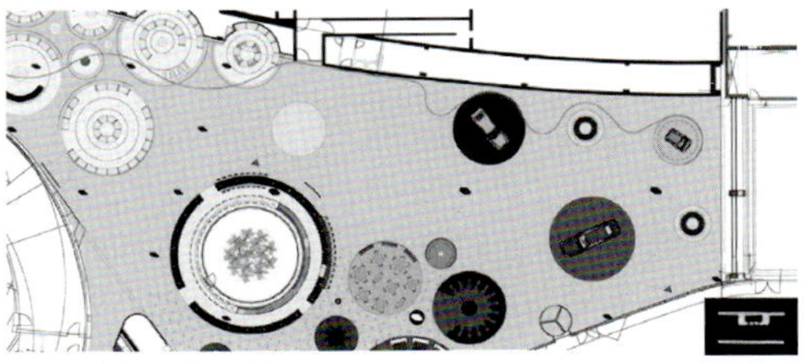

我们把梅塞德斯汽车集团的介绍放在后面，先来讲讲博物馆和梅塞德斯·奔驰中心的主题关联。博物馆总面积达519平方米，共有56个席位。天花板上突出的汽缸把整个展区分为五个独立的空间。每个空间展示一个品牌，那里就是它一个人的世界。汽缸内壁上显示着品牌特性，而外壁则保持着灰白色。汽缸内部射出的微光勾起参观者的好奇，把他们完全融入在展厅之中。

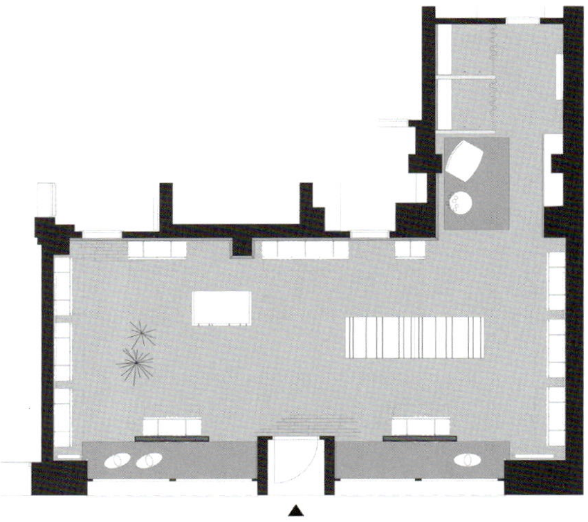

几何空间

plajer & franz工作室创造了一个全新的氛围。正如谚语所说："你能有多怪？"几何空间意味着有人疯了，却疯的很有品位。它让人措手不及，就像第一次拜访教授的家。这位教授难以捉摸，他还对协调色彩和制造气氛十分在行。他收集一切怪异的东西，如骨架的照片，木片搭成的灯让人忍不住去细细研究一翻。一切仍然非常时尚：泥浆颜色的墙，黑色的木地板和拉绒的白橡木家具。

B27公寓

客厅设在两个露台中间，能充分享受上方投下来的光照。其中一个露台种满了竹子，有一个大型水疗按摩浴室，夏天时可以淋浴；另一个则是冥想的空间，带有浓重的东方韵味。房子的核心是厨房，粗糙的石板桌面一直延伸到用餐区，直至客厅，增添了流动性。客卧有一个单独的入口，这样的设计是为了将房子的灵活性最大化，所有的卧室都相互连通，又彼此分隔开来。

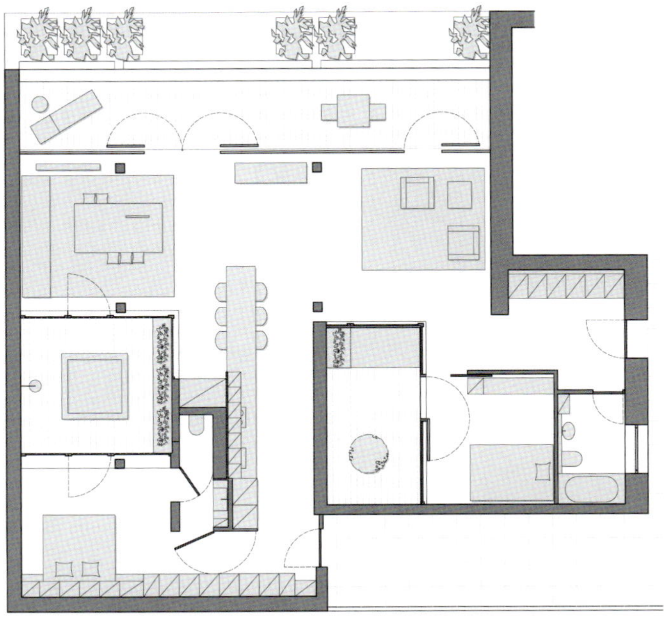

Photo: Hollin

Hollin + Radoske

史蒂根伯格假日水疗馆

由于史蒂根伯格在德国是一个老牌的连锁酒店，所以酒店的设计不需要有什么标新立异之处，只要遵循酒店一贯温馨舒适的设计风格即可。史蒂根伯格假日水疗馆位于临近建筑的四楼，客人可以乘坐电梯直接到达。水疗馆的入口摆放着一张皮质的接待桌，客人在这里选择服务项目。有六间不同的理疗室和一间双层的套房供客人选择。

斯堪的那维亚水疗馆

斯堪的那维亚水疗馆是一个新概念的排毒和洁身场所。中庭的整体特点是发光的石碑，而且与抽象竹子主题遥相呼应，根据灯光颜色的变化，使这种呼应变幻不停。厅内整个颜色格局和灯光氛围都是根据岛内的自然风光设计的，而且随着气候的变迁，厅内的色调和灯光氛围会截然不同，黄昏时分，厅内的景观更加引人入胜。

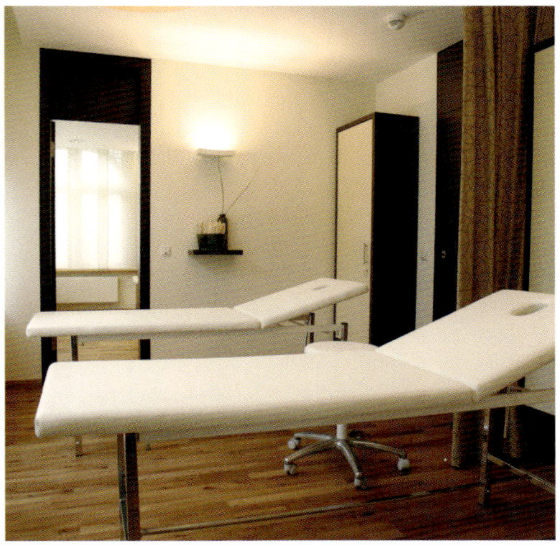

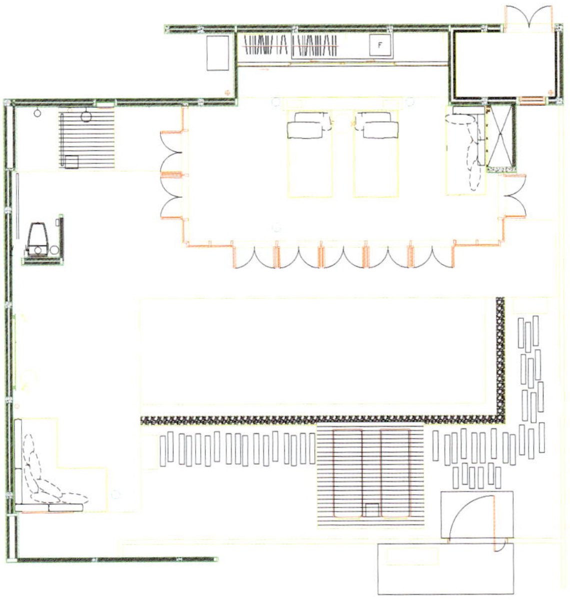

ADA1办公

建筑正面采用了横向条纹以及浮动表面的“眼睛” 来装饰，仿佛在为了这独特的环境面欢欣。建筑前面的一个开放的公园在景观设计上延续了建筑正面的设计灵感。办公室的空间，既满足了普遍的空间规划，又通过这些眼状装饰物形成了特别的感觉。

25小时酒店法兰克福分店

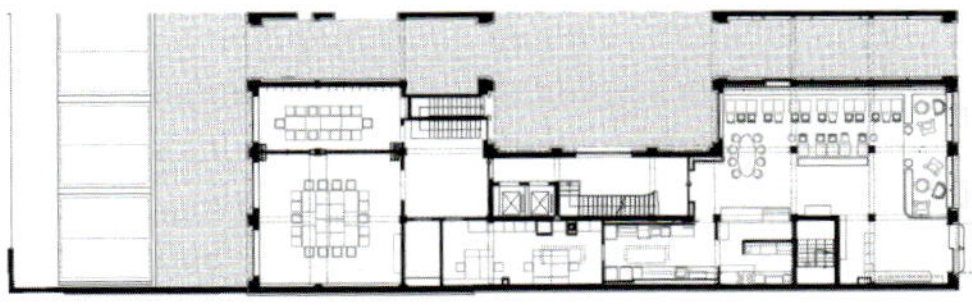

为了迎合城市中青年旅行者的喜好，25小时酒店公司在法兰克福打造了其第三家酒店。并与李维斯品牌进行合作，通过别出心裁的设计吸引着更多的现代都市群体。酒店内的客房分为小、中、大和特大四个档次，并且每间客房都采用不同的设计风格和不同的蓝色调进行装饰。为了唤起客人对20世纪不同年代的怀念，每层楼中的家具、灯具、地毯、墙纸和织物都经过反复推敲、精挑细选。

Photo: Andreas Scnnidt

Delphine Bunro + Michael Drener

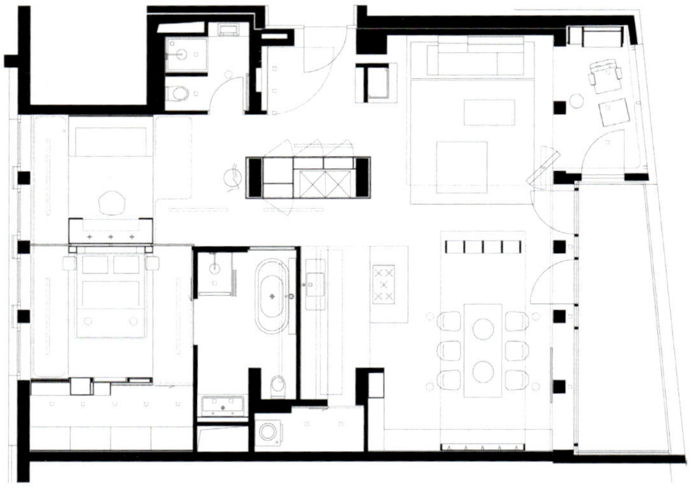

船桨之家

整个设计打造了一个与众不同的居住空间，最大限度地接近居住的真谛——取得最大的人生意义为原则。这个房间宽敞、明亮，很像一个LOFT。从某一个合适的角度观察，房间浑然成一体。不同的功能区都以滑动门或厚窗帘为隔断。通过这种方式，使内景和外景都清晰可见。这个房间的私人空间分为休息空间和工作空间。卧房和书房之间以橡木墙、地板、天花板为隔断。

Schrader豪华公寓

这幢公寓以白色作为设计基调，另有少许黑灰色和灰色木纹点缀其中。貌似这背后藏匿着许多东西，而公寓的门把它们全部挡在了人们的视线之外。四间更衣室经过特殊设计，足以容纳酷爱高档时装的女主人那为数众多的衣服。公寓的布局开放流畅，起居室和餐厅采用了一整面通透的玻璃幕墙。设计师把餐台做了雕刻艺术加工，在厨房中央的烹调区也使用了同样的手法。

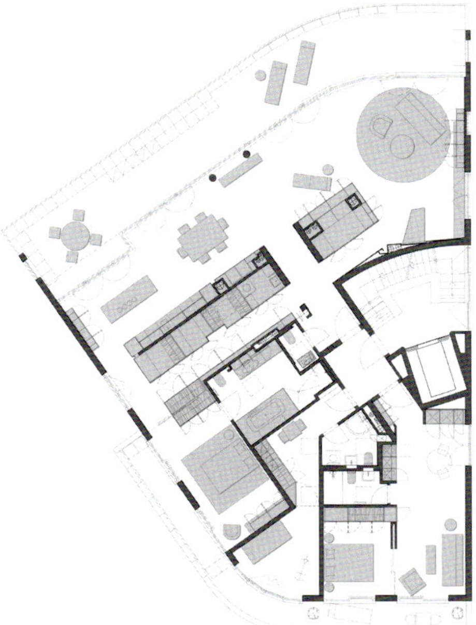

Photo: Katharina Gossow

Hollin + Radoske Architects

Photo: Markus Mahle

ATELIER TELIER BRÜCKNER GmbH

松下展厅

松下展厅的创意及理念来源于阿特利尔·布鲁克纳，他同柏林知名媒体艺术人共同打造了一个立体的、移动式产品展台。2007年，展厅的主体结构为一个蓝色的盒子，里面展现着属于松下的数字世界。地板、展示墙以及连接不同展区的格子栅栏都一律被饰以蓝色——松下的标志性色彩。这一设计体现了松下的一贯主张，即“网络生活”，彰显了其不同产品的易操作性以及相互的联系。

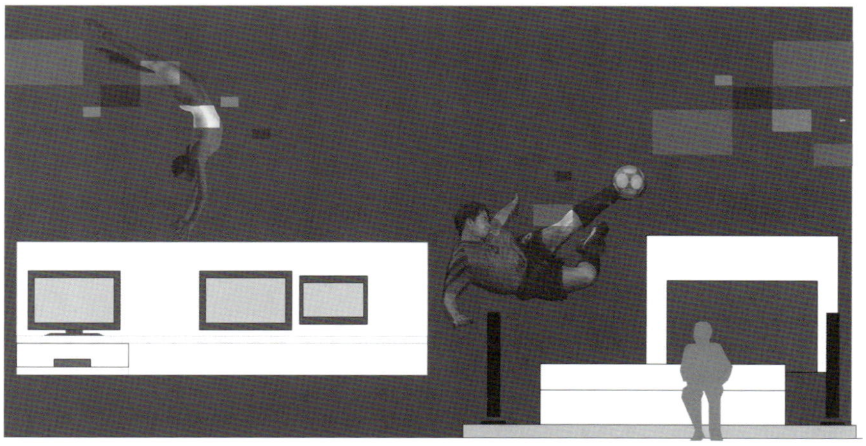

兰蔻美容研究所

空间采用高档的材料和精致的细节装饰，抛光或镜面等材料与亮白色的家具形成反差，作为时尚、严谨和功能性设计的基础。壁纸、帷幔、马赛克瓷砖和温馨的木艺装饰刺激着人的感官。落地屏风营造了开放大气的效果和舒适宁静的氛围。智能照明系统强化了室内设计。特定区域采用不同的灯光氛围，将兰蔻品牌的美感展露无遗。

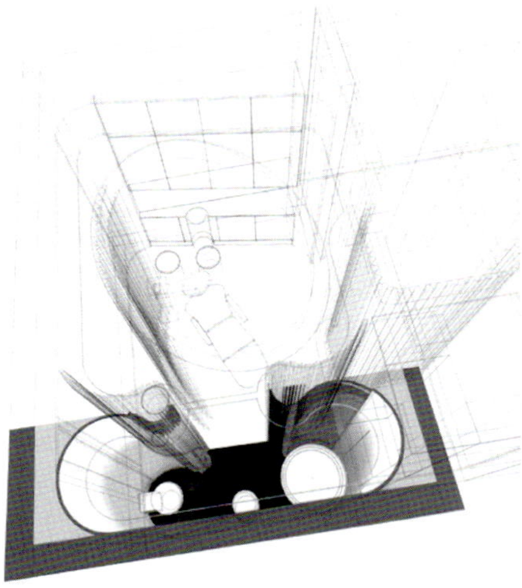

Photo: Plan2Plus design

Plan2Plus design

“水晶之浪”展示

水、灯光和水晶——高品质的装置，华丽梦幻的镶嵌工艺，打造了一个璀璨的浴室世界。就像一部电影剧本，“奢华浴室遇到精美织品”和“水晶之浪”的陈列橱将浴室和精美织品用奢华的细节结合起来。为展示所有的材料提供一个最适合的背景，精确的栅格托出了特殊的区域，所用的主要材料包括玻璃、石块、水晶和一流的织品。核心主题即水元素。

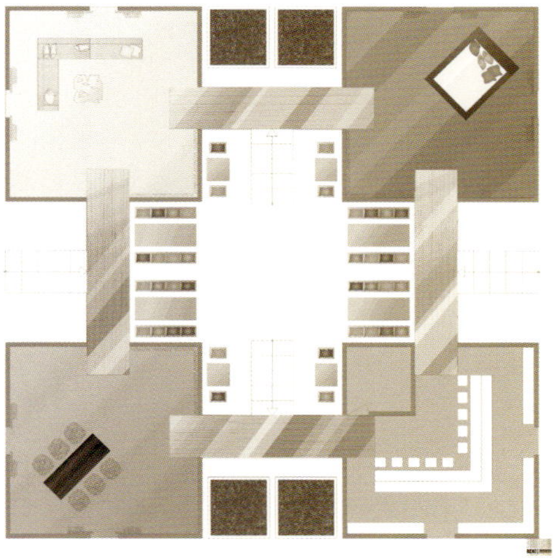

“由表及里”展示

室外和室内的融合因室内设计运用水平、材料和时尚，使空间观念透明化。设计团队的目标是让客户满意，让使用者感到欢愉。该展示将一间市内别墅和邻近花园的平面图变成一个背景，三个立方体展示了“寝室”、“起居室”和“餐厅”的情形，第4个立方体成为一个吧台，为公共餐饮之用。

建筑展厅

整个展厅可以全部回收或用于别的用途。大伞框架采用再生铝材制作，轻质可延展薄膜降低了材料的损耗。展厅内的座椅由工业产品打造，回收之后可用于包装或填充用途。每个座椅只有6千克重，相比标准办公座椅要轻得多。重要的一点是，这一设计便于整体运输，环保而省力。

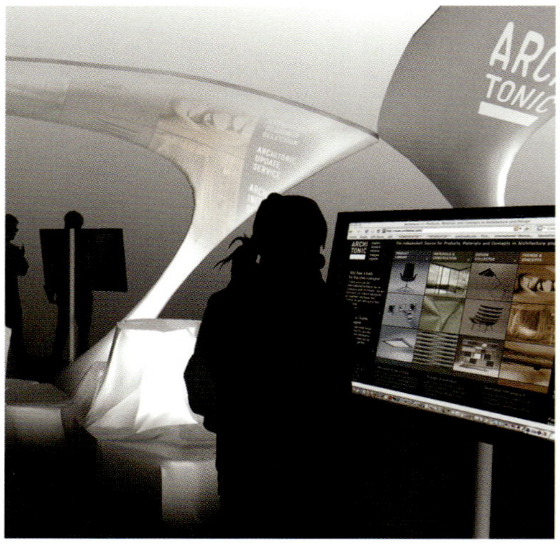

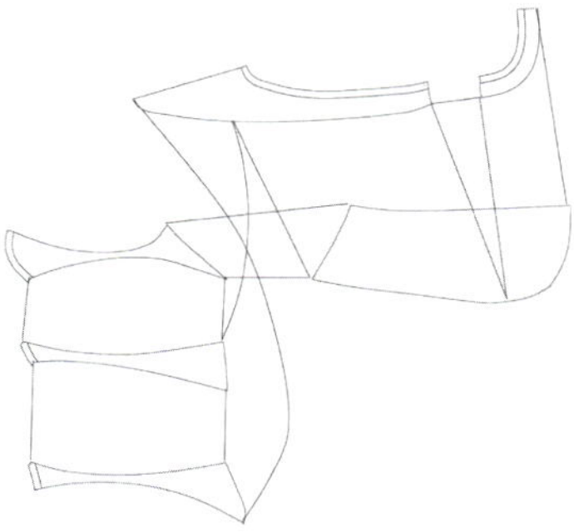

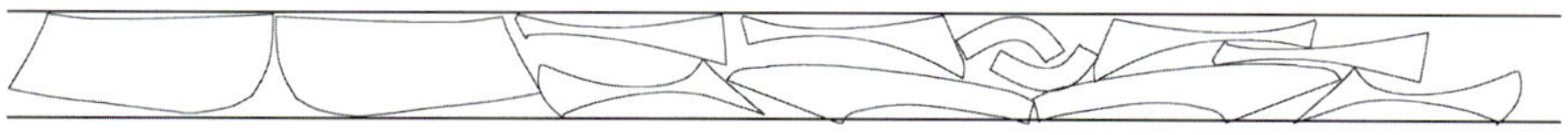

奥林匹斯与哈得斯品牌之奥格斯堡店

在奥格斯堡，该综合品牌店项目的面积为800平方米，并且有四层半高。这四层楼包括商店的前部分和后部分，并且由一系列的楼梯连接起来。从每一层楼上都能同时看见另外三层中的两层连接在一起。技术设备的下面是光滑的、彩色的环氧基树脂地面和磨光家具。商店的设计氛围使原本矮小的空间变得极为高大，这个房子底层为彩色的墙壁，而顶层则主要为黑色的背景。

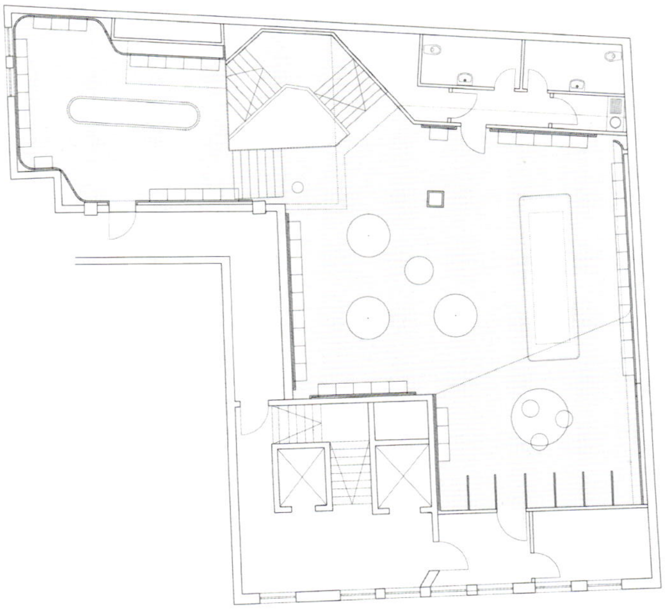

Health Care 健康护理

Germany 德国

Düsseldorf
杜塞尔多夫

Photo: Marcus Schwier

Graft Gesellschaft von Architekten mbH

牙科休息室

这个项目设计的灵感源于伊斯蔻雷皮亚斯蛇杖，一个蛇围绕着一个蛇杖盘旋的画面是医学领域的共同象征，展现了一个迷人的立面。建筑平面空间的局限性恰恰有助于这种感觉的体现，之后人们被引领到一个更进一步的房间，逐渐体验到整个室内空间的氛围。清静的氛围和淡淡的消毒水气味弥漫着整个长廊，褐色、橘色和红色等激烈的色彩和成功的空间雕塑交相呼应，给患者营造一个康乐舒适的感觉。

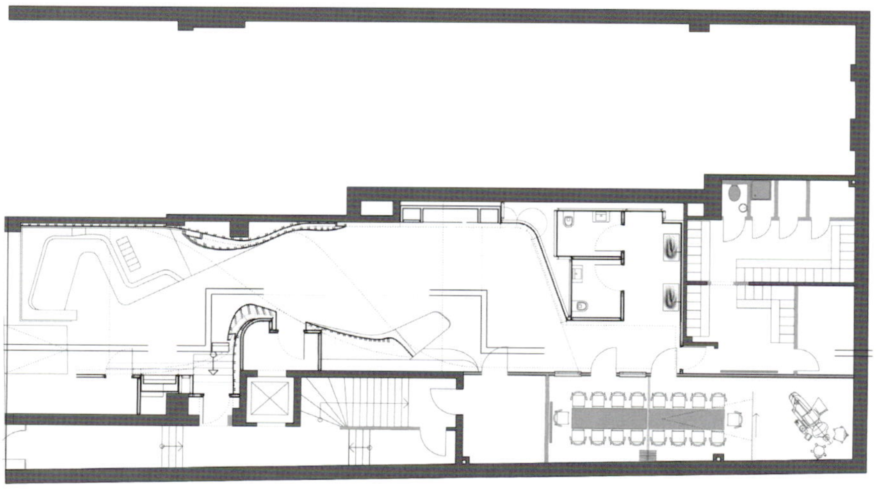

哈恩•斯特恩保健中心

一般来说，保健中心的特色即为病人数量多、等候时间长（由于复杂的诊断过程）、环境对病人情绪的影响。因此，设计师所面临的挑战即为如何将这些融合在一起——将必须的高新技术设备合理地分配在功能区内。首先要考虑的是病人的情绪，为此，休息室要注重营造安全感——方位标识系统为病人提供方便、所有的医疗设备都适当地隐藏起来，让病人感觉到他们来到这里是正确的选择！

Photo: Zooey Braun

Ippolito Fleitz Group - Identity Architects

Shop 商店

Germany 德国

Oberhausen
奥伯豪森

Photo: diephotodesigner.de

Plajer & Franz Studio Erkelenzdamm

s.Oliver奥博豪森旗舰店

为了彰显s.Oliver QS品牌的独特性，设计公司被要求进行一个全面的构思，用以展现一个绝对时尚靓丽的品牌服饰的店面。最为时尚和先进的材料都应用其中，目标明确定位于年轻的时尚一族。灯光照明的设计理念基于流线型的风格，天花板上镶嵌的黑色的盘状装饰灯和穿孔金属板的射灯遥相呼应。商店的天花板给人以宽敞无约束的感觉。通过背景墙和彩色玻璃的映衬更是锦上添花。

都普利卡沙别墅

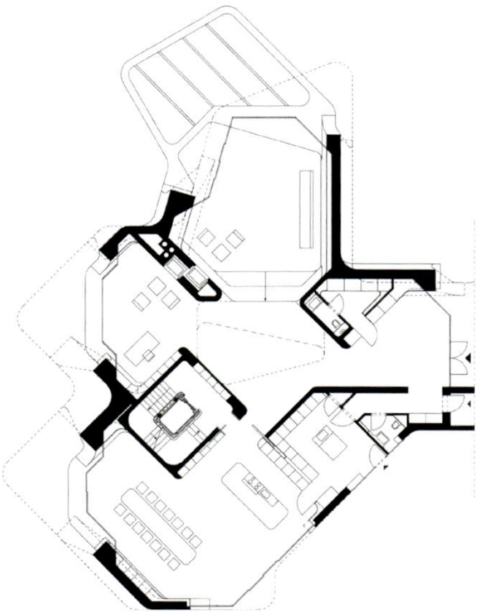

相对于夸张的建筑外观设计而言，别墅的室内设计低调了许多，保证了居住空间的耐用性和舒适性。别墅的二楼格局呈弯曲状，正面可以欣赏马尔巴赫镇的风景，而背面则是隐密的私人空间。开放的一楼与户外景观融为一体，白色的楼体延伸至花园内，体现了别墅内部与外部的融合。草坪在房子周围形成了一个圈，自然生长的植物将会让人产生与自然界逐渐融合的错觉。

Photo: : David Franck

Juergen Mayer H., Georg Schmidthals, Thorsten Blatter, Simon Takasaki, Andre Santer, Sebastian Finckh

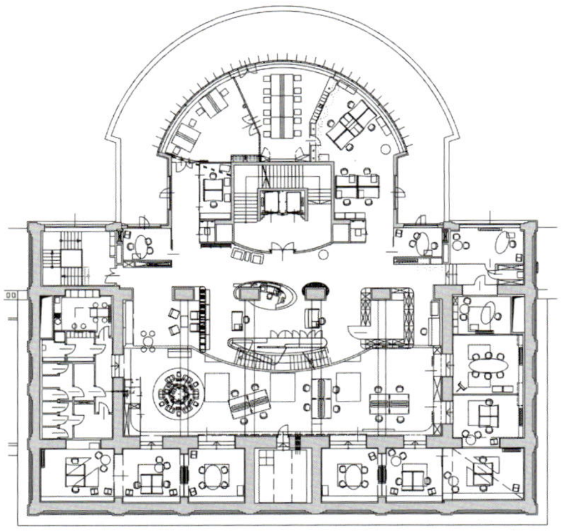

埃森哲办公室

办公室位于维也纳市中心的一幢历史建筑内。空间内融合了不同的设计成果。外观保留了建筑的历史感。正厅中有许多设计亮点。玻璃板和镜子在视觉上扩展了空间。办公室旁边有一个由镜子和植物组成的“人造景观”。分散的光线给人以开阔的感觉。阴天时，天花板的顶灯和间接照明灯就发挥作用。模拟自然光的设计有助于提高工作效率。

Oyler–Wu之家

整体的设计定位为成熟的当代风格，大块的大理石饰板和胡桃油木充斥着大面积的空间。这些材料的质感丰富，与墙面的色彩和质地完美的融合，共同将这个自然而又温馨的空间营造的简单大方，点缀有一些家具和装饰的元素。陈设的多样化与原始的材料相互衬托：皮革、玻璃、木头、矿石和金属。色彩与整个空间的搭配和谐而亮丽。

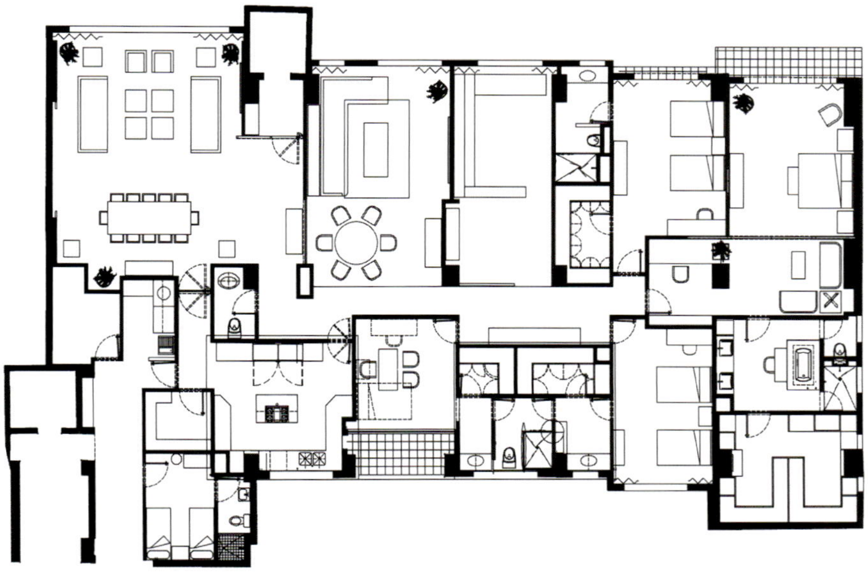

Photo: Michael Stepanek
Michael Stepanek

累范特风酒店

这个建筑的前身始建于1908年，可谓是现代主义建筑的一个典型的代表之作，为维也纳大学和包豪斯建筑学派所公认。改建后，设计仍然保持原有设计特点，即强调理性，对于装饰的简化以及材料和先进技术的采用，而这些特征使得设计具备了很强的灵活性。在这个理念及原则指导下，不同学科的建筑师、设计师和艺术家将建筑转换成为一个具有创意的空间，将画廊和酒店融为一体。

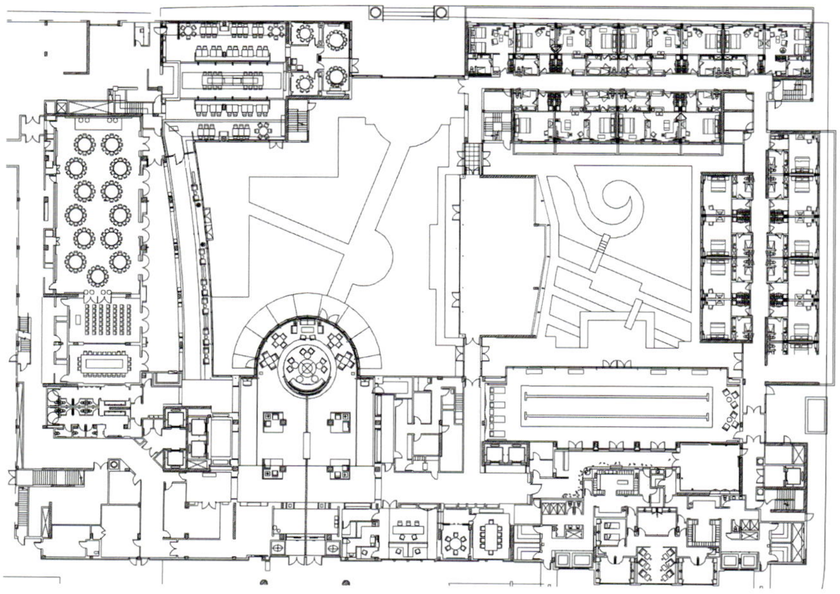

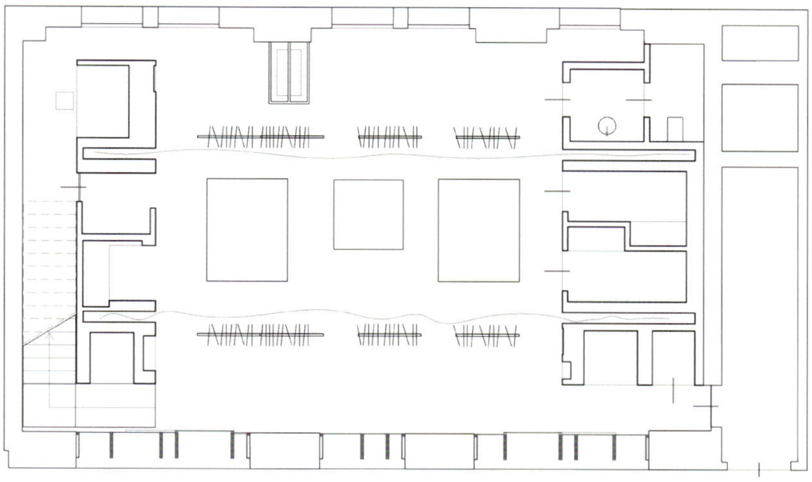

2006Feb01

BEHF以其专业的设计理念而闻名世界。店面环境的主要框架包括两个部分——商店外部繁华的街道和寂静的花园。该项目原本是一家银行，门面的石材此刻也被翻新。BEHF事务所的典型设计风格体现在店面的一些主体设计中，例如地面采用了未经处理的、纯灰色的光滑水泥表面的设计。壁龛、架子、抽屉以及更衣室都采用不同的豪华材质进行装饰，例如抛光的不锈钢或华丽织锦。

Photo: BEHF architects

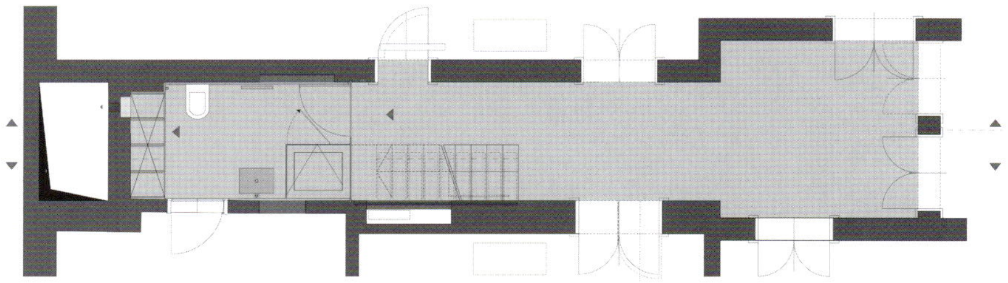

浴室展示

在这个项目中，设计师努力的寻找一种材料或者色彩，与接待室的木制的地板搭配在一起。最终选用黄色的丙烯，并且将这种色彩的搭配一直延续到浴室。前方的一面玻璃墙在浴室中起着分隔阻挡的作用，将私人空间单独区分开来。浴室里面的墙上镶嵌着玻璃的镜子，使空间感增强一倍、两倍甚至更多。因为空间的局限性，设计师将空间垂直的分为两层，彼此相互衬托。

伽本画廊

在这个特别的项目当中，设计师尝试着去营造一个空间感强但是又不失各种功能和特色的空间。这座建筑有着大约300年的历史，因此所有的墙面和室内的摆设都需要重新装饰和粉饰。绿色厅作为聚会的场所。活动的摇椅是设计师的精心构思，令整体设计充满着流畅和自由感。红色和绿色是这个空间里唯一不变的主色调。

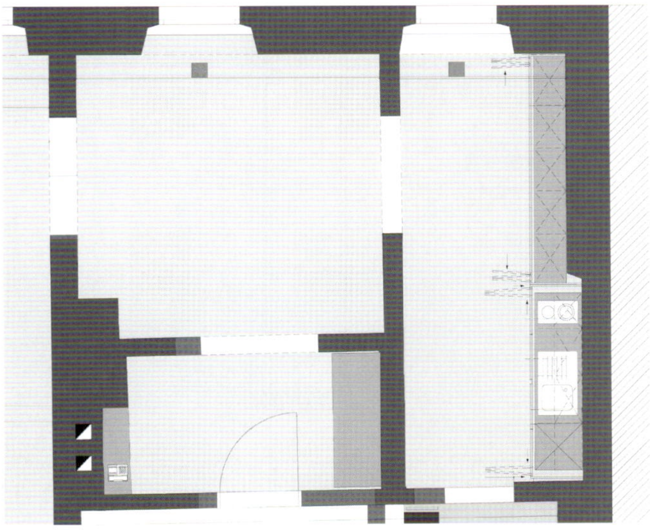

Photo: ISA Stein Studio

ISA Stein Studio/Team M

波斯特酒店

波斯特酒店的设计风格很好地融合了当地的风貌特色。从前，此处是城市和乡村、园林的交会处。附近市政厅花园的重建工程将是整个项目的关键，建成后，花园将延伸到波斯特酒店的停车场，并且还要在花园和停车场之间修建一个庭院。该项目将矿石和植物等材料完美地结合到一起，这种设计为建于18世纪中期的波斯特酒店提供了一种新的设计思路。

唐苏根绿洲温泉屋

贝尔格·欧斯的各部分都有各自的特点，特点在于它们之间的相互联系以及它们各自与环境之间的联系。通过科技树保证自然光照和风景视觉，同时科技树也是夜晚内部生活的信号，通过人工光照烘托出一种魔力的氛围。所以外部的公共区要重新的设计，进而给人一种安逸的感觉，而且还能解决停车场的问题，因此要谨慎地设计完整的计划。

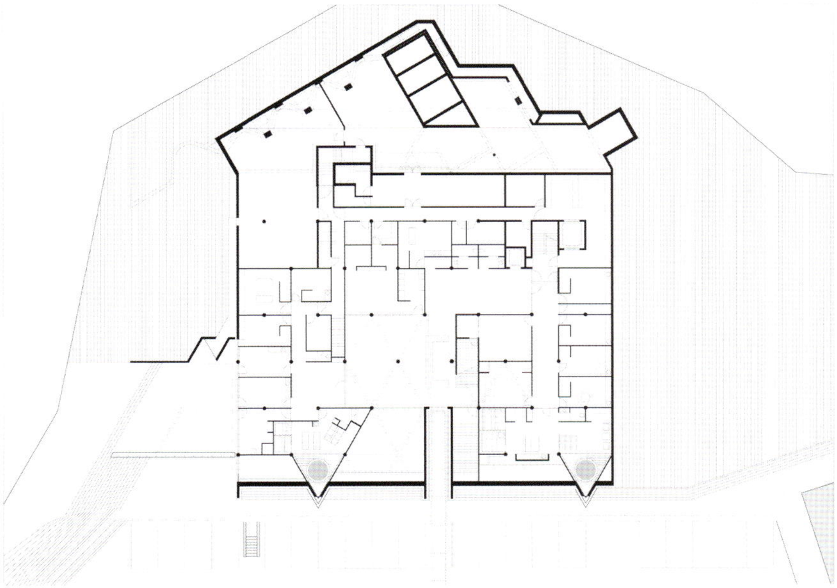

Photo: Enrico Cano and Pino Musi

欧丽雅酒店

欧丽雅酒店的室内设计遵循了20世纪欧洲人开发美国大陆时的现代建筑风格。这个设计的概念可以概括为欧美之间的对话。欧丽雅酒店的内部，是一个真正现代人的传统设计。虽然欧丽雅是一个酒店，但是设计的宗旨是要给客人一种家的感觉。相对于酒店附近令人惊奇的风景以及美丽的Zernatt村庄，酒店的内部设计者打算将酒店的背景设计成一种平静的风格。

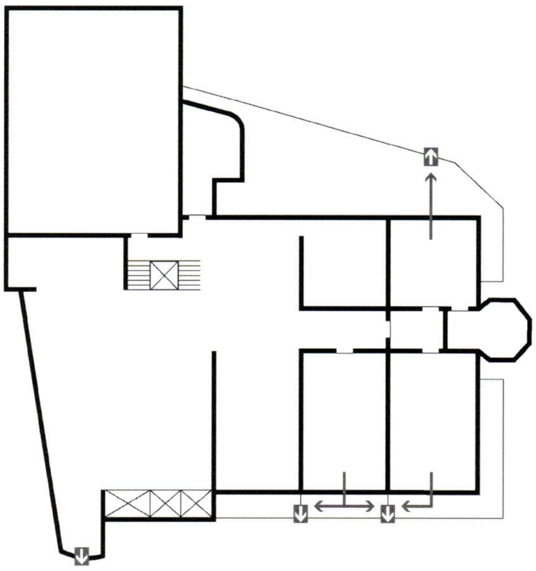

激情永恒

“激情永恒”位于商业中心的两座办公大楼之间，是一个具有先进的激光美容技术、新式SPA疗法以及观赏休闲功能的场所。这个空间的设计以白色为主色调，通过灯光的折射渲染室内的色彩，令人感觉就像是一个通透晶莹的科学宫。大量的彩色树脂玻璃装饰，令整个空间变得五光十色，新鲜而又不失温馨。花园里种植着充满生机的绿色植物，与装饰品上的雕花完美结合。

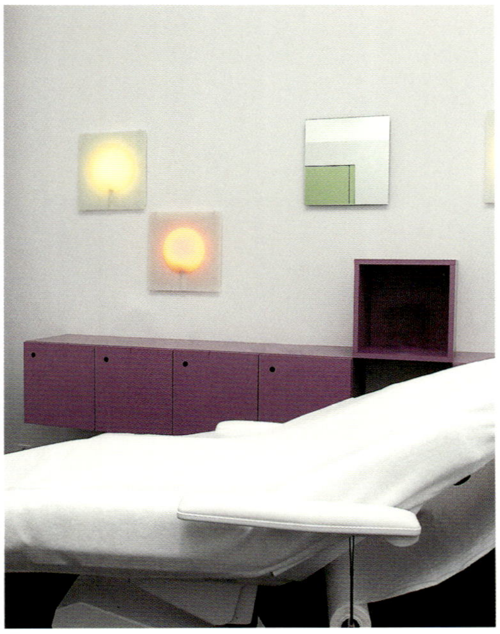

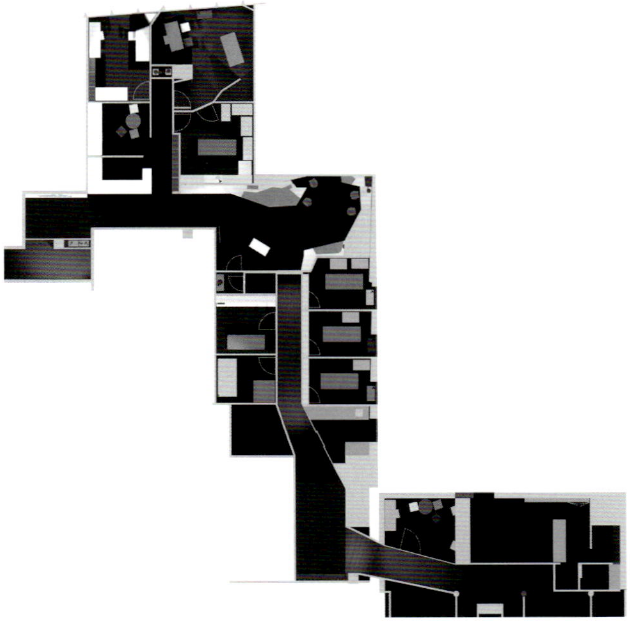

Photo: Isa Stein

Isa Stein

Photo: Hollin+Radoske

Hollin+Radoske

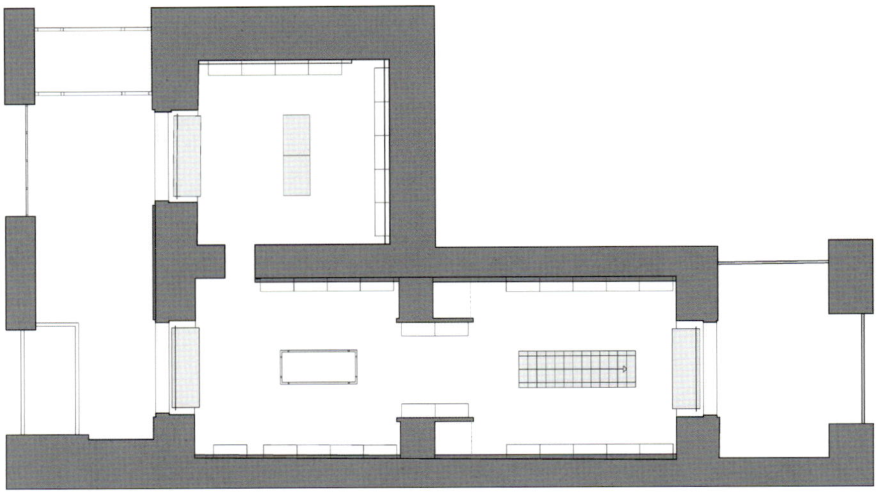

红场商店

这家豪华的商店位于莫斯科市中心的红场，房间的形状反映了建筑的历史特色。商店内有一条宽大的走廊，外面有木质店门和厚重的石墙，室内采用黑色的墙壁和天花板，背光玻璃幕墙和绿迹斑斑的铜板装饰。展台和收银台由白色大理石和不锈钢制成。男装展区旁边是一条画廊，此外通往男装部的楼梯别具一格，由铜框架和玻璃踏步组成。

茶匙

SHH 为俄国的茶室“茶匙”（建立于圣彼得堡南部的大型购物中心）创造了一个崭新的设计理念。“茶匙”提供一系列专业的茶品和味道甜美的薄饼。顾客在等待食物的时候，还可以观看到薄饼制作的过程。设计师运用各种不同的色彩和风格装饰茶室的墙壁，尤其重点使用了橘黄色作为茶室的主色调（灯光也被设计成橘黄色），而且，茶室的座椅也被设计得舒适而时尚！

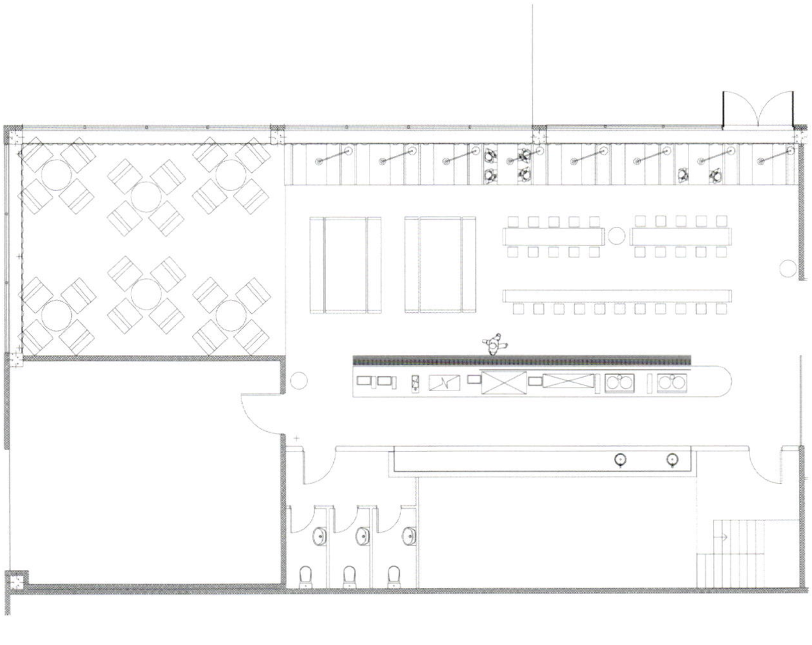

拉萨里尔餐厅

设计师费德瑞克致力于室内设计，用新颖的空间和布局理念打造出这一兼具功能性和适用性的餐厅。设计师利用滑动式的隔断打造出一个新的休息区。其内部按统一标准设计，可以根据需要分隔成不同的空间。用隔音板包裹的浅色墙壁的周围多半摆放着非洲铁刀木家具。在照明方面，灯光或平铺直射或聚拢交叠，使光与影更替形成几何造型的效果。

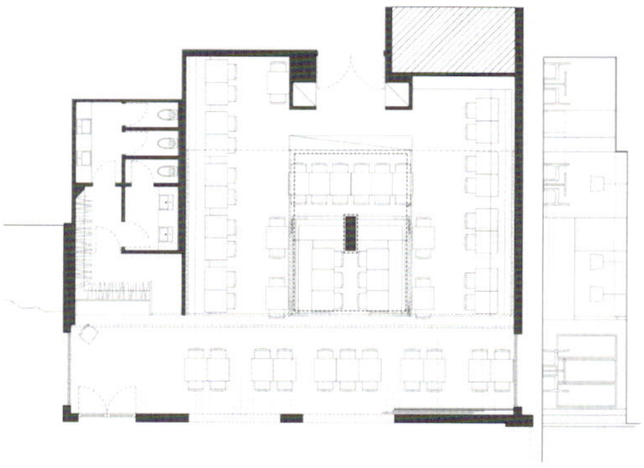

贡萨维维安尼建筑师工作室

简单自然是这个项目设计的灵魂所在。白色、铝合金和玻璃作为主要的材料，让整个办公室通透明亮，沐浴在阳光之下格外的美丽，活力十足。设计的主旨就是致力于这种简单的空间和自然光能够最大限度的得到很好的应用。地板的色彩采用浅灰色，用陶瓷铺制的，同白色的墙体和天花板和谐统一，相互衬托这种和谐的氛围。

Photo: L. Rinaldelli, P. Savorelli
Andrea Ponsi Architect

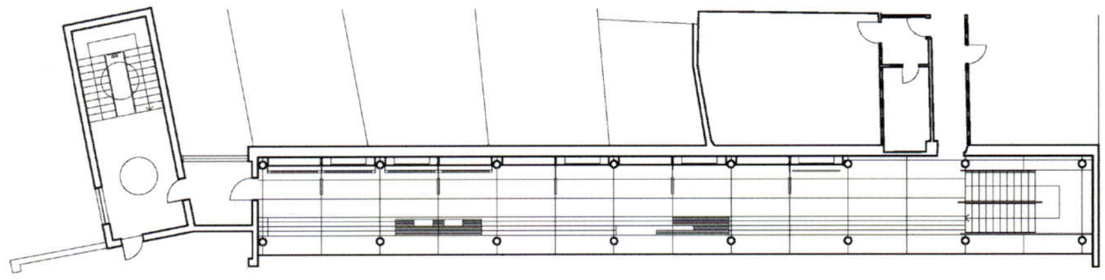

“Olivart” 文化中心

该项目是托斯卡纳橄榄油文化宣传中心，位于阿雷佐城附近。中心由研讨会和会议区、示范厨房区和餐厅区构成。木质格子框架横贯整个建筑外部，半圆形凳子和一颗大型橄榄树紧紧围绕在草坪周围。室内所有陈设皆采用特殊手法定制，其中，就餐大厅中心的浮动铜灯、餐桌、可移动木架和铜质散热器做工精细、质量上乘。

秘密花园

巧夺天工的 “花山” 作为“Lyceum”的主入口，构思巧妙，匠心独运。设计师运用明媚的黄色作为“花山”的底色，并缀之以白色“花瓣”，微风吹来，花朵迎风舞动，令人心旷神怡。凉亭的中央设有大片绿地，偶有黄色“小山”点缀其中，游人坐于其上，体验非凡感受。蓝天白云、空中轻舞的“蒲公英”、清新绿地带给人们无限的遐想。

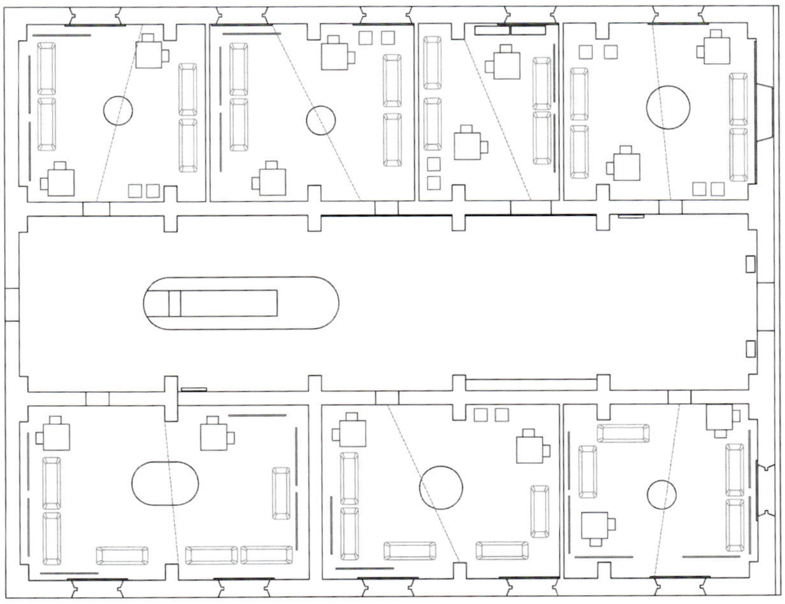

展览——天才画匠达芬奇

展览会在阿莱佐市历史中心的一幢15世纪文艺复兴时期建筑的一楼举行。文艺复兴时期的重要文件、地图和天文仪器都放置在特别设计的展柜里，由光纤系统提供照明。最里面的两间屋子展示了达芬奇亲笔创作的五幅地图，全部由温莎收藏提供。这些真品画作都被放置在画架上展出，以显示它们作者的深厚创作功底。

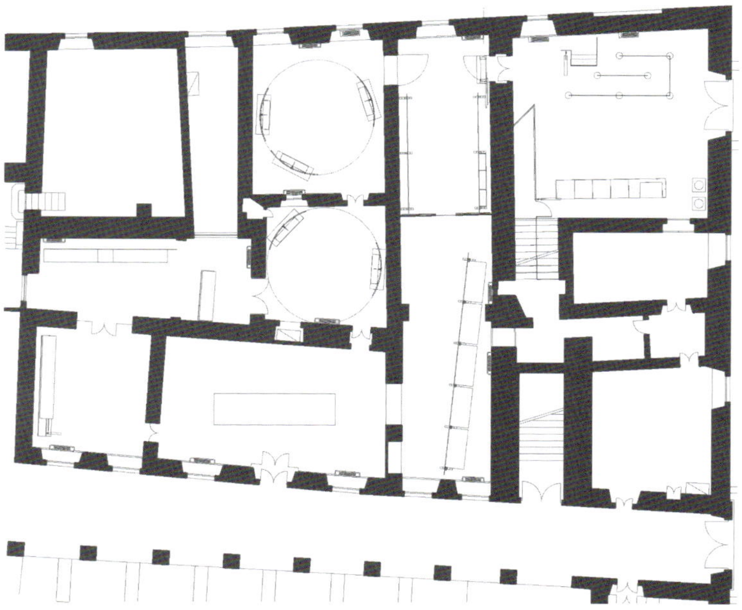

意大利阿马尔菲海岸圣罗莎酒店&太湖水疗

酒店凭借其独有的设计风格以及得天独厚的优越环境一直令游客心驰神往。置身于17世纪风格的酒店之中、聆听海浪拍岸之声、轻嗅柠檬树夹杂着海风的味道、体验非凡的庞培水疗服务，来到此地的每位游客必将舒展身心，流连忘返。

Photo: Courtesy of Hotel Santa Rosa & Spa

Photo: Communication In Pix+txt and Ilaria Marelli

洞穴服装店

本项目的设计灵感来源于地质学上的洞穴：黑暗的空间、透过缝隙照射进来的阳光、形态各异的矿石，以及浓烈的自然色彩。设计师将这些元素融入设计中，创造了刚毅的阳刚氛围。服装店入口处的墙面呈锯齿状，如同沉积的玄武岩。透明的串珠门帘从天花板垂下。室内的彩色灯光点亮了黑暗空间，透过垂落的串珠折射出奇异的光线。

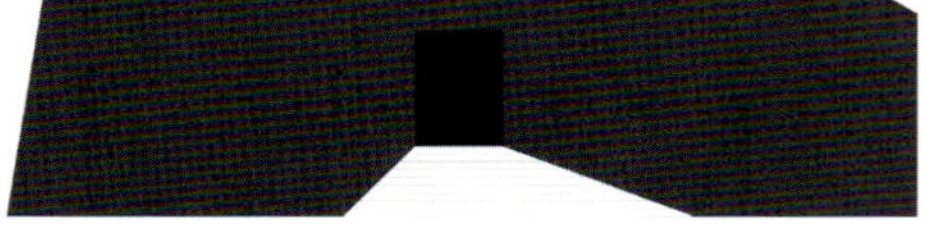

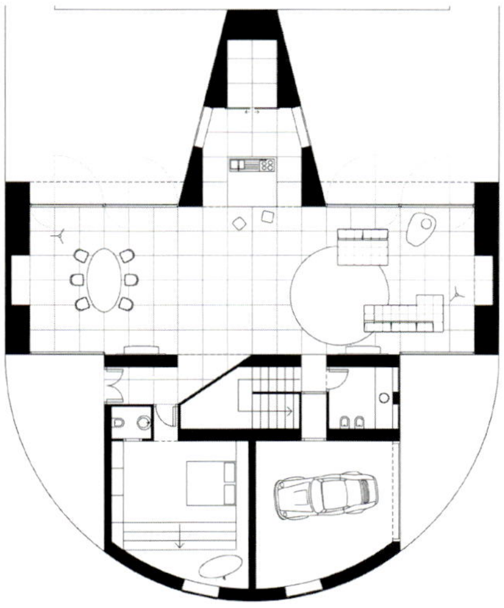

圆顶别墅

设计的核心是将长长的中央大厅分成三个6米宽的区域。大厅内采用石灰石地板和灰泥墙面，色彩均匀，质地统一，看上去就像一条丝带。如同为未来的房主提供一张崭新的白纸，可以任意绘画自己的体验，涂抹自己的经历。同时，从大厅两侧照射进来的自然光线也在用自己的方式诠释着空间设计。南面的窗户在冬季也有阳光照射进来，而厚厚的水泥弦月形窗户可以在夏天遮挡阳光。

赛宾·施韦格尔特展示

深蓝色的外观、生动的装饰，以及其流线型的轮廓，使游客在入口处就体验到了展馆内的氛围。整个墙壁都覆盖着形象的装饰——西班牙里斯本上光花砖的复制品。风格化的建筑物如圆柱、拱门以及入口，都在完善着地中海庭院的形象，水面上覆盖着睡莲的喷泉和富有诗意的酒吧，都力图在地中海建筑艺术及手工传统的感染下，使二者融合于其蓝白陶瓷工艺的样式和色泽中。

Photo: Ilaria Marelli

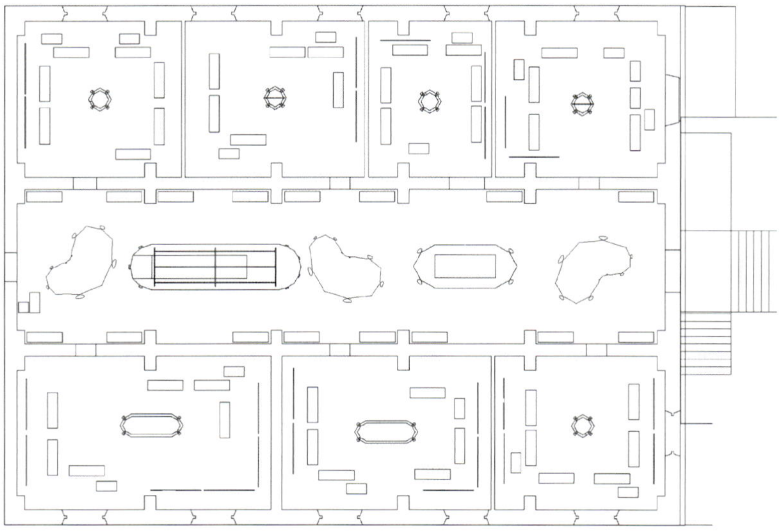

Ilaria Marelli

阿兹穆特康复中心

阿兹穆特康复中心是依原厂房的框架结构而建成，在保留原始框架结构的同时，加入新元素。在大楼中心区域设有5米高的浴室和小型诊疗室。围绕该中心结构的一条环形小径，将访客引领至中心服务区。楼体选用了两种色调来装饰。灰色墙壁缩短了空间的纵向视觉比例，更增添舒适愉悦之感。房顶刷成白色以营造清新、明亮的空间效果。设计中注重灯饰的选择，充分利用自然光线。

波尔意大利总部

凭借来自各个相关领域的专家，包括人体工程学家、安全专家、设备经理、信息系统设计师、环境心理学家、工作场所医生等，建筑师马达利领导的团队遵循“综合设计”的原则，设计出了管理成本低，功能性强，而且实用、高效的建筑物。此外，考虑到客户的环保意识，波捷特向波尔公司提出了创建“绿色大楼”的建议，这个高度节能的项目使设计者能够研究用于实践。

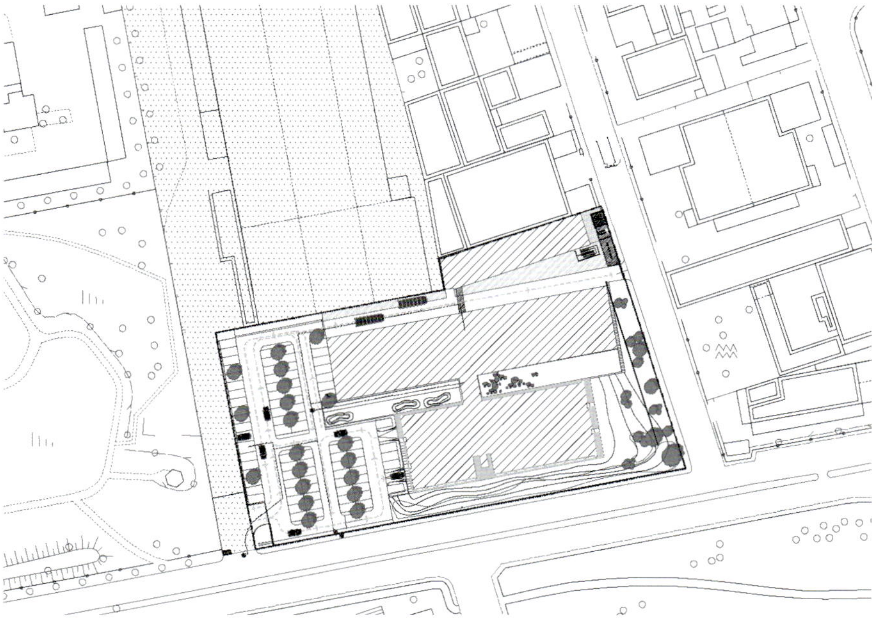

Photo: Matteo Piazza

Progetto CMR Massimo Roj Architects

布鲁斯·波尔扎诺商店

本项目坐落在古城波尔扎诺的市中心，商店扩大到四层，入口处使用具有城镇本土特点拱廊设计。项目室内设计注重不同楼层设计的特异性，每层使用不同的设计材料、设计风格以及灯具设计。虽然各自独立划分，却又藕断丝连，保持着与整体的和谐统一。商店的格局划分明确，结合灯光的照明效应，使每一楼层都有自己独特的特点。

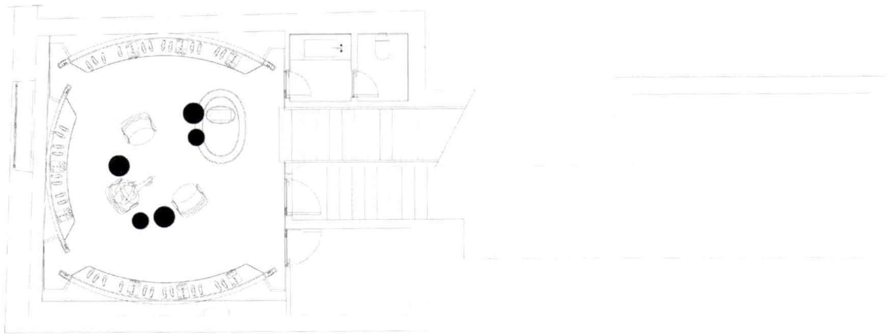

Photo: Arch. Alessandro Bartolini

Arch. Alessandro Bartolini

Photo: Yael Pincus

Studio 63 Architecture + Design For Miss Sixty/ Energie Retail Emporium – Catania

安纳吉品牌服饰店

“安纳吉”品牌是20年前在意大利创建的一系列男装品牌，现在“安纳吉”商店以新理念在全世界广泛开业。被建筑师们理解的这一建筑理性的、纯净的和简约的特征就是男性美，因此“安纳吉”品牌适合男性的穿着风格。很多顾客都十分拥护20世纪50年代的风格。这引发了设计师们对此的深度研究。其目的在于利用现代性的材质和风格重建一个唤醒过去的空间。

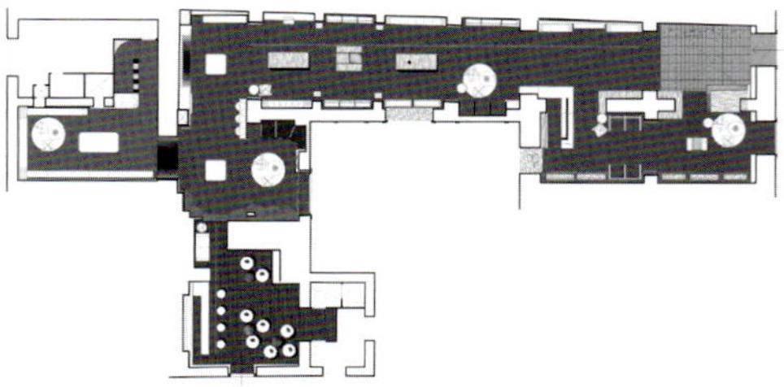

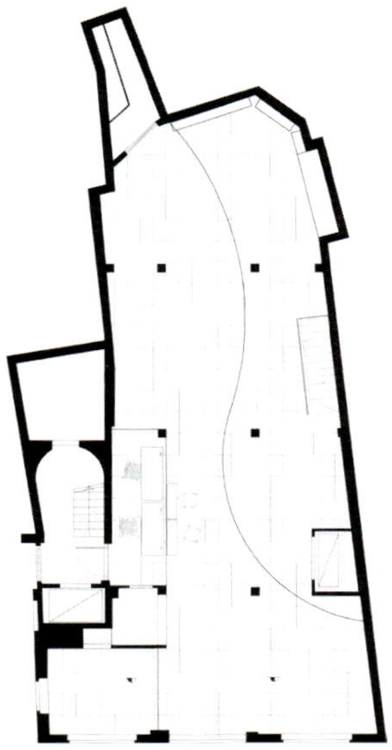

米兰家具店

"可丽耐®设计-米兰店"在设计和装饰上采用了杜邦公司的多种材料和产品。其中包括：Zodiaq为展示厅的地板设计；可丽耐的大型、背光镶嵌板，高度约2.5米，作为装饰的同时，展示一些墙壁和内置家具以及3个内部和外部存储窗框；Sentryglas为3家店面窗户提供的夹层安全玻璃；Sentryglas为一室内的玻璃墙提供的装饰安全玻璃。

Photo: Lorenz Kaz Studio

Lorenz Kaz Studio

Photo: Yael Pincus

Miss Sixty女士精品店

在这里您可以找到一个迷人的世界，神奇的风景和一个假想的现实。弧形墙壁与有机的设计空间，条纹状的柜台，柔和舒适的表面，所有的创作都超出了现实生活。给予你随意改变自己的自由遐想空间。巨型鲜花绽放在米兰这座时尚都市的心脏，珍贵的材料（如陶瓷和华美的机织绒面毛毯）覆盖了墙壁和天花。设计借鉴了安迪•沃霍尔的流行艺术，将20世纪70年代的流行元素变为巨型立体鲜花。

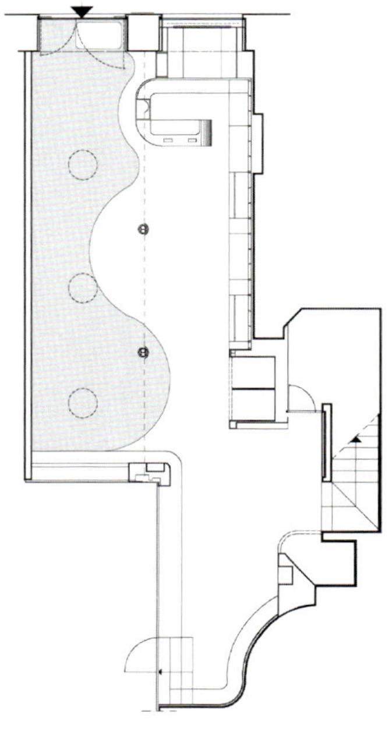

西门子公司

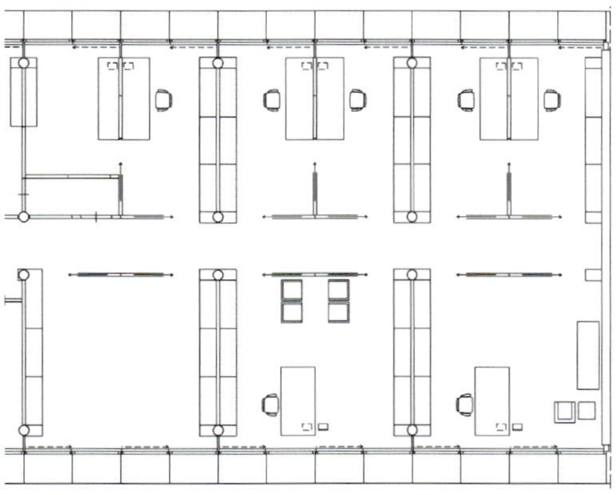

在当今快节奏、全球化的市场上，员工不断地移动，但总是需要保持互相联系和沟通。因此，工作环境变得简洁、能够快速进出并易于移动。设计师们把一个旧的工业建筑变成了功能性强、轻松舒适的环境，并为各种工作活动配有一系列不同的辅助支持区域：可定制的工位、可移动的档案馆、私人会客室、为高度隐私而设置的封闭区域，以及专门为自由办公的员工准备的“会所区”。

Photo: Sabine Schweigert

Progetto CMR - Massimo Roj Architects

佛罗伦萨商店

本项目的设计灵感来源于它的品牌口号：金子是光芒四射的！我们想设计出一个类似于金矿的空间，其间让人感觉奢侈豪华，金碧辉煌。纯白色的陶瓷墙壁让人看起来像手工制成的一样。墙壁的表面布满“洞”——构成了新颖别致的展览窗。墙壁和屋顶的其他位置由金叶构成，地面覆盖有灰白的绒毛地毯，灯光柔和而优雅，并且所有的照明器材都处在隐蔽的位置。

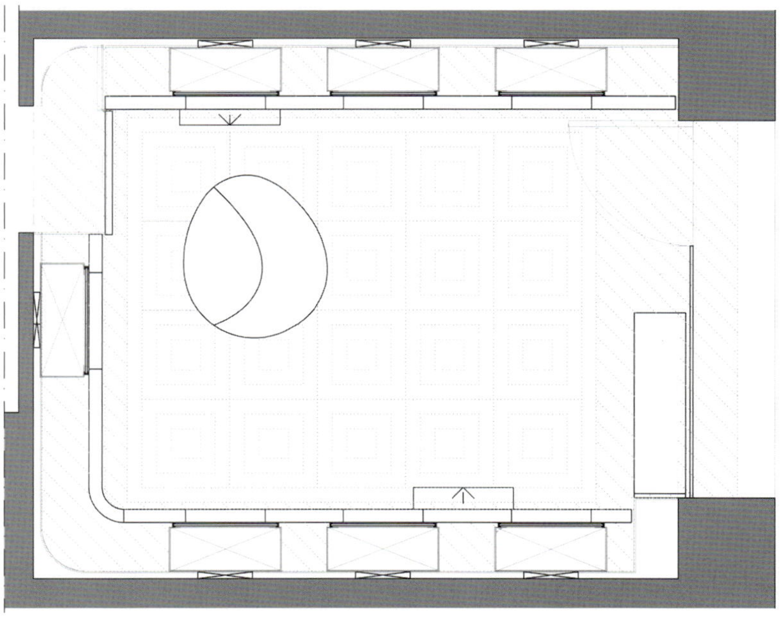

私人矿泉疗养馆

墙壁完全使用灰色玻璃罩面，延伸到整个房间，让整个屋子充满了无限复制的感觉。树脂地板是健身的最佳选择，镀铬磨砂的健身设备与墙壁的罩面相辅相成。滑动门由白色的无机玻璃制成。健康区包括一个温水间、一个淋浴间、一个冲浪泳池和一个旋涡浴。将地板、墙壁和温水浴的座位进行加热，给人一种放松和重生的感觉。

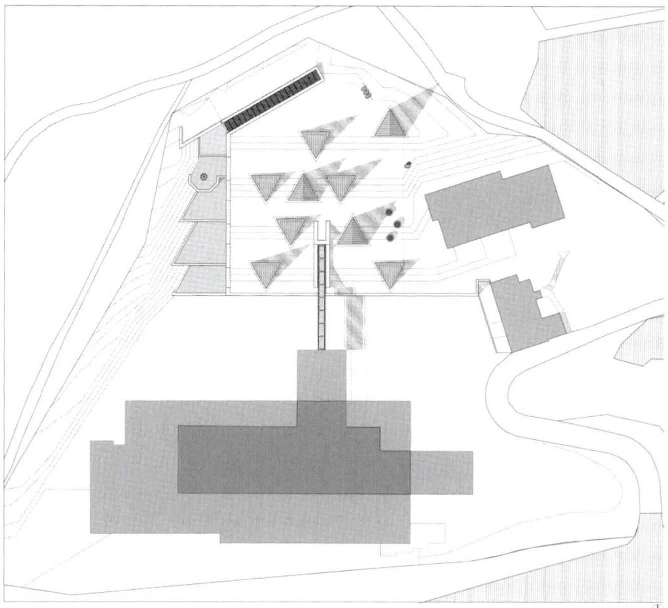

Photo: Alberto Ferrero

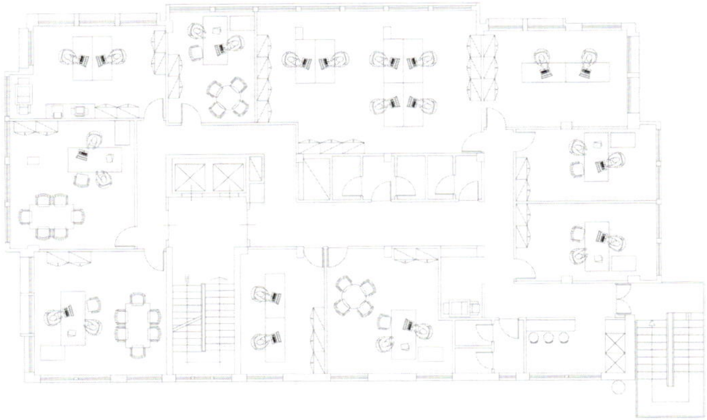

芬梅卡尼卡罗马办公空间

为了使芬梅卡尼卡集团焕然一新，波捷特公司巧妙地运用了色彩搭配来重新定义内部空间，同时强化企业形象：接待处和走廊等公共空间使用了鲜红色；而地板则是深浅不同的灰色。设计师采用传统的分配方案设置了封闭空间，同时办公室的设计保证最大限度的灵活性与功能性。每一层都有会客室和休息区，顶层设有大型会议室，地下室设有公共服务设施。

Photo: Beppe Raso

Progetto CMR

斐乐办公

该项目概念设计的灵感来源于新的企业使命，“运动中的艺术”。在一层接待处，有两个通道分别通往集团的两个公司——斐乐和卢森堡，每个都有自己的空间特性和企业颜色：斐乐是红与白，卢森堡是黄与蓝。这两个品牌保持着各自独特的形象：斐乐品牌以伟大的体育冠军的完美运动表现为主题，而卢森堡则与传统的体育活动和空闲时间相联系。

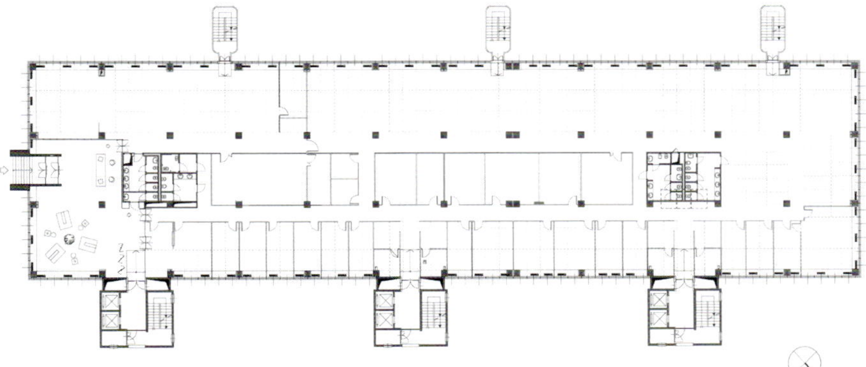

Photo: Beppe Raso

Progetto CMR

BA阁楼

整体构造相当具有趣味性，包括两栋四方建筑，有高高的坡屋顶，沿着两边的边界有较低的护墙。内部门面俯瞰着整个庭院，由像玻璃的巨大的滑动板组成，无论是冬天还是夏天，无论嵌板是开还是关，都可以尽可能的扩大空间感，尺寸和比例都不会发生变化。白色作为装饰墙面、天花板和大部分家居的主色调。

Photo: Andrea Martiradonna

Biasa服饰精品店

最引人注目的是精品店中心坚固的混凝土楼梯。它由一系列设计元素组成。从侧面看，就像一个个长方形混凝土块沿着G字形折叠起来，随着踏步的高度起伏。G形上半部是楼梯踏步，下面则是店内的展示空间。楼梯跳脱出传统的模式。它将两个不同的功能融合在一起，即纵向连接和展示。此外，从外观上看，楼梯结构完全独立，它没有连接到墙上，每个G形元素都扮演着自己的角色。

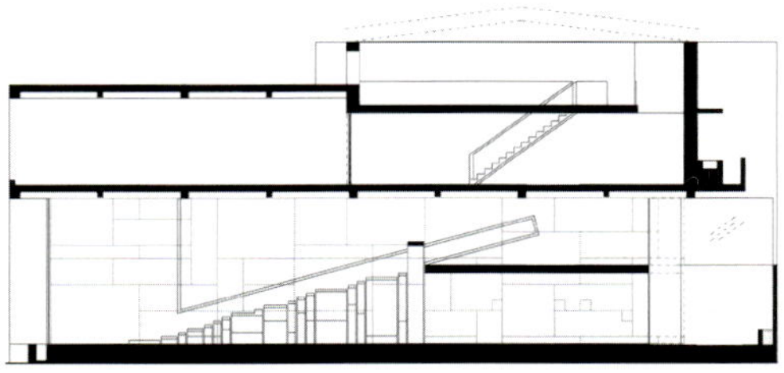

Photo: Graft

Photo: Emanuele Piccardo, Adrea Panzironi

Anna rita emili

充气房子

建筑为传统房屋结构，表面完全透明，是传统基础上的改变。房子有三个充气的部分，长2.5米，高2.3米，厚1.5米。充气房子固定在地面一个钢制平台上，三个部分中间以拉链连接，这样可以防止雨水渗入。房子的长度已经确定，每个部分都设有一块非充气的面板，方便门或窗户的安装。这些门窗有利于室内的通风，侧面同样装有拉链。

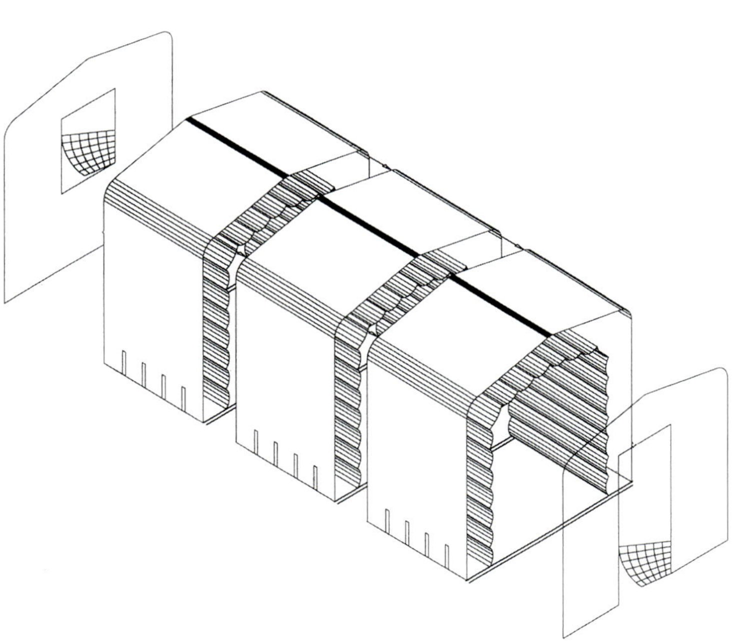

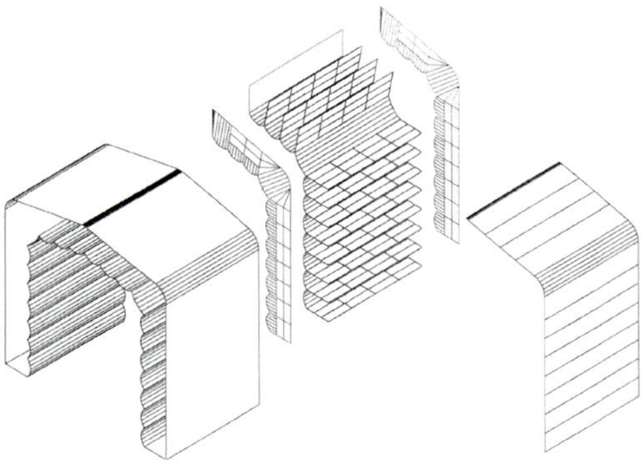

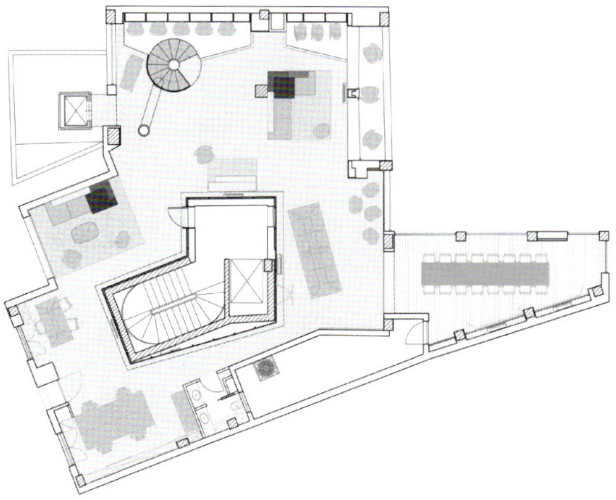

菲特汉森

对于设计师来说，最大的挑战就是这间陈列室空间的不规则性，三层大小不同，形状迥异的空间，泰格连卡利用一个红色的柱子和一面贴木墙，由下至上把三层空间连结在一起。这面木墙引人入胜的设计莫过于墙面布满了雅各布森在1955年设计的系列7座椅，不但增加了一个额外的展示区域，同时在视觉上，把人的目光从入口带进整个空间。

Photo: Tom Vack, www.tomvack.com

Arch. Stefano Tagliacarne

欧莱雅总部

每一层都是一个大的空间，由光亮的隔板隔开，这样每个小空间都能够容纳4～6个人。只有管理层级是封闭的办公室。会议室、复印区和休息区都沿着走廊，由玻璃幕墙沿直线分布。设计的创意不仅在于运用金、绿、蓝这些色彩来定义空间，还在于使用了具体的标志性元素来确定旗下各种不同的品牌，从而加强市场营销和沟通的观点。

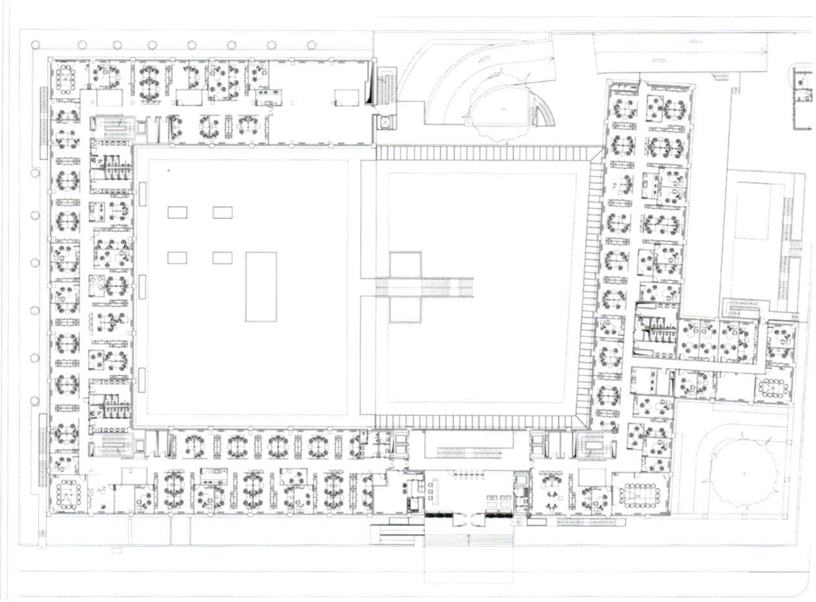

Photo: Matteo Piazza

Progetto CMR

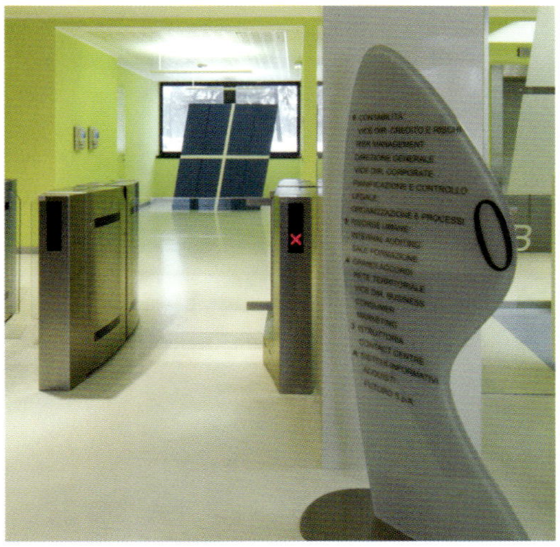

领雅银行

波捷特公司的团队对原有的内部结构进行了彻底改造，分出合理的开放空间以及为经理们准备的少数封闭办公室，从而达到了最大限度的灵活性。该公司总部的蜕变不仅是结构上的，在色彩方面也有所表现：波捷特公司的建筑师们通过使用颜色和玻璃创造了一个年轻的，充满活力的空间，与严谨的结构形成了鲜明的对比。

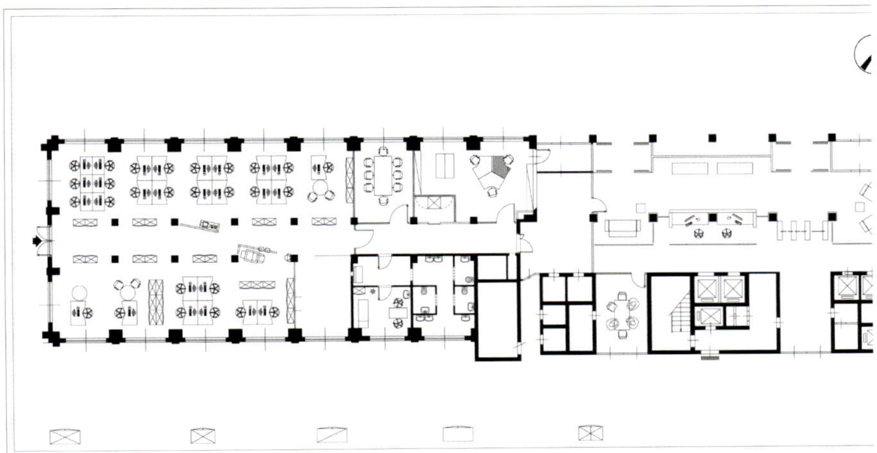

Photo: Sabine Schweigert

Progetto CMR

飓风酒馆

在酒吧里不论是年轻人、男人还是女人，他们的身体健康都会得到重视，不会允许过度地饮酒，这里彰显出的是年轻人的力量与活力。基于这样的观点，这家酒吧的理念是：把这个原本就像一种“明亮的拳击俱乐部”或者一个健身房的地方，采用基础而低廉的材料、基础的设施和低标准照明设备、火热和昏暗的色调，设计出一个酒吧，而且在酒吧的中心带有一个拳击场。

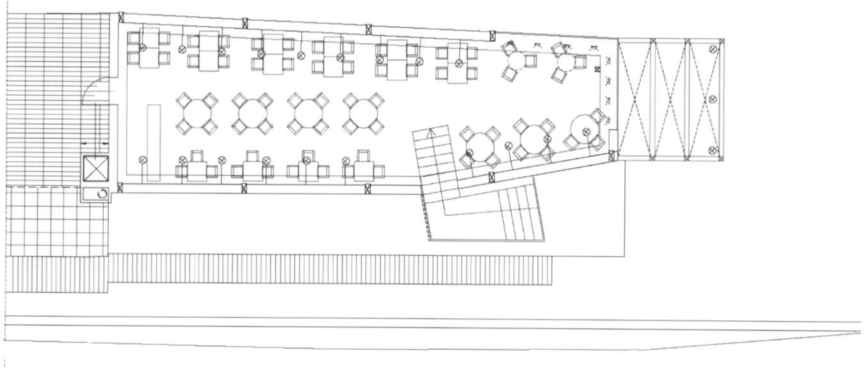

Photo: Giovencato.com

Arch.Gio Vencato

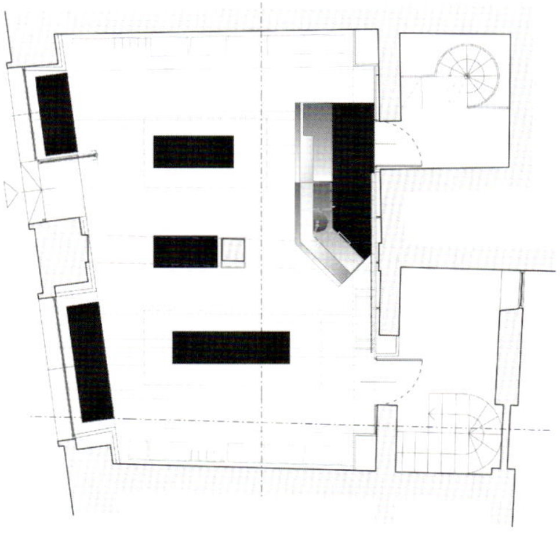

比乐蒂商店

比乐蒂器具用品商店的设计是意大利传统风格的复苏和现代设计的结合。紧凑空间的墙壁至上而下摆满了货架，一架可移动的滑轮梯子贯穿整个墙面。项目的设计没有使用追赶潮流的时尚元素，却给人温馨、熟悉的安逸感觉。精心挑选的颜色、款式和材料，在色彩明暗和形态款式上形成强烈对比，是过去与未来的激情碰撞。

Photo: Yael Pincus

Studio 63 Architecture + Design

1501椭圆别墅

设计师运用巨大椭圆形顶棚代替原有结构。为了搭配椭圆形顶棚，一楼的客人卧室和二楼的开放式卧室也做了相应的设计和重建。随着日夜和季节的转换，变化的天空颜色也透过窗户反射进来。随着时间的推移，变换的天空色彩使室内空间也呈现不同的风貌。为突出这些变化，室内的布艺面料都采用无色或接近灰色。

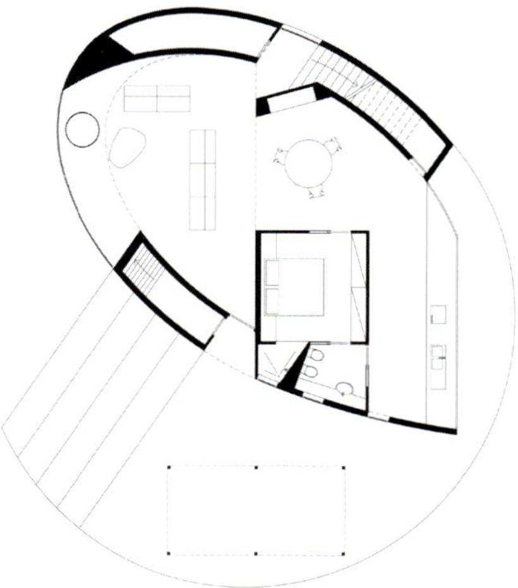

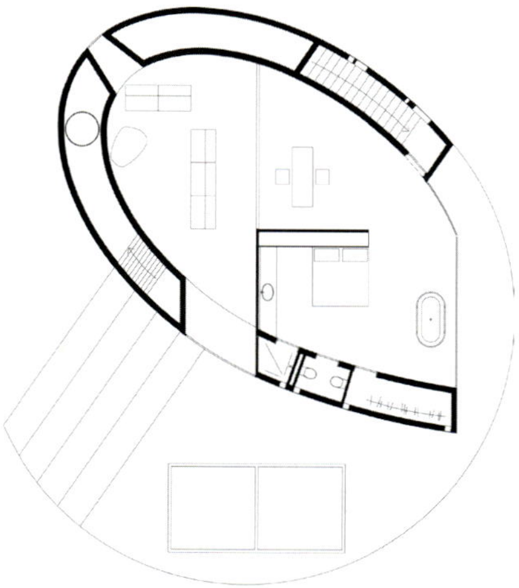

麦拉诺疗养中心

麦拉诺疗养中心位于古老的南提洛尔度假村内。设计师的任务为“打造一个城镇中的天然绿洲”，“运用各种材料和形状激起人们对于水的力量的回忆”。疗养中心内共有25个游泳池和桑拿区，环境温馨，设备一流。其中最为引人注目的是芬兰桑拿间、蒸汽浴缸、高温浴室以及室外桑拿区。

Photo: Matteo Thun & Partners

咖啡吧

主吧台由不同种类的木材制成，漆成两种颜色。背面有一部分贴着灰色和米色的瓷砖。酒吧后面是由石膏板搭起的存放酒瓶和杯子的空间。吧台的工作区为不锈钢材质。地面铺着瓷砖和拼花地板。瓷砖的效果更加突出，但拼花地板也为空间带来温馨的感觉。瓷砖是明亮的灰色和米色。拼花地板为红色。墙壁被漆成了米色、绿色和棕色。

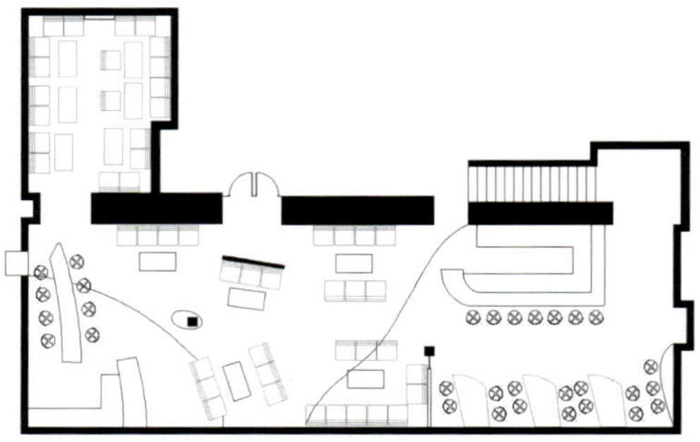

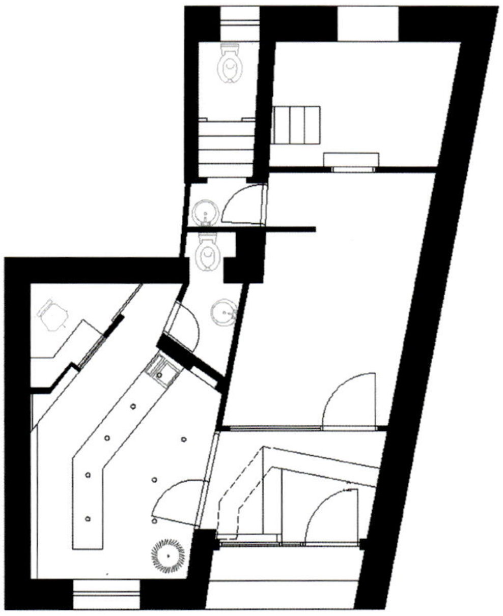

酷奇珠宝店

设计师保留了原有的水泥墙壁，在上面装饰了石膏板，还设计了一堵特殊角度的墙，所有的家具都将依照这堵墙的角度摆放。柜台后面的墙被漆成深灰色并贴着木板，安装着陈列珠宝的玻璃展柜。展柜全部由玻璃制成，以特殊的挂钩固定在墙上。天花板有两种不同的高度，防止闪电的攻击。设计师在办公室后面增设了洗手间和珠宝修理室。

Photo: Exes Design

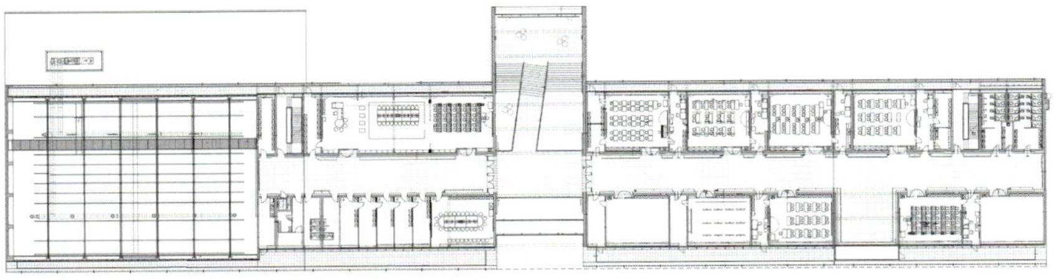

Sesvetska Sela小学

建筑共两层，地下一层设有体育馆。特殊的线性结构和剖面设计令室内富于变化。二楼北向的房间因天花板较高，作为图书馆和美术教室之用。一楼的走廊被巧妙地设计成健身长廊。所有的走廊均设有黑板和课桌，增强空间的连续性。

斯洛文尼亚工商业联合会全景花园餐厅

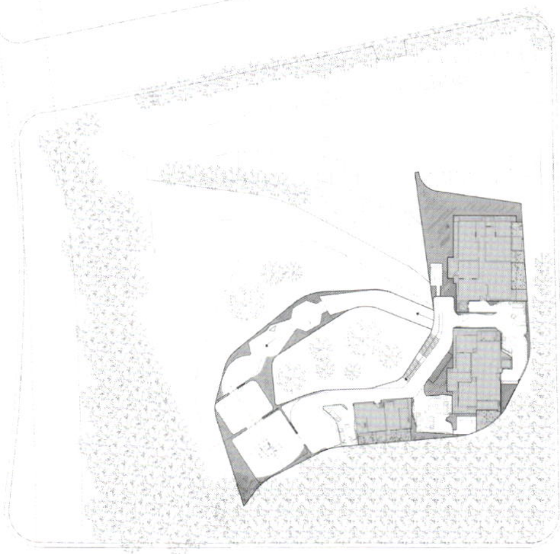

打磨得很光滑的巨大的夏日露台延伸至VIP室。设计师们由此有了要设计冬季温室花园的想法。缎带般的结构在这里蔓延，四周环绕着绿色热带植物。它将成为举办诸如仪式接待会、颁奖庆典、宴会及管理团队会议的商务和俱乐部会所的新型典范。这条绿色缎带同时也把空间分割成不同的部分，可以根据会议的性质及参与的人数来选择使用。

Photo: Arch. Luigi Filetici Barilariarchitetti

Photo: Miran Kambic

特玛丽珈康体中心

该设计的目标是给客户的感官以最大的刺激。客房内生动的色彩与源于大自然的个性壁画给人以视觉冲击，不同氛围的声音配置开创一番听觉盛宴，独特的芳香气味更将客户嗅觉引入极致。此新生设计由其所处边缘迂回蜿蜒至过道。白天，与周围环境融合却不侵犯，好似一围墙；一到傍晚甚至一整夜，当周遭环境具不存在之时便会改头换面，变得十分生动，像一面色彩夺目的布告牌在居多颜色的映衬下充分展现其“内在美”。

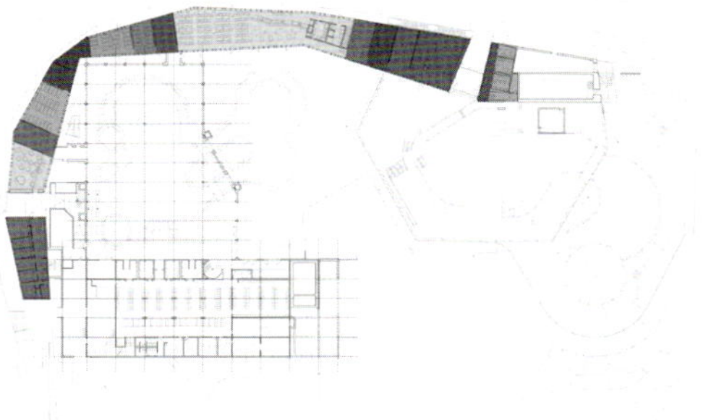

拉斯科公园水疗馆

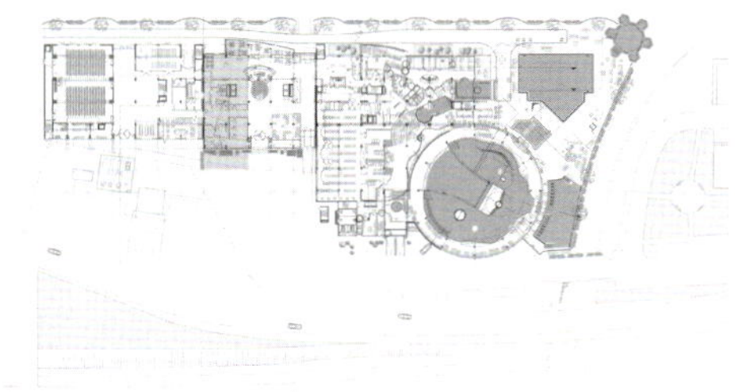

拉斯科健康公园是当地著名的修养胜地的一部分，如今增加了一座健康宾馆，包括104间客房、一个餐厅、一个咖啡馆和一个重修的水疗中心。设计理念是要创造出一个能够促进人们的健康和幸福的氛围活泼、充满激情的环境。建筑分为以下几个部分：水疗馆、提供不同按摩的健康区、提供客房的宾馆区、餐厅以及酒吧。每个区域都根据其自身功能选用了特定的材料和色彩。

Photo: Bogdan Zupan, Tomaz Gregoric

Borut Rebolj, Studio Rebeka d.o.o.

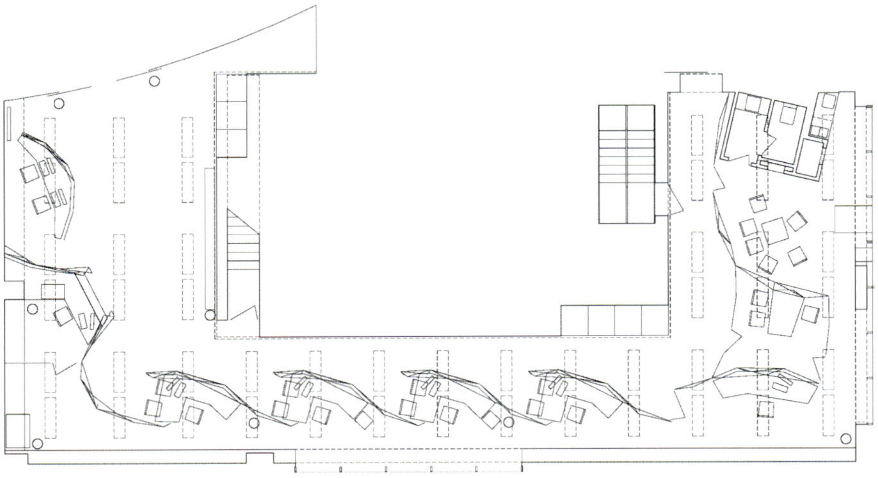

NKBM银行分行

NKBM银行分行的内部设计采取地方差异化体系，即由一套基本的实用原理发展而来。设计者控制了客户服务区和职员工作区两者的空间比率，为银行业务提供了私人空间。传统的竖直屏风变为不规则几何型的玻璃外壳，目的是在有限的空间内发挥最佳的空间效果。三角形玻璃局部装配了钢夹，可根据具体情况对角度作出调整。

塞克洛斯俱乐部

塞克洛斯是一家会员制的多功能俱乐部，是米科诺斯最大的俱乐部和活动中心。活动中心由户外酒吧和露台咖啡馆组成，咖啡馆包括带有LED屏幕的餐馆和咖啡厅。别具一格的露台采用热带风情的装饰墙面与当地典型的白墙相结合。俱乐部还是一个引导事件传播的世界级媒体中心。室内空间包括多功能俱乐部与私人酒吧。俱乐部内有一个大型投影屏幕。室内采用现代家具。

雅典生活画廊

这座酒店拥有现代风格，融入了亚洲文化元素：竹子覆盖的墙壁、传统的印尼风格家具和亚洲特有的龙舌兰，欢迎着游客的下榻。酒店内部开阔，景色怡人，长成的松树和雪松星罗棋布，和周围的园圃和谐一体。两个日光浴场所和游泳池都镶嵌在地上草木之中，给游客带来无限宁静。 在时尚浴室的门口，橘黄色的灯光照在墙上，凹凸有致，也给黑色简约的格瓦索尼竹床增添了温暖的色调。

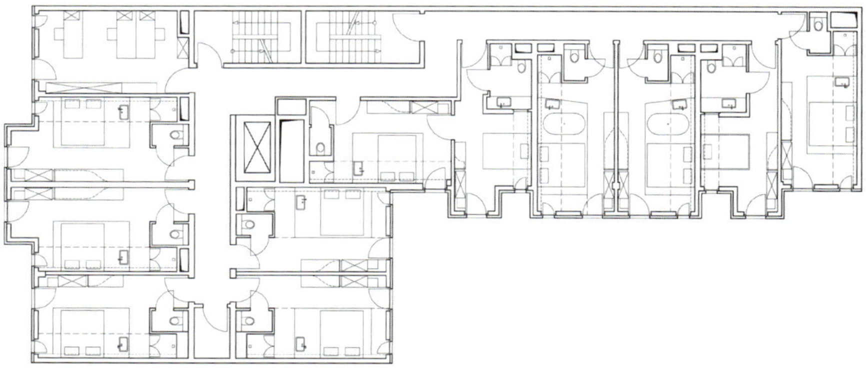

柏华丽酒店

设计的灵感源自爱琴海。项目为三层。建筑材料和设计元素都体现了爱琴海的当地特色。客人从顶层进入，那里设有一个酒吧：木制围边，大理石铺面。吧台的表面用手工雕刻的大理石制成，下面是不锈钢支架。标准套房、初级套房和高级套房里，设计师运用了当地的传统材料：理石和石膏以及天然材。用白色、黄褐色、绿色的搭配表现出当地的特色，同时也与外部的海景和谐统一。

Hotel 酒店

Greece 希腊

Cyclades islands
基克拉泽斯群岛

Photo: Rockwell Group

Rockwell Group

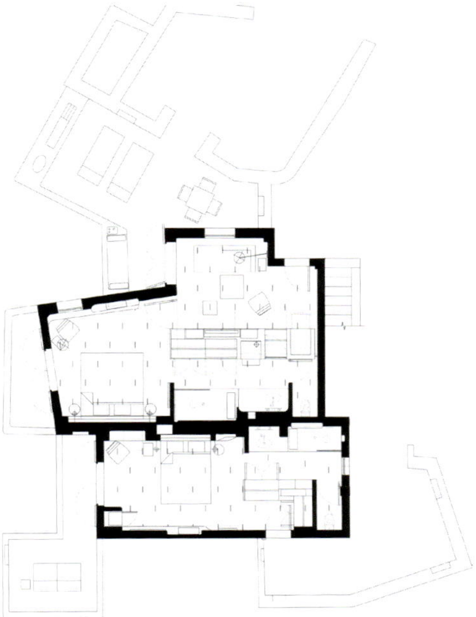

卫浴展室

项目以水宜静宜动的特点为设计理念，独具匠心。室内外空间结构采用“动态水”的模式，突出活泼灵动的特点；而标识和广告则体现“水”的静态美。标识以黑色和橙色为背景，橙色暗示该公司在其他产品生产领域的斐然成绩。

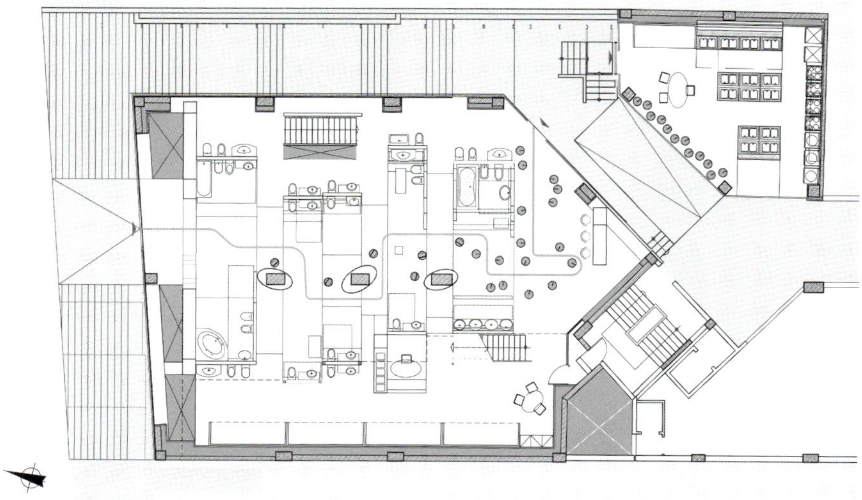

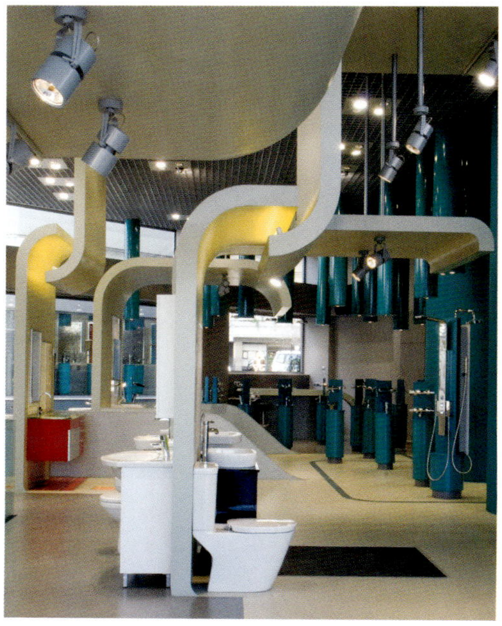

Meandros住宅

Meandros住宅由5栋房子构成。设计师通过精细的规划，使得每一栋房子都具备自己的独立性，同时同一种建筑语言的运用又赋予其共性特色。空中庭院的设计打破了住宅的和谐感，垂直建筑元素的运用将露台的水平表面统一起来。

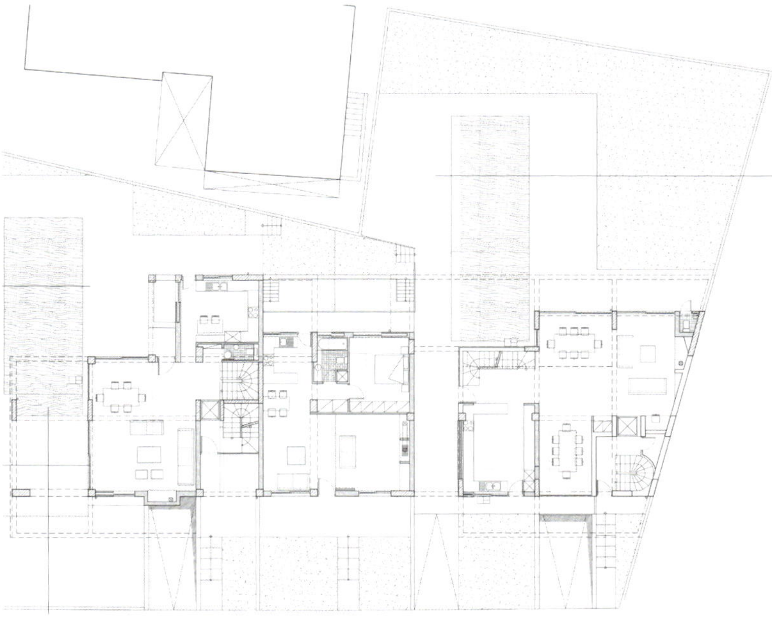

Photo: Babis Loizidis

KLAB Architects

珠宝前卫店

设计偏重营造豪华的氛围，赋予珠宝情感价值。每一件作品就如同摆在奢华花园里的宝石闪闪发光。 全新的购物体验，创造一个花园珠宝展示系列，如抽象的植物盆栽展示窗口及专为金银手表设计的特殊室内陈设。时尚店被称为“格南花园”，它灵秀得如同探出墙的红杏，它的神秘只有真正能读懂它的人才能够发现。

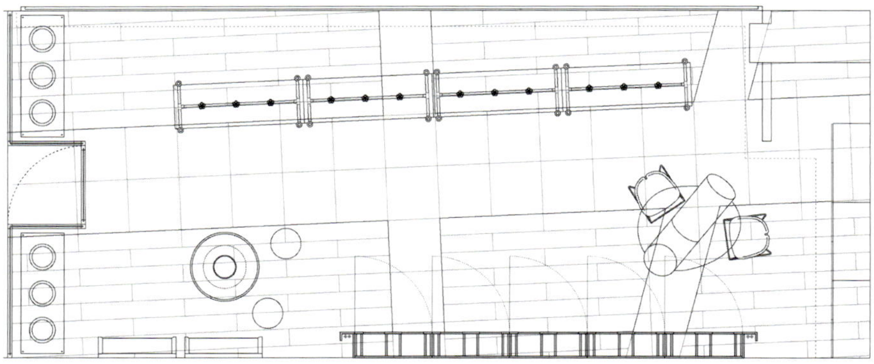

Shop 商店

Greece 希腊

Athens 雅典

Photo: Client's concession

Camilla Croce

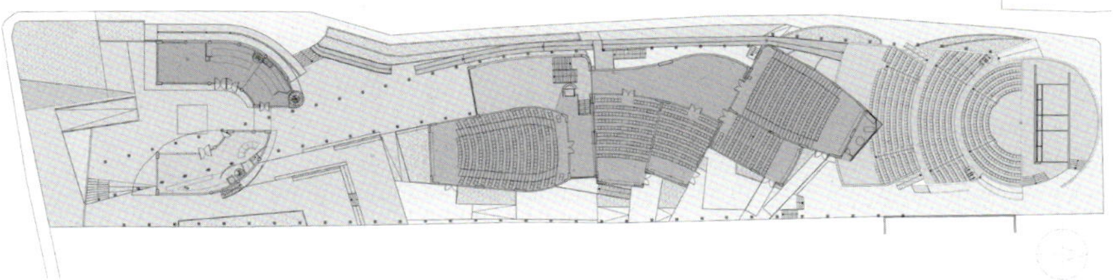

综合影院

主要设计理念是创造特色元素使其贯穿不同的空间，以此引导游客。设计者设计了一系列绿色的三角形金属结构为外墙，其特点是没有起始入口。外墙由三种不同材料组成，固体锌、穿孔锌材料和石膏。室内材料的使用仍遵循导向活动原则，为了起到引导游客和连接空间作用。主厅使用三原色灯，可以定时改变颜色，它们可以依据时间改变空间，从而显示电影中的感人画面。

Photo: Anamorphosis Architects

Anamorphosis Architects

当代表演艺术中心

新建筑一改传统的廊柱模式，充分利用有限空间打造环形路线，创意独到。休息大厅贯穿整个建筑，入口的线性结构设计仿佛一列“幽灵”列车将人们带到剧院的不同地方，造型独特别致。玻璃门将铁轨附近的空间分成前后两部分，充分保证空间的宁静。造型独特的天花板设计与监控设备遥相呼应，相得益彰。

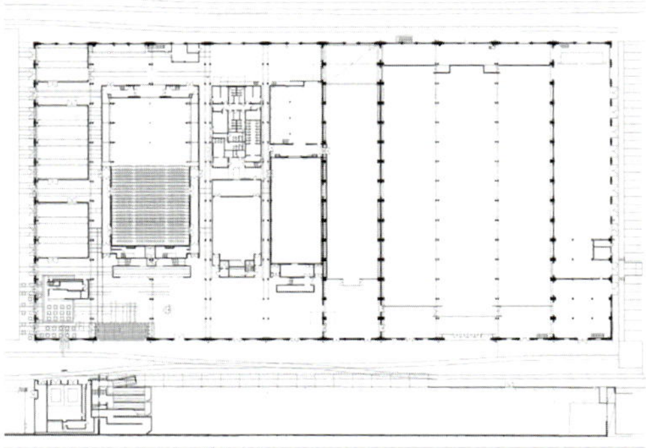

Arianne内衣

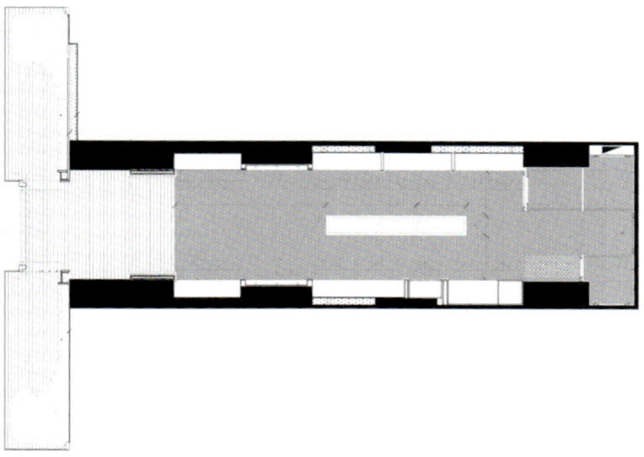

设计师为这个品牌打造了一个舒适奢华的购物空间。墙壁和木质家具都采用了精致的白色实木镶板，为商品的摆放营造了一个精致的背景。原有拱门被保留下来，巧妙地运用到设计之中，与建筑的古典风格相得益彰。然而，设计中最突出的特色当属对商店入口两侧橱窗的处理。设计师采用了闺房作为主题，让内衣模特在一个螺旋楼梯上展示商品。

Photo: Dianna Snape
Elenberg Fraser

世界之光餐厅

世界之光餐厅是一家具有法式餐厅风格的墨尔本当代餐厅，集功能性餐厅和豪华美妙的美食美酒于一身。满是图案的上等石椅和木制地板为赤裸白墙增添了纹理，同时球形灯在空间内营造了星罗棋布般的感觉。相反，厨房设备闪烁的纯洁光芒为正在服务的功能性厨房提供了观察点。天花板上的镜子位于预留长椅的上方，将厨房和就餐区分开。

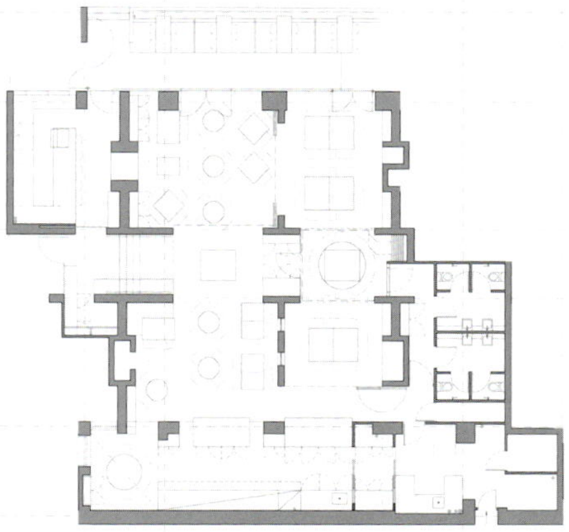

马拉伯拉海湾酒店

酒店位于美丽的悉尼海滩，设计师在当地获得了设计灵感。酒店的围墙和车库墙都以贝塞尔的墙砖装饰，这成为酒店内的一道风景。休息室中，设计师借鉴了帐篷的理念，利用条纹帆布制做成新式灯箱。灯光从灯箱后面或内部透出来时，给人以生生不息的感觉。地面采用水泥和地板相结合的形式，让人联想起老式的海滨人行道。酒吧以灰色的木板装饰，有着海滨小木屋的效果。

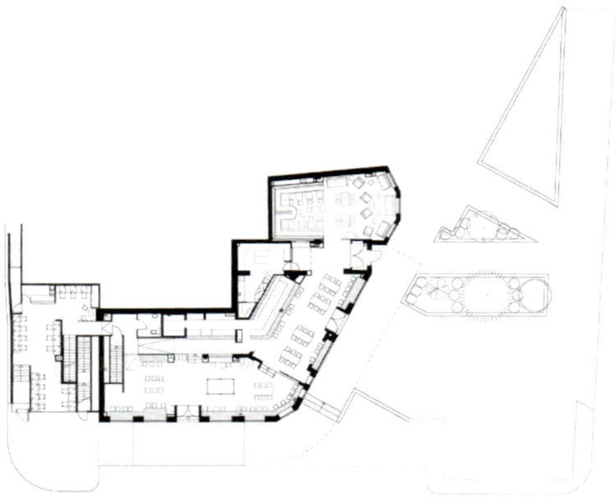

Photo: Murray Fredericks

Indyk Architects Pty Ltd

卡利比商店

设计灵感来自质感丰富、魅力十足的欧洲定制品。染成灰棕色的法国拼花地板与麦特漆家具将商店衬托得就像巴黎男人的公寓。地板上的染色形成了一幅有趣的图案。热情奔放的橙色鳄鱼皮和定制的镜子赋予柜台豪华的感觉。橱窗和柜台台面上采用绿色的中国玛瑙理石，反映出卡利比对高档材料的偏好。黄色的木饰与皮革和理石形成反差。

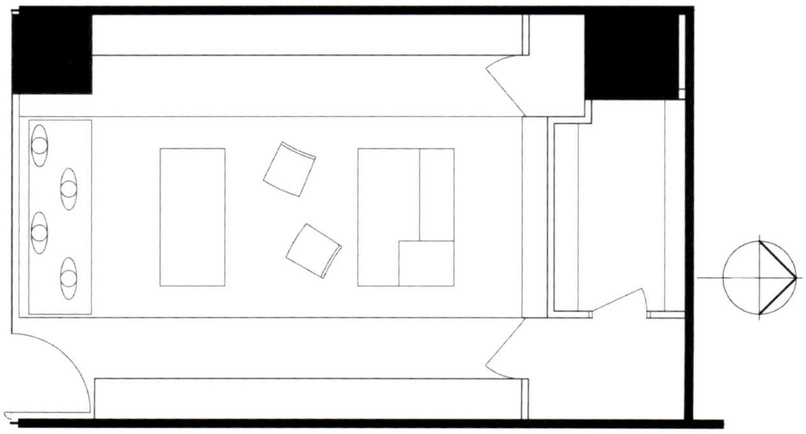

Photo: Trevor mein

David Hicks Pty Ltd

卡利比柯林斯街店

商店结合了精品店的新元素。宽敞的试衣间、镀铬货架、手工编织的海草壁板和定制的水磨石地砖体现了高品质的特色。从周到的细节、流畅的布局，到材料的纹理，每一处都经过设计师的深思熟虑。展示着卡利比代表作的大橱窗充满艺术感和想象力。温馨的店面里摆着有助于购物者放松心情的家具，如埃姆斯于1948年设计的玻璃钢躺椅。

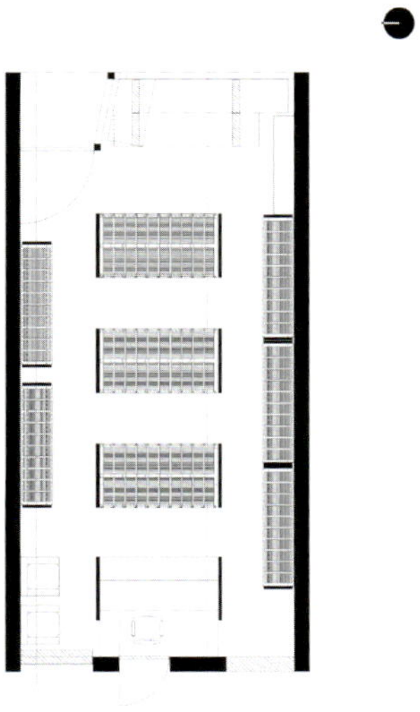

Photo: Trevor Mein

David Hicks Pty Ltd

卡利比教堂街店

设计师巧夺天工地将镀铬衣架悬浮在天花板和地板之间，挑战着地心引力。银灰色的水磨石地板、紫色的地毯和木制天花板，营造出一家20世纪50年代的专业定制店风格，顾客可以在意大利进口皮料制成的密斯凡德罗坐卧两用沙发上休息。为延续50年代的主题，墙面仍采用银灰色，虽然与地板的色系相同，但深浅度却不同。

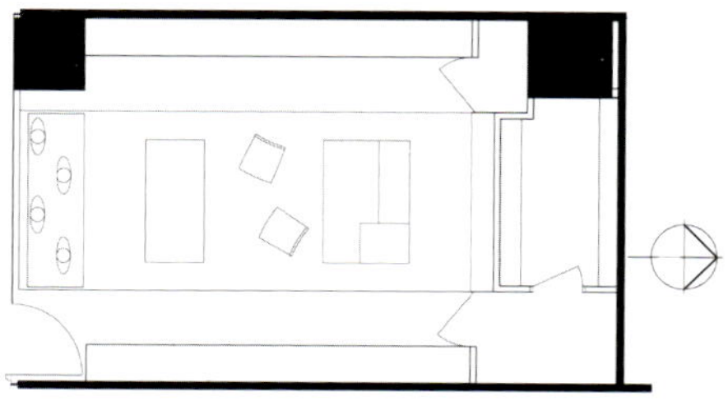

Photo: Trevor Mein

David Hicks Pty Ltd

PYD购物中心

这是一个翻新项目——将仓库改造成购物中心，包括16家零售店、一间咖啡馆和一个可以举办讲座、颁奖仪式和展览会的多功能中央大厅。设计师彻底改变了一楼的格局，打造了一个三层高、通风良好的天井，并增设了一个夹层，使零售档口有所增多。屋顶的改造，为天井和各个档口引入更多的阳光。天井和楼梯是空间的中心，为各楼层的分布奠定了基础。

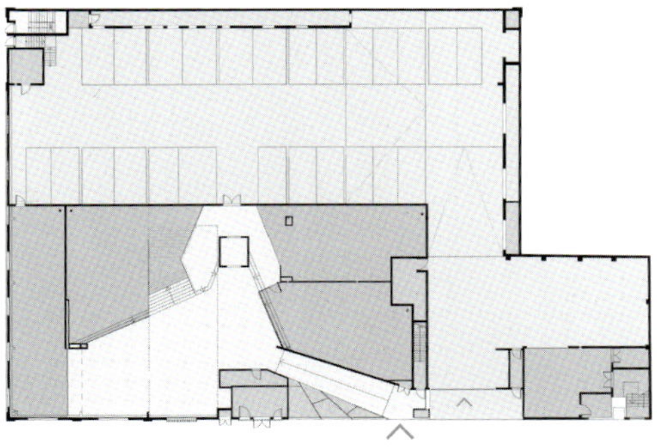

Photo: Peter Merison

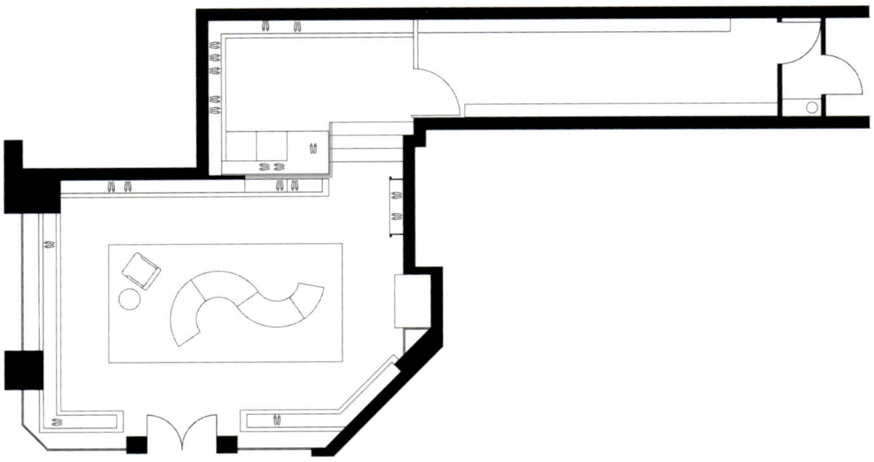

提诺•蓝齐奢华店

这是一家女士鞋店，柔美的空间如同现代的花园露台。墙壁采用香槟色的壁纸，上面饰有条形的图案和青色的花卉图案。白色细木工艺与锋利的线条打造了格子效果。绿色地毯传递清新，橡木地板彰显简约，成组的装饰图形则流露出形式感。巨大的百合花状吊灯和壁突式烛台如同从天花板上生长出来，自然和谐。

水泡画廊

画廊东侧纯白色的墙壁，风格简约，用以展示水泡最著名的亚克力作品，即利用特殊技术让作品表面闪闪发亮，在闪光灯下呈现水润的质感。画廊西侧是原始粗犷的风格。砖块和铁环搭成的展示架上，不规则地摆放着艺术品，顾客需要停下脚步，才能看清每件展品。此外，西墙突出“邦迪海滩特色”，这里展示的作品都是以乡村为主题，容易引起外国顾客的共鸣。

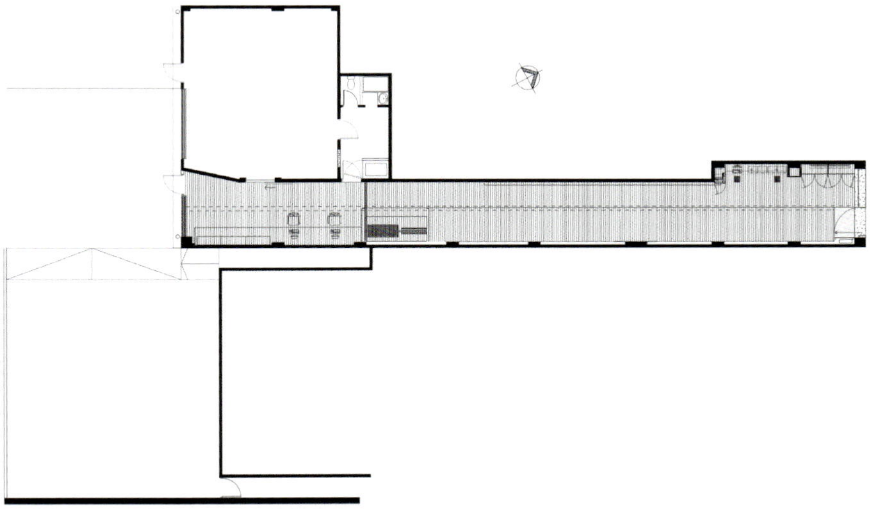

Photo: Steffen Burggraaf

The World is round Pty Ltd

Photo: Mindi Cooke

8i Architecture Pty. Ltd

克里斯特电子公司

设计师对室内装饰材料颜色、质地和家具进行了精细的选择并大胆地运用色彩来突出公司形象，并在国际总部的展示厅和大仓库内安置了公司客户的肖像以此来突出公司的国际声誉。开放区域和办公室的设计都是按照相关部门的需求实现的。在整个办公大楼中不同部门之间通过会议室进行沟通。

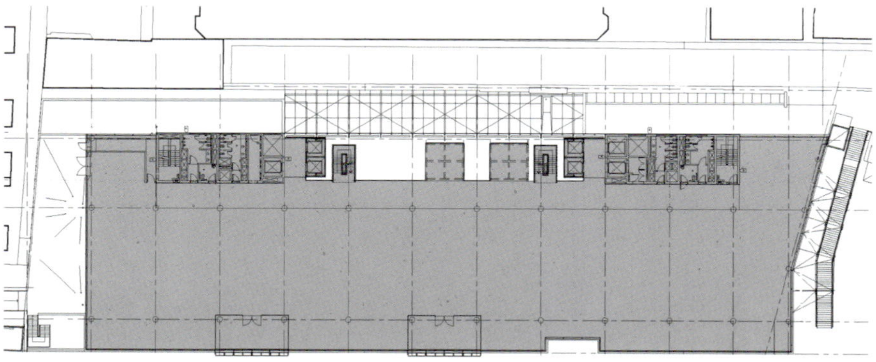

桑托斯办公中心

设计师在设计前曾与桑托斯团队密切合作以此了解公司的工作内容、公司文化和未来发展方向以及员工的日常需要，为设计提供更多的素材。设计师了解到桑托斯公司的业务多样化，员工集中并且具有开放式分工，因此设计师为公司设计了既符合公司业务发展又满足员工日常生活需要的办公大楼。

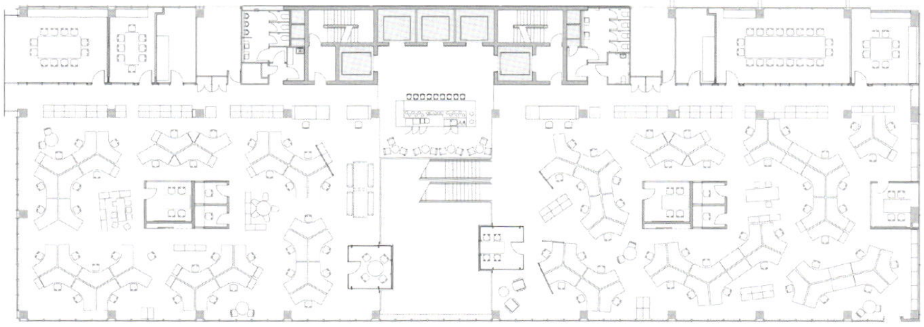

通卡集团总部

这个项目是在原有毛织品存储楼基础上改造的。建筑的大厅被重新磨光，所有的材料和家具都被搬走，这样就把原来的建筑结构凸显出来。水泥地面也被磨光，玻璃材料被用作隔断，保持墙面的可见度。设计师广泛地应用白色和其他中性色系，为通卡办公总部提供了艺术收藏背景，同时也延续了之前的纯朴风格与美丽。

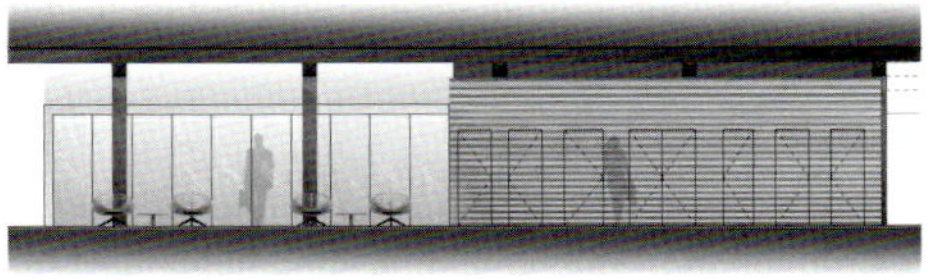

Photo: Kata Bayer

Bates Smart Pty. Ltd.

库伯街办公室

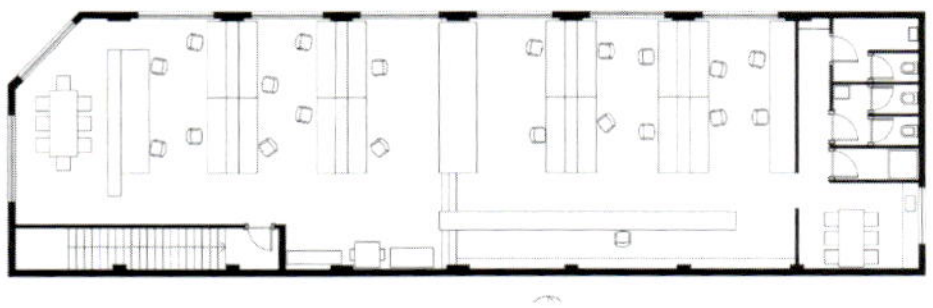

所有的家具都是为这里专门设计的。办公桌和储物柜由二手办公用品仓库回收来的废品装上钢架和胶合板制做而成。办公区共有八组座位，每组可以坐4~6人，需要的话，中央的储物柜可以当成办公桌使用。主要空间两端为会议室和功能区。空间中央的桌子可以移动，便于电话线和电缆的安装，所有的电缆都支持着功能区大型服务器的工作。

Photo: Romain Machefer Tom Ferguson

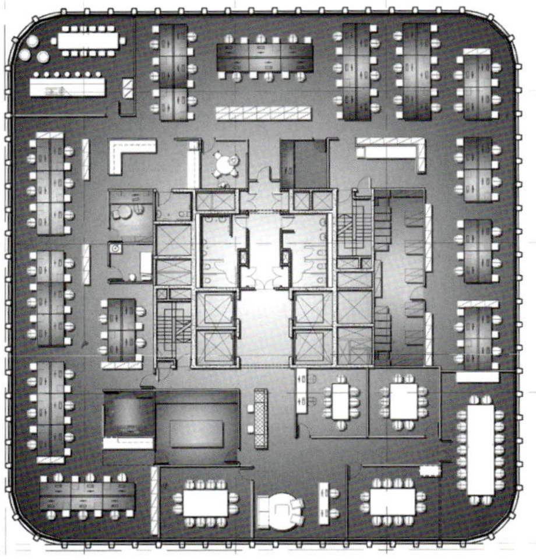

BCS办公

BCS 是一个家用家具品牌，所属上海永达木业制造有限公司，香港Novel公司旗下的一员。BCS 设计理念即利用欧美的古典风格，反映一个完美现代设计组合。集奢华、简约、独特和高雅于一身。结合杰出的设计天分、精湛的技术、对完美的追求和多年制作经验，BCS理念的目标是满足高标准的个性化需求。BCS与欧美的设计公司保持同步。

赛诺菲－安万特公司

2004年，两家杰出的制药公司——赛诺菲圣德拉堡和安万特合并成为全球最大的医药组织。总公司下令办公地点的合并工作要在12个月内完成。新的办公空间预计超过8500平方米，功能性强并且有创造性，促进了2个公司的不同文化之间的交流和互动。公司的前台设在一楼，方便所有员工创建繁忙的工作和社交空间。

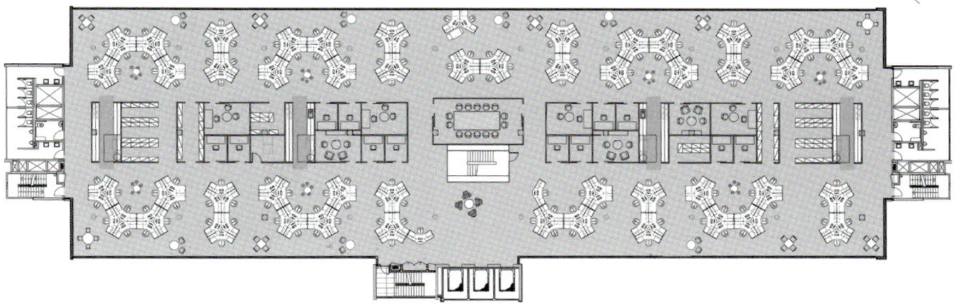

Photo: PCG

信托投资公司

项目设计将高科技理论和美学特点完美结合，将历史建筑重新修建设计成一个风格统一的整体。员工在优雅的办公环境中愉悦地办公，提高了效率，增加了凝聚力。项目设计考虑周围环境的特点，基于建筑本身的优势，柔和的线条使空间过渡和连接在悄无声息的笔触下进行，完美服帖，毫无间隙地将空间连成一体。三维交流区将空间立体连接，中央楼梯实现沟通的高效性。

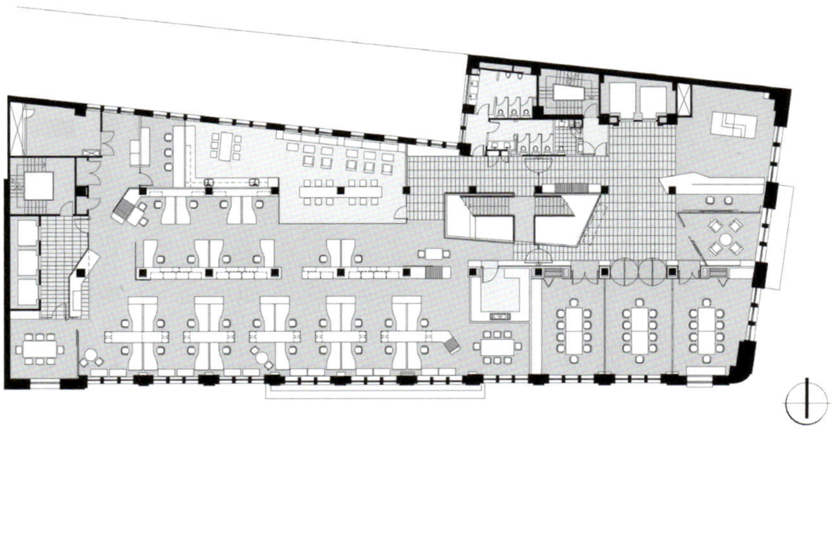

Photo: Tyrone Branigan

Gray Puksand Architects

Soul Pattinson办公

公司委派PCG公司对其在悉尼皮特街160号购物中心的总部翻新工程进行规划。按照其为当地作出的重大贡献，被登记为新南威尔士州的注册历史建筑。对现有技术服务的翻新和改进工程，使得项目组把重点放在其最初建筑风格这样不寻常的方面。单人电梯的引进和建筑后部新的封闭空间很大程度上改善了Soul Pattinson 员工的工作环境。

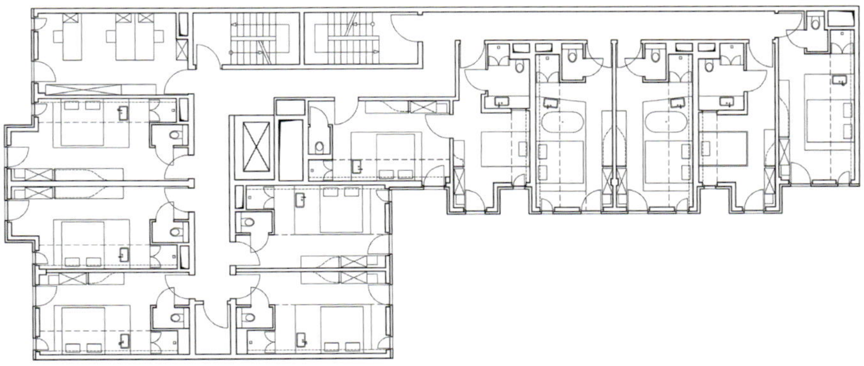

Photo: John Gollings

悉尼斯克兰总公司

设计主要是将实际环境与业务结合在一起。一条垂直的通道贯穿整个空间。通道穿过宽8.5米，高5.5米的空间，沿着大楼的东侧迂回向上。空间中有数条楼梯，连接着22楼到29楼八个楼层，垂直地看，这些楼梯层层错开，将连接的感觉扩大化。空间和楼梯不仅起到连接作用，还成为象征着斯克兰公司广泛的业务往来。

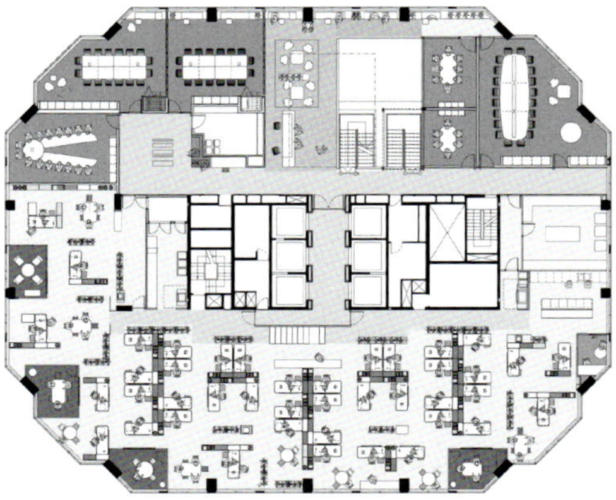

Bligh Voller Nield

五港图书馆

设计师们希望为新的五港图书馆打造最先进的设施，让人一见难忘。五港镇有国际化的咖啡馆和书店，街道十分繁华，因此图书馆也要建造得前卫现代，才能与周围环境相配。这显然是两个截然不同的计划，只有将其合二为一，才能创造出似幻似真，活力十足，引人入胜的图书馆。雕刻墙壁十分引人注目，它们的颜色各不相同，区分出图书馆内的不同部门。

Photo: Greg Bartlett and BHA

Minale Tattersfield

Photo: Greg Bartlett
Minale Tattersfield

城堡山图书馆

书店式设计的图书馆中包括图书馆、咖啡馆、一个设备齐全的供研究使用的参考图书馆和数字研究设施，还有一个面向儿童和青年大型图书馆。馆内采用大量的图片营造出活跃的氛围，室内设施给人以高档书店的感觉。图书馆的墙面上挂着各种图片，成为室内设计的重要组成部分。图书馆的每个分区都有着特定的图片，作为该分区的背景，并点明了主题。

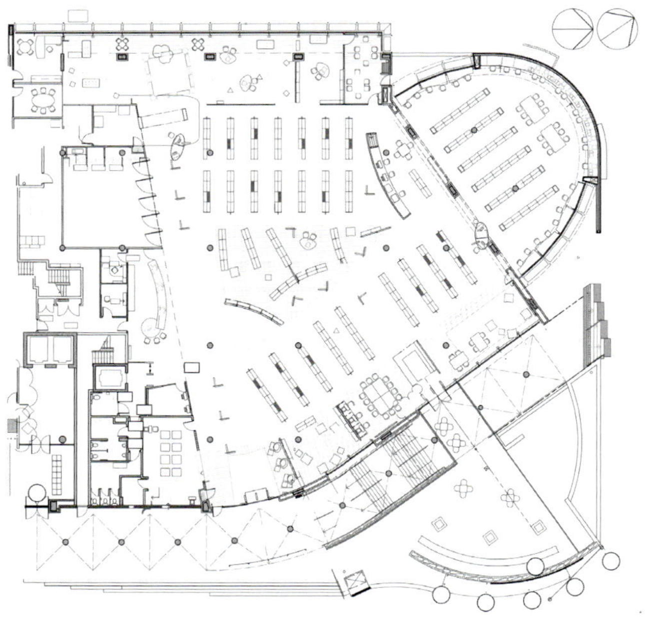

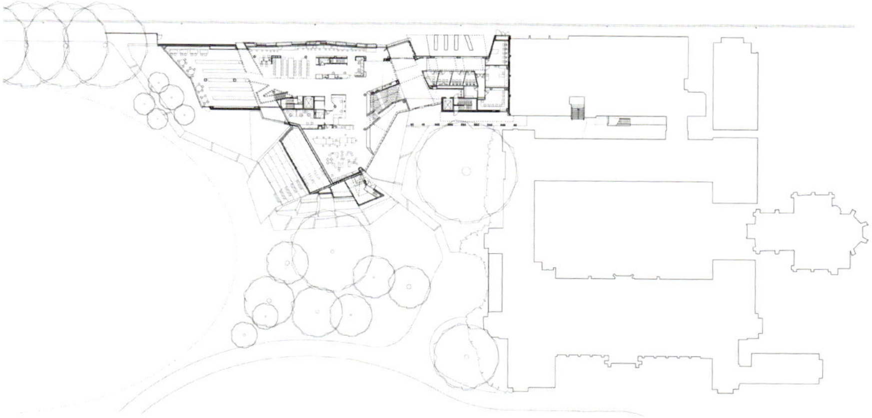

墨尔本语法学校

设计主要是修建新的校区大门，对图书馆进行加固，并在校园的中心增设演讲厅和会议室。图书馆的亮点是大型钢架结构的玻璃窗，其形状各不相同。这一设计与古老的楼体上大小不一的砖块相呼应，而从室内透过窗户望向户外的花园，又是另一种截然不同的体验。图书馆是学校主要的藏书地点，室内的墙面全部采用抛光的砖块堆砌成。

哈德维克通布尔海景房

这个海景房始建于20世纪60年代，设施已十分齐备，但仍需更新。设计师用Eames和Jacobsen的中世纪经典家具，对这幢60年代风格的建筑进行重新改造。同时使用了Minotti的现代家具和定制的新式地毯。色调的灵感来源于度假村的周边景观。因为靠海，设计师选择了沙子、水、木材等自然材料。

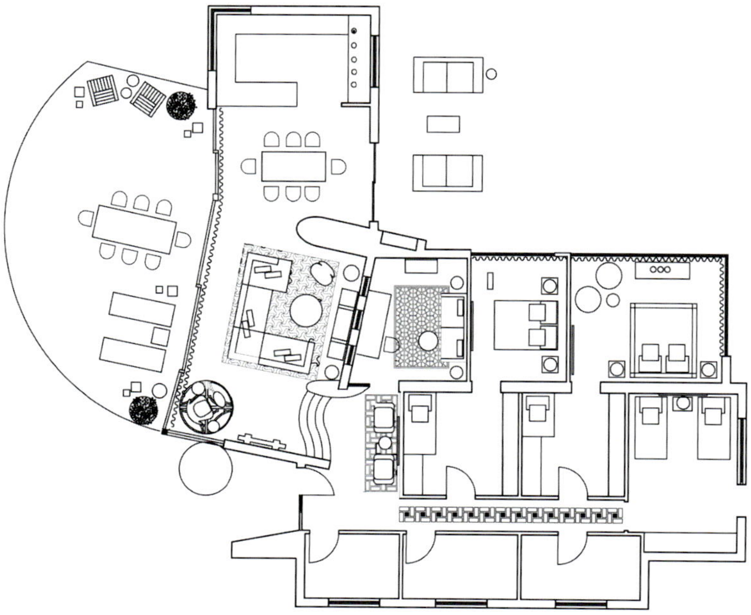

春山之屋

设计顺应了气候的要求，使房子里既有充足的自然光，其避光处和通风效果也恰到好处。卧室的侧翼有两种用途，楼下后期搭建的阳台以它做天花板，并且卧室的小窗也有了窗檐。这样，阳台的天花板明显的偏离了中心屋脊，探出的卧室还保护了北面的墙壁和窗户免受阳光和恶劣天气的侵袭。窗边的座位设在阴凉处，兼顾私密性的同时又能观赏城市景观。

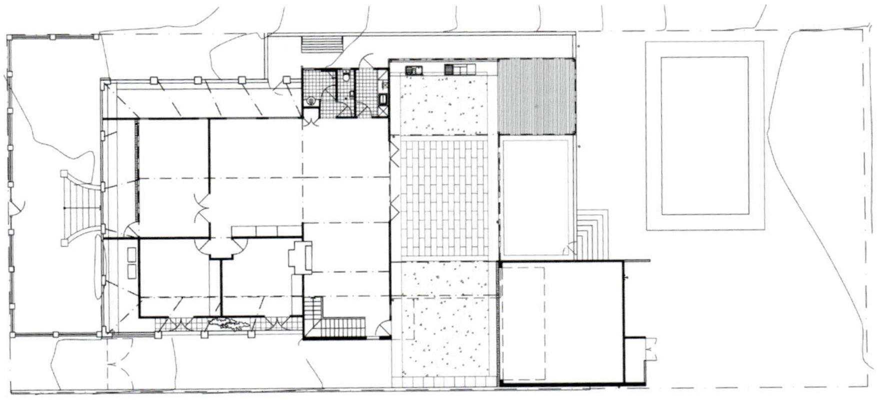

Photo: Taylormade Digital Images

8i Architecture Pty Ltd

Photo: John Gollings, Shania Shegedyn, Jason Reekie

Architects EAT

温莎阁楼

设计立足于建筑视角——在现代城市建筑的室内设计中使用连续的空间介入与分割，并在私人空间和公共空间中进行视觉与潜意识的渗透。一楼大厅中央竖立着一根十字形圆柱。它下端横跨地砖，上端伸入天花板的灯光中，并投下四条暗影，明确地划分出娱乐、餐饮、起居和公共区域。日光下的厨房覆盖着不起眼的白色涂料，竟险些被忽视。到了夜晚，它立刻变成一个夺目的亮点。

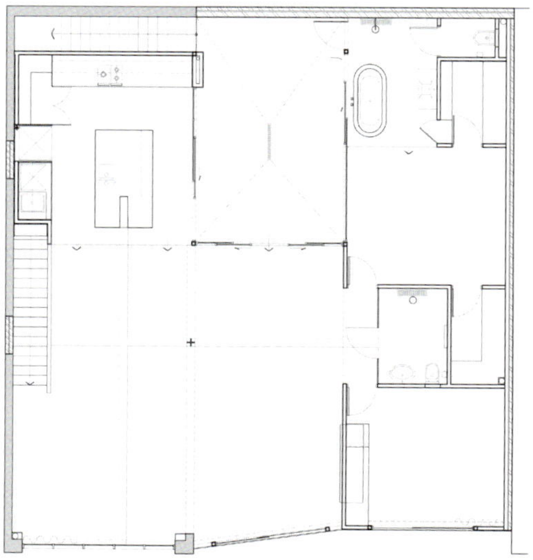

东海岸商业贸易中心办公

建筑外部色彩和材料经过精挑细选来映射出公司新形象并作为整个建筑的背景。这个崭新的办公楼包括一个接待处和客人等待区、开放式办公区、隔离办公区、小厨房和午餐厅，还有一些翻新的休闲设施。室内装饰颜色和材料的选择是为了创造出一个当代经典的办公空间。简单的三色板块是为了创造出一个现代办公风格。

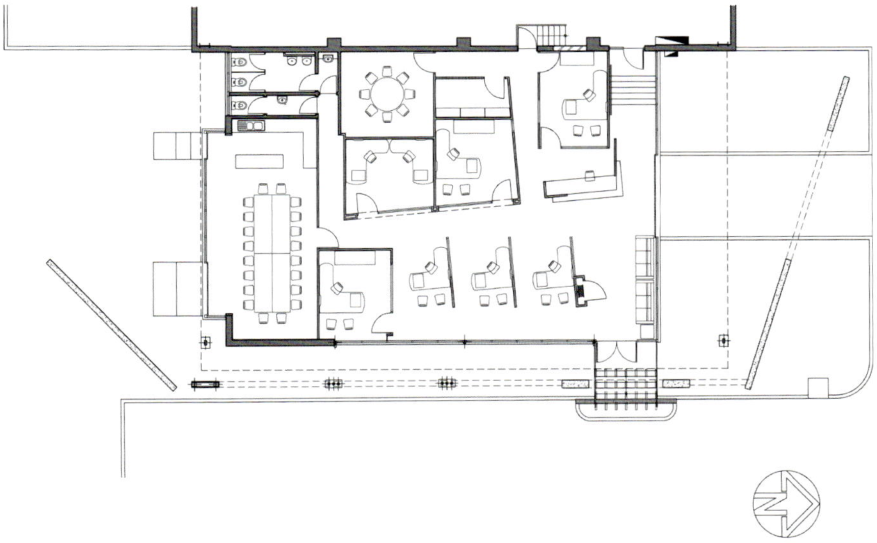

Photo: Mindi Cooke

8i Architecture Pty Ltd

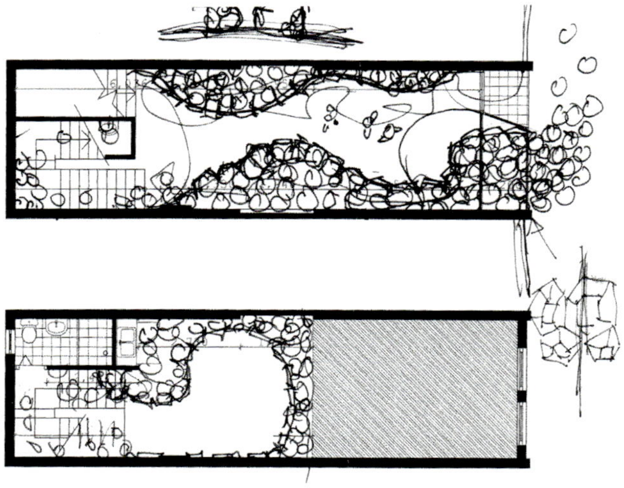

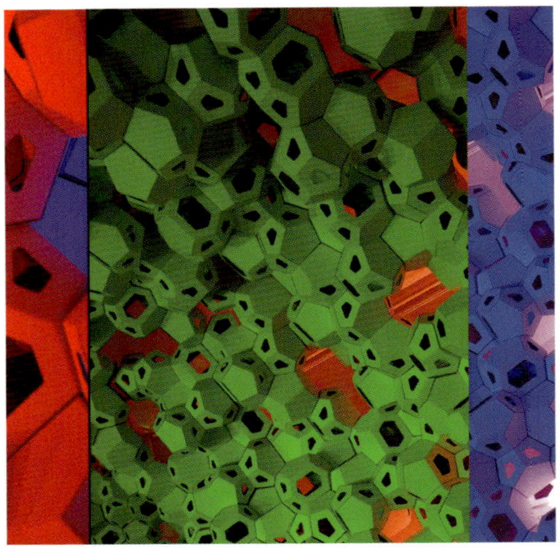

数码折纸手工

数码产品的危险就是它们依赖于视觉世界，或者说是虚拟世界中约束不足，如果跟现实世界相比的话。大多时候，数码产品会在疯狂的电脑渲染中销声匿迹。设计师想用数码折纸工艺来将概念变为现实。他们研究目前的参数模型、数码产品和材料科学，并把这些应用于创造填充空间的装置。设计目标是测试一种从自然中复制过来的模块的适合程度，以便产生建筑空间，并且设计师认为最小的单元的智慧能够支配整个系统。

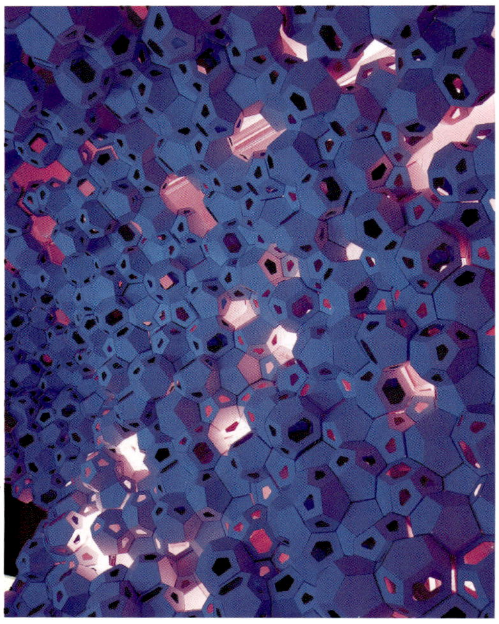

Photo: Ian Barnes/ERCO

LAVA

帕丁顿酒店

房间围绕庭院而建，整个白天都沐浴在阳光之中。设计计划将这古老的饭店中的房间打造成各不相同的风格。最引人注目的是一个角落，这里装着摩尔式阶梯状的木质天花板。休闲区十分狭长，尽头的酒吧墙壁上装有醒目的铜镜，用于折射光线。厨房正对面的墙被漆成了黑色，上面镶着金属色的釉砖，天花板上映出波光粼粼的灯光和倒影。

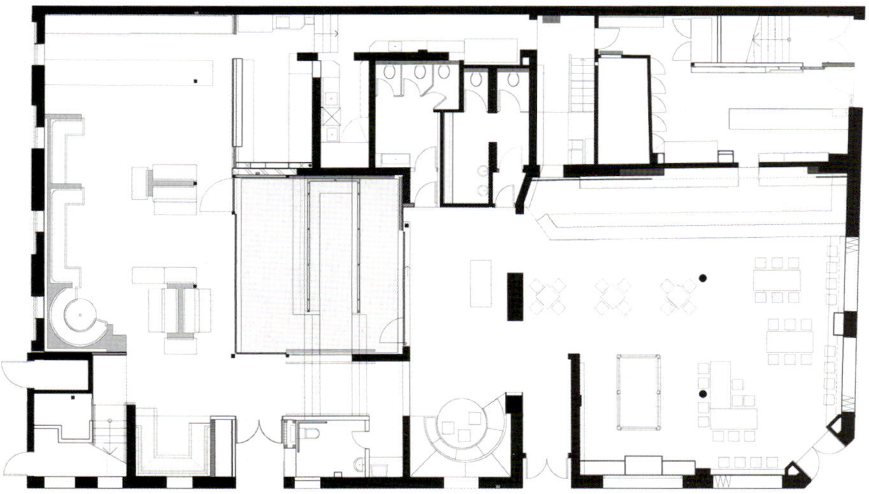

Photo: Murray Fredericks

Indyk Architects Pty Ltd

哈雷戴维森展厅

设计的灵感源于摩托车的本身，充满着动力和激情。设计并不是照抄照搬，而是要展示这种动感十足的风格。设计师试图通过空间的流线型来展示运动产品的优雅与动感美。主展厅是设计的精华所在。作为一个三角形的区域，展示厅占用着角落的空间来形成一个相互关联的构造。3D技术是设计最具创新和特色的亮点，用以解决和设计几何构造。

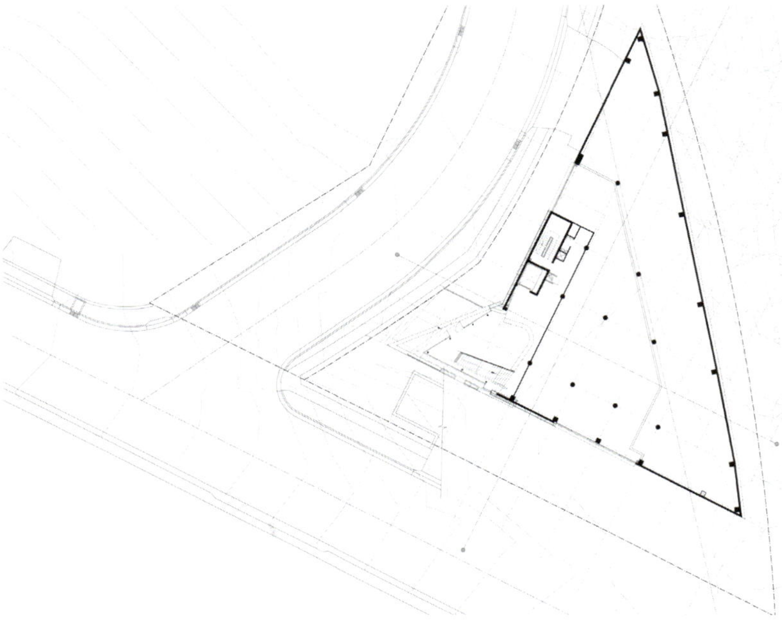

风尚家居展示厅

赫耶尔的设计体现了风尚家居的品牌特性——充满活力、自信、动感和乐趣。展厅的设计随着展示主题的不同而发展变化，给顾客带来不同的体验。展厅十分灵活，本地品牌、国际品牌和新产品的展示区各不相同。展厅内有两个主要的空间，展示区和销售区。二者之间并没有用墙作分割，而是采用不同的装饰与灯光形成二者之间的明显差别。

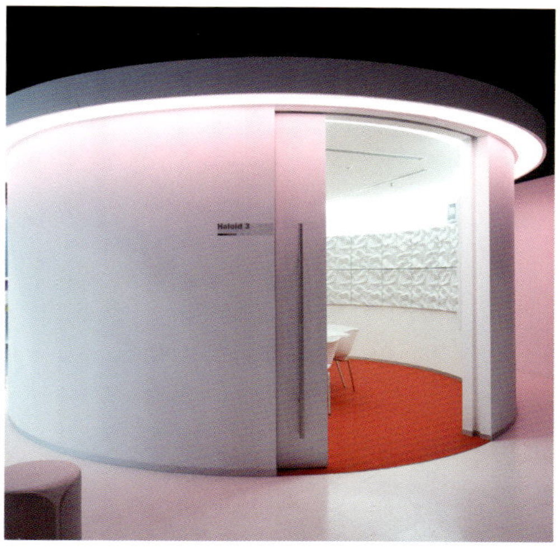

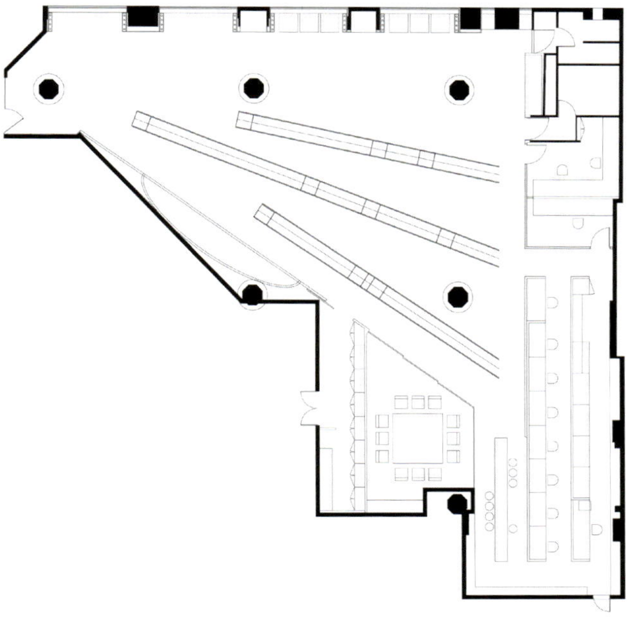

Photo: Andrew Sheargold

Geyer Pty Ltd

Photo: Tyrone Branigan

富士施乐中心

中心的作用是为全世界富士施乐公司的消费者提供全套的数字印刷体验。中心根据参观者不同的到访目的和对富士施乐公司产品和服务不同程度的了解，为他们量身打造个性化的参观之旅。丰富多彩的“体验区”能满足不同客户的需求，强调了品牌传播在销售转换和客户管理方面的重要性。中心的入口处为参观者传递着欢迎的信息，带他们进入奇妙的世界。

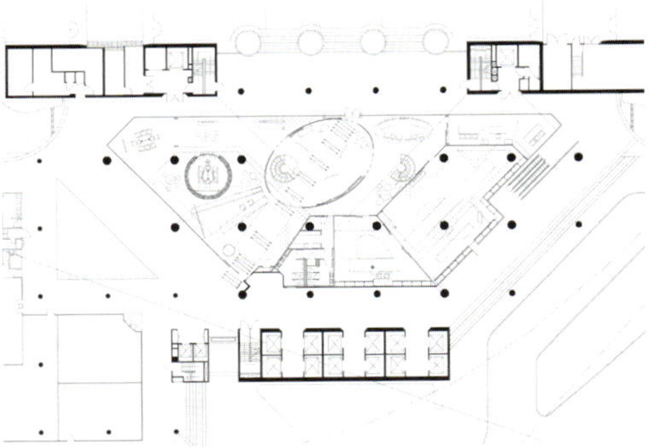

Geyer Pty Ltd

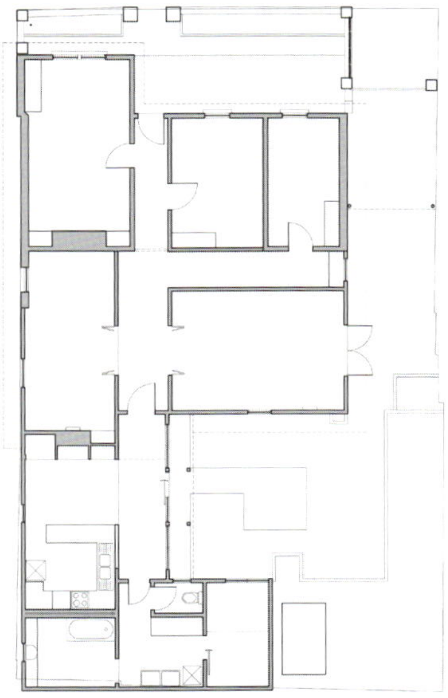

凯尔索住宅

为了给客厅更多的阳光，天花板上打开了三道光槽，营造出全天不同的光照效果。浴室的浴缸上方也有一段这样的光槽，在淋浴的同时也可以享受温暖的阳光。为解决窥视和西侧朝向的问题，设计师放弃了在通向花园的一侧安装大落地窗的念头，改为垂直地垒起了鳍状墙壁，阻断可能存在的窥视。鳍状墙壁的中间打开四个出口，装上了门。这些墙壁还能起到支撑作用。

Photo: Shannon McGrath

Architects EAT

Photo: Marcus Clinton

Geyer Pty Ltd

中国工商银行悉尼分行

中国工商银行希望悉尼分行能反映出他们是一家定位于全球的现代一流的金融机构。他们认识到地区的影响力，希望在当地金融市场中独树一帜。一楼是柜台，外观清新明朗，有着鲜明的澳大利亚风格，与其他的当地银行和外国银行截然不同。人们在街上就能看到银行内的提款机，反映了中国工商银行透明开放的经营理念。柜台旁边是企业区，分为两个楼层，由专用楼梯相连接。

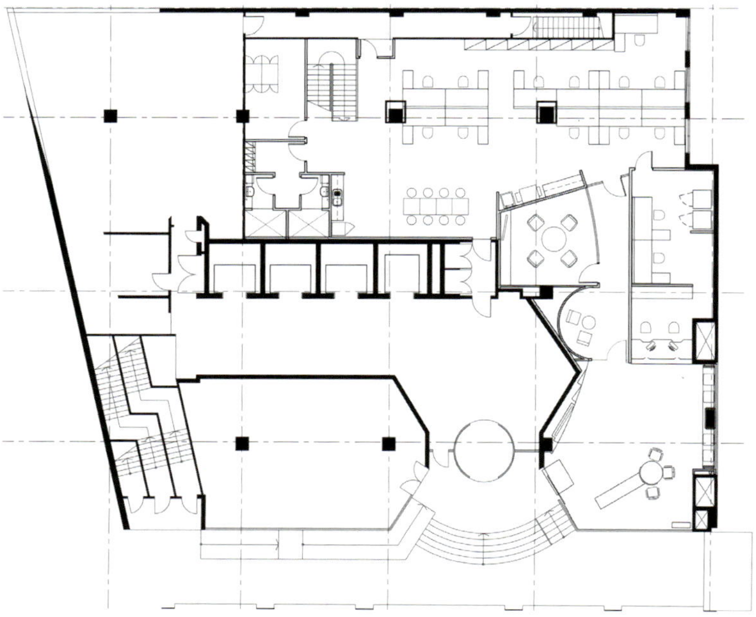

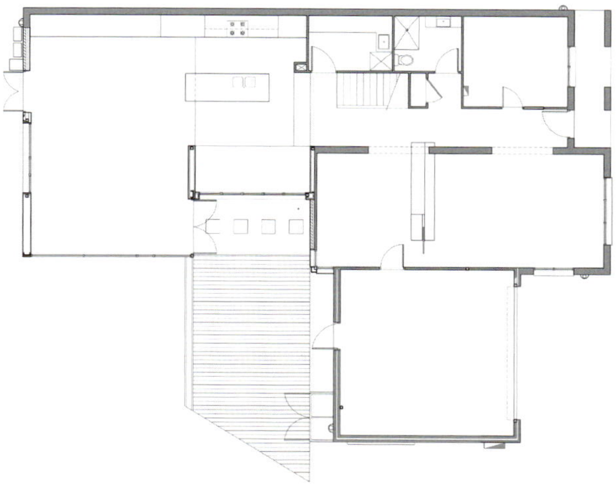

乡村公园住宅

设计师主要对一楼后部的地板和车库的天花板做了改动。设计师将北面的客厅做了改造，重新铺设了地板，并将举架抬高，在提升空间感的同时，获得了更多的自然光。娱乐室移到了房子前面，取代了过去的客厅。主卧室设在车库楼上，位于庭院的上方，面积也变得更大了，这里还增设了一个私人阳台。每个项目都有着不同的难度和要求。

Photo: Derek Swalwell

Architects EAT

马依达雅酒吧

这个项目表明，利用普通的可回收材料同样能创造出完美的效果，并不会降低档次。传统的储酒方式是将酒装在木桶里，外面用绳子加固。现在红白葡萄酒的储藏方式与之类似。设计师们对此很感兴趣。他们对传统进行创造性的解读，用马尼拉绳索来诠释"捆绑"的概念。绳子被拉直后，沿着房子内部的形状分段固定。用这样的房间作传统日式风格的茶馆或清酒屋，会给人以庄重的感觉。

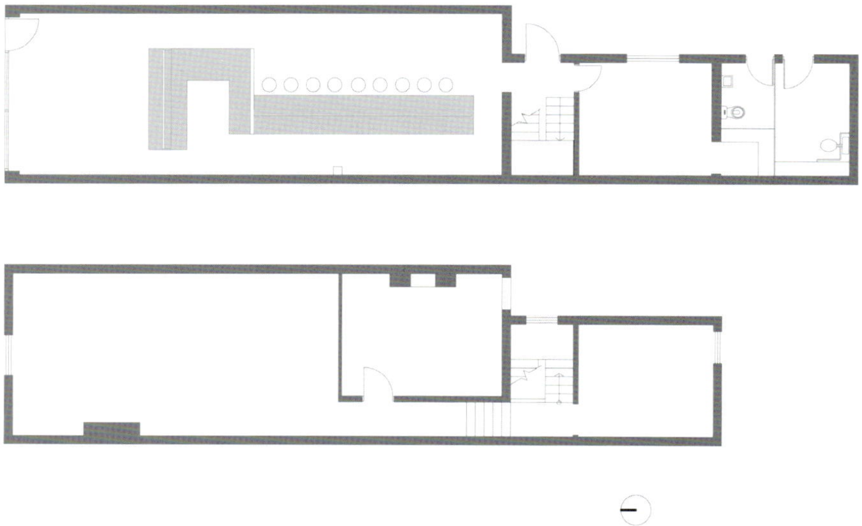

皇家饭店——达洛酒吧

酒吧的位置在饭店大楼的深处，装有带隔音孔的厚铝板。这些铝板被漆成金色、银色和绿色，在饭店大楼中心打造出“花园房”的效果。酒吧遵循复古路线。旧铁艺家具都是从拍卖房屋和商店中收集来的。设计师把它们全部漆成白色。想法很简单，这家庭院酒吧要有20世纪60年代悉尼户外花园房的古怪特色。

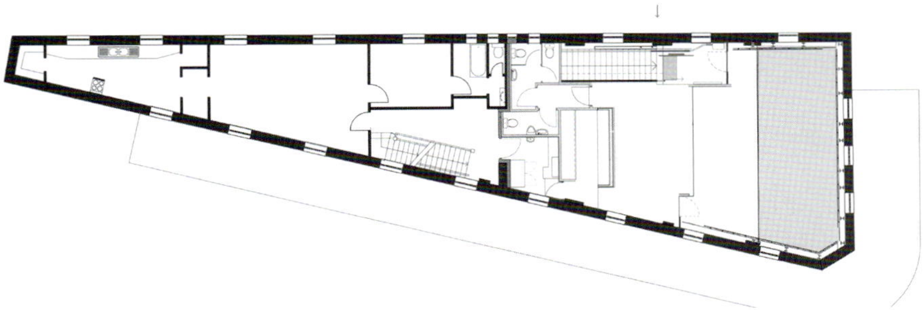

Photo: Murray Fredericks

Indyk Architects Pty Ltd

王国酒店

建筑设计灵活，是一座坚固的、正规外形的建筑。在细部层面上，设计充分利用自然光、自然通风，并储蓄太阳能。这也在很大程度上决定了建筑的表现形式和形态。用RAIA评委的话说，王国酒店在公共和私密空间的用料和比例都控制的很好，因此能在墙面和对周边区域的入口有相同的表现形式。

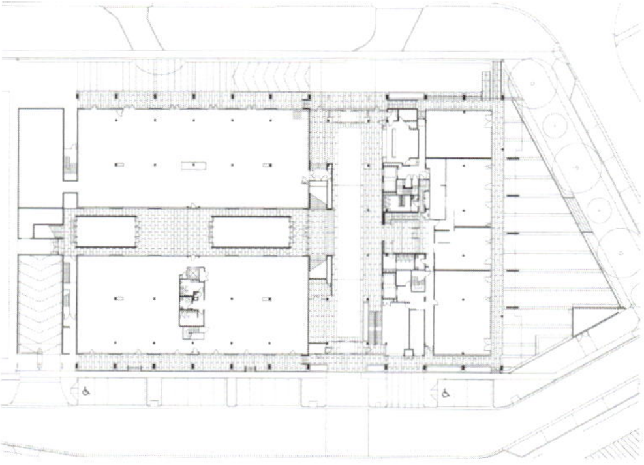

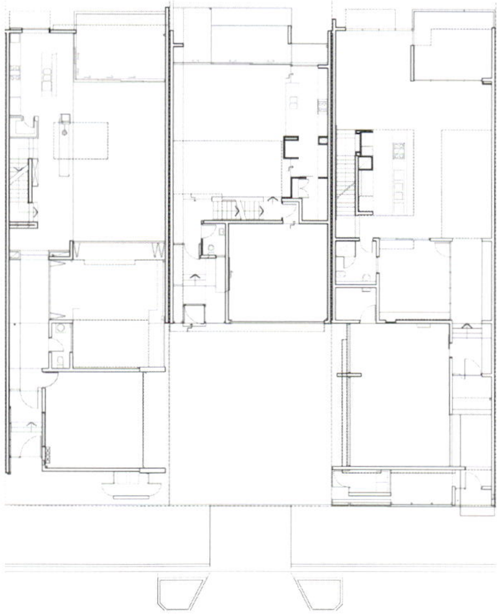

Catalina住宅

本住宅坐落于风景壮观的布里斯班河畔。设计师的任务是：建造一间坐落于美丽的海滨之地、濒临麦考瑞大街的独特住宅。房间的室内设计充满现代气息：适合闲谈或者独处（饮一杯咖啡或清茶）的白色圆椅；连接室内与室外空间、并可最大限度观赏到河畔景色的巨大滑动玻璃窗。室内采用了明亮的、封闭式的窗户，既可以让西方的阳光照射进来，又能保持一定的私密空间。

Photo: David Sandison and Jon Linkins

Fairweather Proberts Architects